뇌는
작아지고
싶어 한다

THE DOMESTICATED BRAIN

# 뇌는 작아지고 싶어 한다

브루스 후드 지음
조은영 옮김

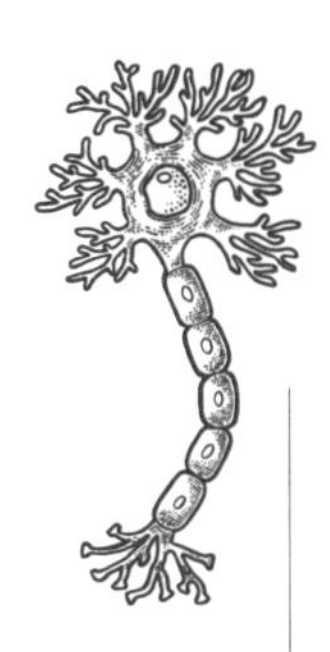

뇌과학으로
풀어보는
인류 행동의
모든 것

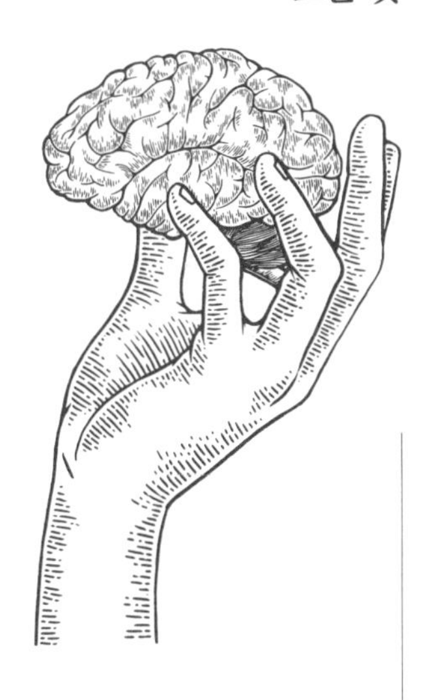

나의 어머니,

로열 후드에게

# 왜 인간의 뇌는 줄어들었는가

지난 2만 년 동안 인간은 테니스공 하나 정도의 뇌를 잃었다.[1] 선사 시대의 인류 화석을 들여다봤더니 현생 인류의 조상은 뇌가 훨씬 컸다. 인류가 진화하는 동안 뇌는 전반적으로 커졌기 때문에 현생 인류의 뇌가 작아졌다는 사실은 분명 의외의 발견이다.[2] 이는 '과학, 교육, 기술이 발전하면 뇌가 커진다'라는 일반적인 가정에도 어긋난다. 과학자의 머리를 크게 그리거나 고도의 지능을 가진 외계인의 머리를 전구 모양으로 표현하는 문화적 고정관념 역시 '똑똑한 사람은 머리가 크다'라는 가정에서 비롯했다.

동물계에서도 '작은 뇌'는 '높은 지능'과 거리가 멀다. 그래서 사람들이 '새대가리', '닭대가리'라는 말에 기분 나빠하는 것이다. 물론 새라고 해서 무조건 뇌가 작지는 않다. 하지만 뇌가 큰 동물일수록 대체로 문제를 유연하게 해결한다. 인간은 동물 중에서도 유독 뇌가 크다.

몸집에 비례하여 예상되는 평균 크기의 7배인데, 이런 상황에서 '최근 2만 년 동안 인간의 뇌가 작아졌다'라는 결론은 '머리가 클수록 지능이 높으며, 현생 인류는 선사시대 조상보다 영리하다'라는 통념에 완전히 반한다. 어쨌거나 복잡하기 그지없는 현대인의 삶을 보면 우리가 똑똑해진 것은 사실이기 때문이다.

인간의 뇌가 작아진 이유를 정확히 설명할 수 있는 사람은 아직 없지만 적어도 이 사실로 미루어 뇌와 행동, 지능의 관계에 관해 몇 가지 도발적인 이의를 제기할 수는 있을 것 같다. 첫째, 우리는 무턱대고 인간의 지능이 과거보다 높아졌다고 가정한다. 우리는 석기시대의 조상이 사용한 기술이 현대의 수준에 비추었을 때 대단히 원시적이라는 이유로 그들이 우리보다 뒤처졌다고 생각한다. 그런데 순전히 지적 능력만 고려했을 때 지난 2만 년간 인간의 지능이 크게 달라지지 않았다면 어떻겠는가? 우리의 조상 역시 현생 인류만큼 똑똑했지만 단지 수천 세대를 거치며 축적된 지식을 활용할 기회가 없었을 뿐이라면? 우리가 2만 년 전 사람들보다 지능이 월등히 높다고 가정하는 것은 위험하다. 우리는 저들보다 지금 세계를 더 많이 이해하고 있을지는 몰라도 그것은 대부분 우리가 스스로 알아낸 정보가 아닌, 앞서 살아간 이들의 경험 위에 쌓아 올린 것이기 때문이다.

둘째, 뇌의 크기가 지능과 직접적인 연관이 있다는 가정 역시 지나치게 단순화된 생각이다. 중요한 건 크기가 아니라 활용 방식이다. 선천적으로 뇌세포가 부족하거나 질병 및 수술의 결과로 뇌가 절반밖에 남아 있지 않은 사람들도 여전히 평범한 수준에서 생각하고 행동한다. 남아 있는 뇌를 효율적으로 사용하기 때문이다. 게다가 크기보다 중요한 건 뇌 안의 배선 상태다. 화석에서 측정한 머리 크기만으로는 당시 뇌가 어떤 식으로 조직되고 작동했는지 알 수 없다.

크기와 지능의 연관성은 차치하고서라도 인류가 진화하는 내내 꾸준히 커졌던 핵심 기관이 왜 2만 년 전부터 갑자기 작아지기 시작했을까? 이 현상을 영양학적 관점에서 해석하려는 이론이 있다. 사냥을 하고 열매를 따 먹던 수렵·채집인이 작물을 길러 먹는 농부가 되자 식습관이 달라졌고, 이 때문에 뇌의 크기도 변했다는 것이다. 그러나 비교적 최근 농경이 시작된 오스트레일리아에서도 사람들의 뇌는 똑같이 작아져 왔기 때문에 이 주장은 신빙성이 없다. 아시아에서도 약 1만 1,000~1만 2,000년 전에 농사를 짓기 시작했는데 이때도 인간의 뇌는 한참 줄어든 후였다.

환경과학자들은 2만 년 전 빙하기가 끝나고 기후가 따뜻해지면서 인간이 더는 무거운 지방을 품고 다닐 필요가 없어졌다는 점에 주목했다. 이때 덩달아 뇌도 작아졌다는 것이다. 뇌가 클수록 에너지도 많이 필요하므로 인간의 몸집이 작아지면서 뇌도 함께 줄어들었을지 모른다. 그러나 이와 비슷한 기후 변화가 무려 200만 년이나 지속되었던 과거에도 인류의 뇌는 여전히 커지고 있었다. 환경과학자들은 이 사실을 어떻게 설명할 것인가?

마지막으로, 터무니없이 들릴지 모르는 가설이 있다. 바로 '인간이 길들여졌기 때문'이라는 가설이다. 영어로 '길들임'이라는 뜻의 'Domestication'은 흔히 '세탁기', '다림질', '대출', '바비큐 파티', '가족'

등 가정과 연관된 것들을 떠오르게 한다. 그러나 원래 이 단어는 '가축화', '교배 및 품종 개량', '사육과 재배'를 뜻하는 생물학 용어였다. 찰스 다윈Charles Darwin은 동식물을 개량하고 길들이는 과정에 매료되었고, 실제로 종의 기원에 관한 다윈의 진화론 역시 사람이 동식물을 선별적으로 교배하는 과정에 착안해 '자연환경이 특정 개체의 번식을 선호한다'는 발상에 이른 것이다. 그러나 자연선택Natural Selection(주어진 자연환경에 적응하는 생물이 그렇지 못한 생물보다 더 잘 살아남는 현상-옮긴이)과 달리 인간이 동식물을 개량하고 길들인 것은 무작위적인 과정이 아니었다. 1만 2,000년 전에 농사와 사육이 시작되면서 인간은 동식물을 선별적으로 교배해 자신의 목적에 맞는 다양한 품종으로 개량했다. 사람들은 성질이 순한 동물을 원했으므로 말을 잘 따르는 개체들을 골라 번식시켰고, 이를 통해 동물의 공격성을 제거하고 행동까지 바꾸었다.

인간은 보다 넓은 협력 관계 속에서 모여 살기 위해 자신도 이런 식으로 길들이기 시작했다. 단, 인간의 경우는 '자기 가축화Self-Domestication'라고 볼 수 있는데, 신이 개입했다고 믿지 않는 한 우리보다 우월한 존재가 마음에 드는 사람만 골라서 번식시킨 것은 아니기 때문이다. 인간 집단에서 바람직한 형질을 가진 개체가 살아남아 번식에 성공했으므로 인간은 자기 규제를 통해 집단에 쉽게 수용되는 형질을 확산시킨 셈이다. 이런 의미에서 인간은 더불어 사는 문화와 관습이 발명된 이후 스스로 길들여 왔다고 볼 수 있다.

이 과정에서 신체에도 근본적이고 영구적인 변화가 일어났다. 야생동물이 가축이 되면 행동은 물론이고 몸과 뇌에도 변화가 일어난다.[3] 인간이 길들인 약 30종의 동물은 모두 야생 조상에 비해 뇌의 부피가 10~15% 감소했다. 이는 지난 1,000세대 동안 인간의 뇌에서 관찰한 것과 동일한 수준이다.

가축화가 뇌에 미치는 영향은 여우의 선택교배 실험에서 밝혀졌다. 1950년대, 러시아의 유전학자 드미트리 벨랴예프Dmitri Belyaev는 시베리아은색여우Siberian Silver Fox를 가축화하는 프로젝트를 시작했다.[4] 선택교배를 통해 현생 개로 진화한 늑대와 달리 모든 여우는 야생성을 유지하고 있었다. 벨랴예프는 타고난 기질이 가축화에 영향을 미친다고 보고, 공격성이 낮고 사람이 다가갔을 때 덜 도망치는 여우들만 골라 교배했다. 실제로 이 여우들은 행동을 통제하는 뇌의 화학 기능이 유전적으로 달랐기 때문에 더 순했다. 선택교배를 실시한 지 불과 10여 세대 만에 야생 여우의 후손은 눈에 띄게 온순해졌다. 외모도 변했다. 이마에 하얀 얼룩이 생겼고, 야생 여우보다 몸집이 작아졌으며, 다윈이 《종의 기원*On the Origin of Species*》에서 '어느 시골 지방에서는 모든 가축의 귀가 늘어져 있었다'라고 언급한 것처럼 귀가 축 처졌다. 또 뇌도 작아졌다.

공격적인 존재를 온순하게 바꾸기 위해 교배를 거듭한다는 것은 결국 내분비계와 신경계에서 일어나는 특정한 생리 변화를 선별한다는 뜻이기도 하다. 인간과 여우의 뇌가 작아진 이유는 '수동적인 개체일수록 타고난 테스토스테론Testosterone 수치가 낮다'라는 사실로 설명할 수 있다. 테스토스테론은 동물의 공격성과 지배 성향을 좌우하는 호르몬으로 단백질 합성 과정을 도와 근육과 기관을 크고 튼튼하게 만들며 몸집은 물론 뇌까지 키운다. 이런 이유로 성전환 촉진 호르몬을 투여하는 사람들은 호르몬의 종류에 따라 뇌의 부피가 늘거나 줄어든다.[5]

가축화는 동물의 뇌를 줄어들게 할 뿐 아니라 사고방식까지 바꾼다. 미국 듀크대학교Duke University의 동물행동전문가 브라이언 헤어Brian Hare는 실험을 통해 개가 늑대보다 타인의 사회적 신호를 더 잘 읽는다는 점을 밝혀냈다. 인간은 상대의 시선을 보고 그의 관심이 어디에 있는지를 쉽게 읽는다(나중에 다루겠지만 이는 아기에게서도 나타나는 사회기술로 아이가 성장하면서 사회관계를 넓힐수록 한층 정교해진다). 개 역시 '시선' 같은 사회적 신호를 읽을 뿐 아니라[6] 손으로 대상을 가리키는 인간 고유의 몸짓까지 파악한다. 반면 늑대와 다른 동물들은 이런 몸짓에 당황하거나 아예 관심을 보이지 않는다.

가축화 과정에서 가장 눈여겨봐야 할 것은 '의존성의 변화'다. 늑대는 어려운 과제가 주어졌을 때 다양한 방법을 사용해 끈질기게 해결을 시도하지만 개들은 쉽게 포기하고 주인에게 도움을 요청한다. 가축화는 동물의 사회성을 키우는 동시에 타인에게 더 의존하게 만든다. 예로 벨랴예프의 실험 중 시베리아은색여우 몇 마리가 사육장에서 탈출한 적이 있는데 바깥세상에 적응하지 못하고 며칠 만에 돌아왔다.[7] 이 여우 역시 자기를 키워준 존재에게 의존하게 된 것이다.

인류의 진화도 이 '길들이기' 과정으로 설명할 수 있을까? 브라이언 헤어는 하버드대학교Harvard University에서 연구원으로 재직할 당시 저명한 영장류학자인 리처드 랭엄Richard Wrangham의 강연회에 참석했다. 헤어는 그날 "보노보Bonobo는 문란한 성행위를 통해 갈등을 해결한다. 이는 침팬지에게서는 관찰할 수 없는 행동으로, 보노보는 진화의 수수께끼 같은 종이다"이라는 말을 듣고 '시베리아은색여우도 마찬가지가 아닐까?' 하고 생각했다. 보노보와 가축화된 동물의 유사점, 보노보와 침팬지의 차이점을 살펴볼수록 이 영장류 아종이 자신을 길들였다는 가설을 뒷받침하는 증거가 늘어갔다. 사회성이 높은 보노보 집단은 공격성보다 사회적 능력과 우호 관계에 비중을 두고 진화했다. 보노보가 그랬다면 인간도 마찬가지 아닐까?[8] 결국 인간은 '사회적 상호 관계'라는 측면에서 가장 놀라운 능력을 진화시킨 영장류가 아니던가? 이후 헤어는 "타인이 보내는 사회적 신호를 활용하는 '융통성'은 단순히 도움을 주고받는 관계를 넘어 타인의 행동과 의도에 주의를 기울이는 인간 특유의 사회적 감성이 등장한 이후에야 인류의 혈통에서 진화했다"라고 말했다.[9] 다시 말해 인간은 협력을 통해 사교적으로 변해야 했고, 이것이 초기 인류의 뇌 작동 방식을 바꾸었다.

이 오래된 발상은 최근 새롭게 발표된 연구 결과들과 함께 다시 부상했다. 이 가설은 원래 19세기에 '사회다윈주의Social Darwinism'라는 이름으로 처음 등장했다. '사회진화론'이라고도 하는 이 이론은 '사람이 모여 사는 곳에는 개인의 성격을 변화시키는 선택압Selective Pressure(주어진 환경에서 생존과 번식을 결정하는 요인, 또는 환경에 잘 적응한 개체만 살아남게 하는 압력 – 옮긴이)이 존재한다'고 주장한다. 얼핏 생각하면 인간들이 모여 평화롭게 사는 바람에 뇌가 작아졌다는 주장 자체가 말이 안 되는 것 같다. 수많은 사회, 종교, 예술, 문화적 사례로 보아 인간은 2만 년 이상 문화를 이루고 살았다. 최근에는 인도네시아 플로레스섬에서 100만 년 전 것으로 추정되는 석기 유물이 발견되면서 인류의 초기 조상인 호모 에렉투스*Homo erectus*가 그 섬에 거주했다는 사실이 밝혀졌다.[10] 이것이 사실이라면 이들은 뗏목을 타고 망망대해를 건너야 했을 터였으므로 인지 능력과 사회성이 요구되는 높은 수준의 항해술을 보유했음이 틀림없다.[11]

우리 조상들은 마지막 빙하기가 끝나기 훨씬 전부터 협력하고 소통했을 테지만 이 무렵 인구가 증가하면서 더 큰 공동체에 적응해 살아야 한다는 압박을 받았을 것이다.[12] 인류 역사를 분석한 결과 1만 2,000년 전 신석기시대가 시작되기 훨씬 전부터 3개 대륙에서 인구가 크게 증가했는데,[13] 약 2만 년 전에 북방을 덮고 있던 빙하가 녹기 시작했기 때문에 인구는 새로운 땅으로 이동하고 항해술을 발전시켜야만 했다. 수십만 년 전 우리 조상이 처음 서로 협력하면서 '사회성'은 바람직한 형질로 선택되기 시작했겠지만 '사회화'는 대빙하기 이후 많은 사람이 한곳에 정착해 본격적으로 함께 살기 시작하면서 더 빠르게 진행되었을 것이다.

수렵·채집인이라면 강인하고 공격적인 편이 살아남기에 더 유리했을 테지만 정착 사회에서는 협동과 소통 그리고 교역이 더 중요했다. 이제 인간에게는 냉철함과 침착함이 요구되었고, 이 새로운 선별 과정을 통과한 사람들은 협상·외교를 위한 기질과 사회적 능력을 후대에 물려주었다. 물론 현대에도 폭력과 전쟁은 존재하고 인간을 대량 살상하는 기술이 개발되었지만 현대식 전투는 대개 단체전이다. 반면 선사시대의 소규모 수렵·채집인 부족에서는 개개인이 공격성을 갖는 쪽이 유리했다.

자신을 길들이기 시작하면서 인간은 몸에 비해 뇌를 천천히 발달시키는 유전자를 선호하게 되었다. 그러다 보니 부모가 자식을 보살피는 기간도 길어졌고, 이 기간에 아이들의 기질을 조정하고 사회적으로 적절하게 행동하는 법을 가르칠 메커니즘Mechanism이 필요해졌다. 정착 사회에서는 사람들과 더불어서 평화롭게 사는 이들이 번식에 성공했으며, 이들은 서로 협력하고, 정보를 공유하며, 문화를 창조하는 기술을 습득했다.

인간의 지능이 단기간에 향상되었기 때문에 현대 문명이 발생한 것이 아니다. 현대 문명은 인간이 자신을 길들이며 얻은 정보를 공유하고, 선대로부터 물려받은 기술과 지식을 발전시키면서 형성되었다. 길어진 유년기는 세대에서 세대로 지식을 전달하는 데에도 유용했지만 근본적으로는 부족 안에서 모두와 사이좋게 지내는 법을 배우는 시간으로 발전해 나갔다. 이렇듯 집단 지성은 타인과 조화롭게 살아가는 법을 배우는 과정에서 발달한 것이지 그 반대가 아니다. 인간은 더 똑똑해지지 않고서도 지식을 공유한 덕분에 더 많은 것을 배웠다.

1860년, 빅토리아시대에 로버트 버크Robert Burke와 윌리엄 윌스William Wills라는 용감무쌍한 두 탐험가는 오스트레일리아 남쪽에 있는 멜버른에서 북쪽 카펀테리아만까지 장장 3,200km를 걸어서 횡

단했다. 이들은 마침내 북쪽 해안에 도달했지만 돌아오는 길에 사망했다. 버크와 윌스는 배울 만큼 배운 근대인이었지만 오지에서 살아남는 법은 알지 못했다. 이들은 원정 내내 오스트레일리아 원주민이 먹는 민물조개와 '네가래Nardoo'라는 수초를 배불리 먹었다. 그러나 공교롭게도 두 음식은 모두 비타민 $B_1$을 파괴하는 효소의 수치가 높았다. 비타민 $B_1$은 인체에 꼭 필요한 아민류Amine類(암모니아가 변형된 유기질소화합물 – 옮긴이)로 '비타민Vitamine'이라는 단어도 이것에서 기원했다. 원주민들은 조개와 네가래를 익혀서 효소의 독성을 중화했지만 버크와 윌스는 원주민들의 문화적 지식을 활용하지 못했기 때문에 결국 각기병으로 죽었다. 정작 원주민들은 비타민 $B_1$도, 각기병도, 센 불에 조리하면 효소가 파괴된다는 것도 알지 못했다. 그저 부모에게서 배운 대로 어려서부터 그것들을 익혀 먹었을 뿐이다. 원주민들은 조상들의 시행착오와 희생 덕에 이 지식을 얻었을 것이다. 이러한 문화 학습은 원주민 후손에게 버크와 윌스는 알지 못한 대단히 중요한 지식을 전해주었다. 버크와 윌스의 운명이 보여주듯 우리의 지능과 생존력은 타인에게서 무엇을 배웠는가에 달려 있다.

사회적 길들이기를 통해 다양한 지식과 관습이 후대에 전해졌지만 그 목적과 기원이 항상 명확한 것은 아니다. 음식을 구워 먹는 습관은 다행히도 원주민들의 생명을 지켜주었지만 전통적인 사냥법과 출산법은 오히려 생명을 위협하기도 한다. 많은 전통 요법들이 미신과 불합리한 믿음을 바탕에 두고 있지만 특히 어린 시절에는 주위 사람들이 말하고 행동하는 대로 무조건 따라야 한다.

발달심리학자로서 나는 인류의 문화적 진화를 이해하는 데 유년기가 중요한 역할을 한다고 본다. 나는 브리스톨대학교University of Bristol에서 학생들을 가르칠 때 양육 기간이 긴 동물일수록 지능과 사회성이 높다는 연구 결과를 자주 인용하곤 한다. 이들 중에는 배우자가 여럿이거나 새끼를 낳고서 돌보지 않는 동물보다 암수 1쌍이 평생 짝을 이루고 사는 종이 더 많다. 인간은 생애 초반에는 부모의 돌봄을 받는 자식으로서, 나중에는 정성을 다해 자식을 기르는 부모로서 산다. 이런 인간이야말로 타인에게 의존하는 기간이 가장 긴 동물이라는 사실은 놀랍지 않다. 인간이라는 종은 이렇게 진화해 왔다.

물론 연장된 양육기는 인간에게만 주어진 특성이 아니다. 그러나 인간은 과거에서부터 축적된 지식을 유년기의 자식에게 전달한다는 점에서 특별하다. 다른 종은 이런 식으로 문화를 창조하거나 이용하지 않는다. 반면 인간의 뇌는 그것을 위해 진화했다. 세계적인 발달심리학자인 마이클 토마셀로Michael Tomasello가 남긴 명언 '물고기는 물을 기대하며 태어나고, 인간은 문화를 기대하며 태어난다'처럼 다른 동물도 견과류 껍데기를 부수거나 잔가지를 이용해 흰개미 집을 쑤시는 등 학습된 행동을 다음 세대에 전해주지만 세대에서 세대로 전달된 지식이 진보하거나 더 복잡해지지는 않는다. 하지만 인간은 다르다. 우리 조상은 자식에게 기껏 바퀴 만드는 법을 가르쳤겠지만 오늘날 그들의 후손은 자식에게 페라리 제작법을 가르치게 되었다.

지식을 전달하려면 먼저 의사소통이 이루어져야 한다. 다른 동물도 서로 소통은 하지만 제한적이고 고정된 정보만을 전달할 뿐이다.

하지만 인간은 언어를 창조하는 고유한 능력을 이용해 무한히 이야기할 수 있고, 심지어 실재하지 않는 환상 속 이야기까지 전달한다. 우리는 말하고, 읽고, 쓰고, 과거를 반성하거나 미래를 꿈꾸기 위해 언어를 이용한다. 인간의 언어가 특별한 이유는 복잡하고 다양하기 때문만은 아니다. 애초에 언어는 기꺼이 배울 자세가 되어 있는 이들과 지식을 나누려는 '합의'와 '열망' 위에 만들어졌다. 그러자면 먼저 타인이 생각하는 바를 이해해야 한다. 의사소통은 길들이기의 일부다. 우리는 공공선을 위해 지식과 이야기를 포함한 다양한 자원을 공유하면서 다른 사람들과 평화롭게 협동하며 사는 법을 배워야 했다. 아이들을 가르칠 때도 단순한 가르침에서 그치지 않고 집단에서 유용한 일원이 되도록 사회화시킨다.

그렇다고 인류가 늘 평화로웠다는 말은 아니다. 자원이 제한된 세계에서는 언제나 갈등과 투쟁이 일어나게 마련이고, 사람들은 집단을 형성해 무리 밖의 사람들로부터 자신의 자리를 지키려고 할 것이다. 그러나 현대 사회는 도덕과 법을 이용해 과거보다 훨씬 높은 수준으로 사람들을 통제한다. 그렇게 개인과 집단 간 충돌을 다스린다. 사회 구성원이 되기 위해 우리는 길들임의 일부로써 이 규칙을 배워야 한다.

인간은 타인이 자신을 어떻게 생각하는지 끔찍하게 신경 쓰는 사회적 동물이다. 당연히 사회에서 좋은 평판을 얻는 것만큼 기분 좋은 일도 없다. 사회는 개인에게 순응을 요구하고, 이 압박 안에는 개인을 향한 집단의 평가가 포함되어 있다. '성공'은 결국 다른 사람들에 의해 정의되기 때문이다. 이 선입견은 오늘날 셀러브리티Celebrity 문화에서 확연히 드러난다. 다른 이들에게 인정받기 위해 상당한 시간과 노력을 기울여야 하는 SNSSocial Network Service가 유행하는 것만 봐도 분명히 알 수 있다. 17억 명이 넘는 인구가 SNS를 통해 삶과 정보를 공유하고, 타인에게 인정받으려고 한다. 공연예술학교 이야기를 다룬 뮤지컬 드라마 〈글리*Glee*〉의 주인공 레이철 베리Rachel Berry는 이렇게 말한다. "이름 없는 존재로 산다는 게 가난한 삶보다 못한 세상이야." 레이철은 인기에 집착하고, 사람들에게서 호감을 얻고 싶어 하는 인간의 욕망을 상징한다(대부분 알지 못하거나 안면만 있는 사이임에도 말이다).

인간은 자신에게 무엇을 해줄 수 있는지를 기준으로 타인을 선호해 왔다. 먼 과거에는 집에 고깃덩어리를 들고 오거나 경쟁자와 싸워서 이기는 것, 또는 아이를 많이 낳아 기르는 것 등을 선호했으나 오늘날에는 성격, 지능, 수입 등이 더 중요해졌다. 특히 요즘 사람들이 가장 원하는 것은 '높은 사회적 지위'인데 이것은 모든 영역에서 이미 잘 살고 있는 많은 사람이 왜 타인의 관심을 받지 못해 전전긍긍하는지를 설명한다.

다른 사람이 나를 어떻게 볼 것인가. 이것이야말로 우리가 하려는 일들의 가장 중요한 동기다. 치열한 경쟁, 무리에 순응하라는 사회의 압박에서 벗어나 고독한 순간을 즐기고 싶어 하는 사람도 있지만 대부분은 벗과 타인의 격려가 그리워 사회로 돌아온다. 의도적인 배척과 따돌림은 타인에게 신체적인 해를 가하지 않으면서 내릴 수 있는 가장 잔인한 형벌이다. 숲으로 탈출했다가 돌아온 시베리아은색여우처럼 우리는 언제나 사람들의 곁으로 돌아가기를 원한다.

왜 집단이 그렇게 중요하고, 왜 우리는 다른 사람들의 생각을 그렇게 신경 쓸까? 이 책은 '인간의 뇌가 그렇게 진화했기 때문'이라고 답한다. 인간의 뇌는 우리를 사회적 인간으로 만들도록 진화했다. 인간이 사회적으로 변하기 위해서는 타인의 행동을 인식하고 해석하는 지각 능력과 이해의 기술이 필요하다. 또 사회에 수용되기 위해서는 다른 사람들에게 맞추어 생각과 행동도 바꾸어야 한다. 한 종으로서의 이러한 길들이기는 인류가 진화하는 동안 공동체 안에서 살아가는 데 도움이 되는 행동과 기질을 형성하는 '자발적 선별 장치Self-Selecting Mechanism'로서 발생했다. 하지만 개인은 여전히 살아가면서 평생 자신을 길들인다. 유년기라는 자기 형성기에는 특히 더 그렇다.

우리의 뇌는 거대한 집단에서 협력하고 소통하며, 자녀에게 문화를 물려주기 위해 진화했다. 인간의 유년기가 그렇게 긴 이유가 바로 여기에 있다. 인간의 뇌는 유년기에 사회 환경에 적응한다. 사회 학습(다른 사람을 관찰하고 모방해 배우는 방식-옮긴이)이 이루어지려면 아기는 유년기를 거치며 주위 사물에 관심을 쏟는 동시에 문화적 차이를 인지해야 한다. 다시 말해 사고의 유연성을 갖추어야 한다. 이로써 아이들은 자신이 속한 집단을 인지하고 그 일원이 된다. 아이들은 물리적 세계는 물론이고 보이지 않는 타인의 목적과 의도를 파악해 사회라는 세상을 항해하는 법을 배워야 한다. 즉, 남의 생각을 읽을 줄 알아야 하는 것이다.

다른 사람들이 무슨 생각을 하고 자신을 어떻게 생각하는지 추론하려면 타인의 생각과 마음을 읽는 기술을 개발하고 연마해야 한다. 우리는 생물학적으로 인간과 가장 가까운 사촌인 비인간 영장류와의 유사점과 차이점을 밝히기 위해 비교 연구를 하고, 인간의 아이들에게도 초점을 맞출 것이다. 뇌의 메커니즘과 사회적 행동의 출현 관계를 밝히는 발생학 연구는 사람들을 하나로 묶는 메커니즘의 기원과 작용 원리를 이해하게 해주는 열쇠를 제공한다.

그러나 이러한 분석은 인류가 사회적 행동을 하기 위해 어떤 대가를 치렀는지, 이 행동을 통해 어떤 이익을 얻었는지에만 초점을 두기 때문에 인간이 감성적 동물이라는 중요한 사실을 놓칠 위험이 있다. 최적의 목표를 달성하기 위해 만들어진 집단에서는 타인의 마음을 읽고 맞히는 것만으로는 부족할 때가 있다. 우리는 사회적으로 변하도록 동기를 부여한 긍정적, 부정적 감정을 이용해 타인과 관계를 맺어야만 한다. 이런 관점에서 본다면 왜 사람들이 타인의 생각에 연연한 나머지 비이성적인 행동까지 서슴지 않는지 이해할 수 있다.

이 책에서 다룰 내용 중 논란의 여지가 있는 주제가 있다. 어릴 적 환경이 한 사람의 성장 과정에 영향을 미치고, 심지어 후천형질(환경 요인이나 훈련에 의하여 후천적으로 변화한 성질 – 옮긴이)을 자손에게 물려줄 수 있다는 주장이 그것이다. 환경만이 최적의 유전자를 선택할 수 있다는 자연선택 이론을 옹호하는 대부분의 다윈주의자에게 이 주장은 이단이나 마찬가지일 것이다. 하지만 우리는 후성유전학Epigenetics을 통해 생애 초반에 경험한 사회 환경이 한 사람의 기질을 결정한다는 증거를 살펴볼 것이다. '후성유전'은 유전자 자체는 건드리지 않으면서 발현을 조절해 자손에게 영향을 주는 메커니즘이다.

모든 아이는 자라면서 한 번쯤 "예의 바르게 행동하라"라는 말을 듣고, 그렇게 행동하지 않으면 "버릇없다"라는 소리를 들었을 것이다. 부모가 이렇게 자녀의 행동을 나무라는 근본적인 이유는 아이들이 타인의 관심과 기대에 어긋나지 않게 생각하고 행동하며, 스스로 통제하는 법을 깨우치게 하기 위해서다. '자기 통제'는 전두엽Frontal Lobe의 특징이며 타인과 어울려 살기 위한 능력의 핵심이다. 자신을 통제하지 못하면 욕구와 충동을 억제할 수 없다. 당연히 사회에서 조율과 협상이 필요한 일도 해내지 못할 것이다. 개인이 사회에 받아들여지기 위해서는 자기 통제력이 매우 중요하고 이 능력이 부족하면 사회에서 배척되고 반사회적인 인간이라고 낙인찍힐 확률이 높다.

무리에서 배척당할지도 모른다는 위험은 집단생활이 주는 이익의 뒷면이자 '아웃사이더Outsider'라는 파괴적인 결과를 낳을 수 있다. 따돌림과 외로움은 뇌에 고통으로 입력될 뿐 아니라 인간을 심리적, 육체적으로 병들게 한다. 오늘날 사람들은 SNS를 통해 서로 쉽게 이어질 수 있지만 디지털 세상은 사람을 더 쉽게 고립시키기도 한다.

인류의 진화·두뇌 발달·아동 발달에서 유전학·신경과학·사회심리학까지 이 책이 다루려는 영역의 방대함을 생각하면 그 영역 간에 다리를 놓으려는 시도가 무모하게 보일지도 모른다. 하지만 이는 분명 가치 있는 목표다. 우리는 우리의 자아를 형성하게 하고, 나아가 행동까지 좌지우지하는 타인의 중요성을 깨달을 때에야 비로소 무엇이 우리를 인간으로 만드는지 이해할 것이다.

_브루스 후드

## 차례



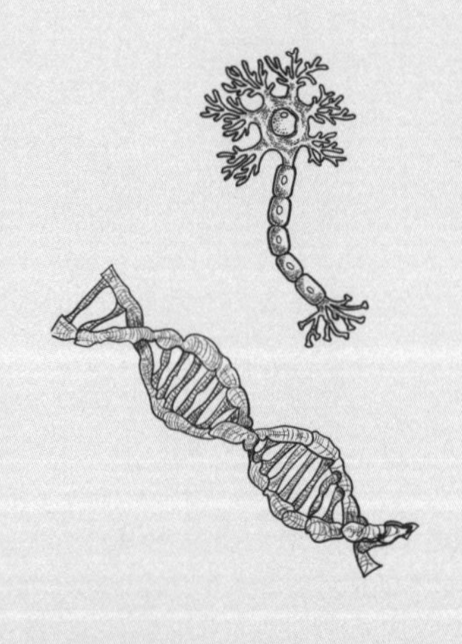

## 4장 내 생각과 행동의 주인은 누구인가 159



## 5장 우리는 원래 악하게 태어났나 197

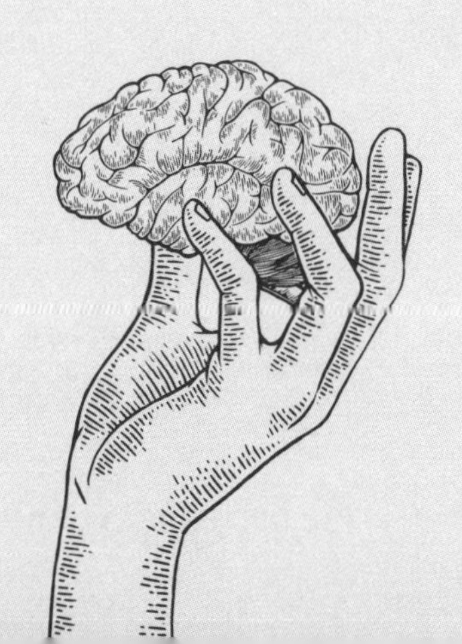

# THE DOMESTICATED BRAIN

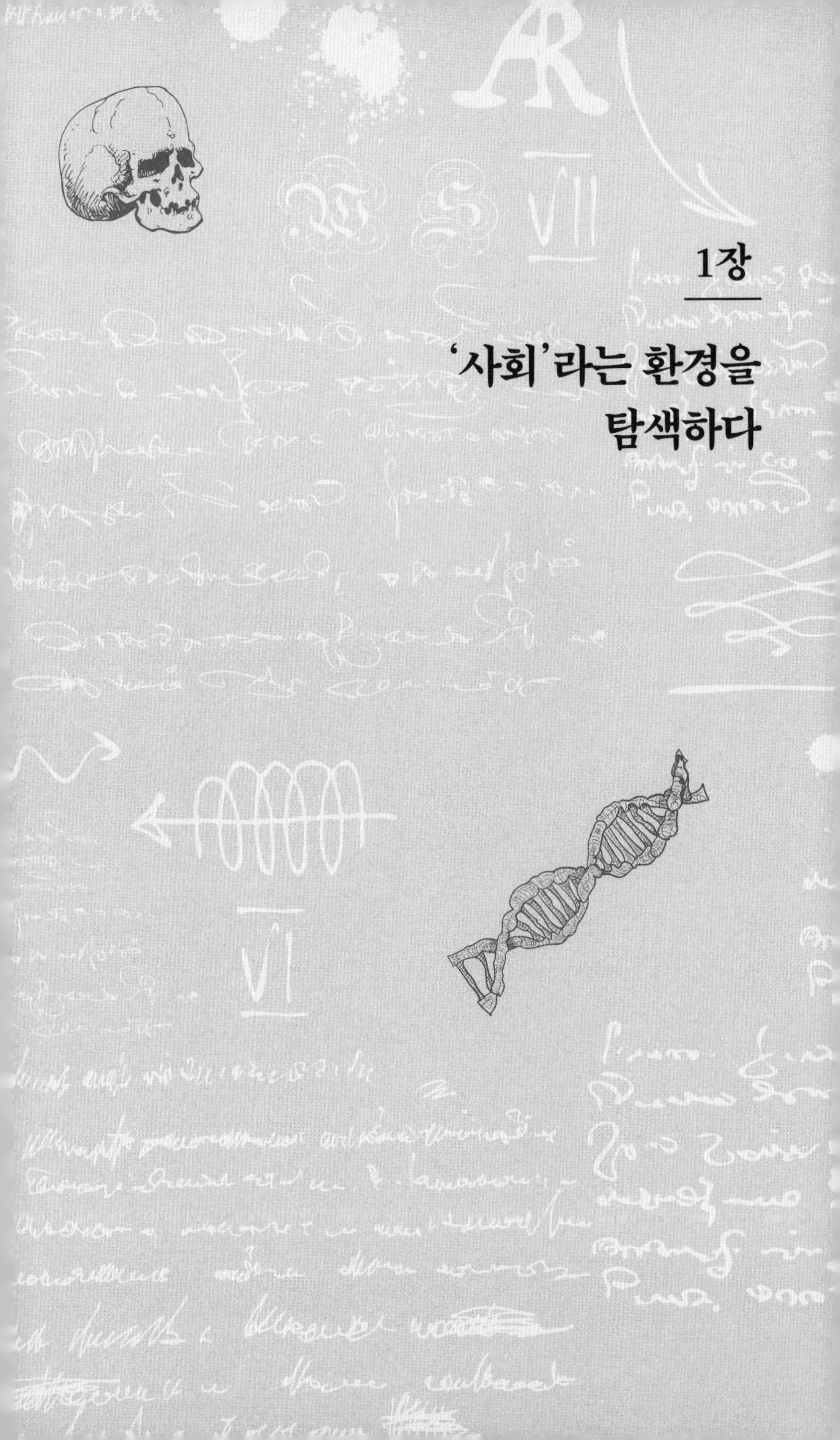

# 1장

# '사회'라는 환경을 탐색하다

"왜 뇌가 필요하죠?" 이것은 답이 뻔한 어리석은 질문이다. 이 질문에 대한 가장 일반적인 대답은 "죽지 않으려면 당연히 뇌가 필요하죠"이다. 실제로도 그러하다.[1] 뇌가 없으면 죽는다. 어떤 사람이 뇌사했다면 그 사람은 뇌의 중심부 깊숙한 곳에서 자동으로 조절되는 호흡, 맥박 같은 활력징후를 보이지 않을 것이다. 물론 우리를 살아 있게 하는 기관은 뇌뿐이 아니다. 생명을 유지하기 위해 필요한 기관은 많다. 심지어 세균이나 식물, 곰팡이처럼 단순한 생물체들은 뇌가 아예 없다.

지구에 존재하는 다양한 형태의 생명체를 생각해 보면 애초에 생물이 뇌를 진화시킨 이유는 '이동' 때문임이 분명해진다. 움직이지 않거나, 해류에 밀려, 바람에 날려, 또는 다른 동물의 몸에 들러붙거나 몸속에 들어가 운반되는 생물들은 뇌가 필요 없다. 심지어 뇌를 가지고 있다가 버리는 생물도 있다.

그 좋은 예가 멍게다. 멍게는 올챙이 모습으로 삶을 시작해 바닷속을 헤엄쳐 다니다가 적당한 바위를 찾으면 그곳에 붙어 지낸다. 동작을 통제하는 단순한 뇌와 어설프게나마 앞을 볼 수 있는 눈이 있지만 일단 바위에 몸을 붙이면 더는 집을 찾으러 다닐 필요가 없으므로 뇌는 사라진다.[2] 뇌는 가동하는 데 비용이 많이 드는 장치다. 필요 없다면 뭐 하러 굳이 가지고 있겠는가?

확실히 뇌는 세상을 돌아다니기 위해 진화했을 것이다. 지금 자기가 어디에 있는지 알아내고, 어디에 있었는지 기억하고, 어디로 갈지 결정하도록 말이다. 뇌는 감각기관을 자극하는 에너지가 발산한 신호를 분석하고 저장하며, 그 에너지의 패턴을 통해 바깥세상을 해석한다. 경험과 함께 이러한 패턴을 학습하면 뇌는 미래를 대비해 적절한 반응을 준비할 수 있다. 진화 계통수系統樹(동물이나 식물의 진화 과정을 나무에 비유해 표현한 그림 – 옮긴이)를 펼쳐보았을 때 단순한 뇌를 가진 동물에서 복잡한 뇌를 가진 동물로 이동하다 보면 이 패턴을 저장하는 자료 보관소의 크기가 점차 커지는 것을 알 수 있다. 더 커진 자료 보관소는 생물이 문제를 맞닥뜨렸을 때 고정된 몇 개의 행동으로 돌려 막는 대신 다양한 기술과 지식으로 대처하도록, 즉 융통성을 발휘하게 한다. 상황에 따라 적절히 대응할 수 있는 능력이 없다면 그 개체는 그저 환경에 몸을 내맡긴 채 손쉬운 먹잇감이 될 것이고, 스스로 먹이를 찾거나 사냥할 수도 없으며, 갖가지 요인에 취약해질 수밖에 없다. 이렇게 어떤 동물은 다른 동물의 먹잇감으로서 살아가고, 뇌가 진화한 동물은 위협이 닥쳤을 때 맞서 싸우거나 정 안

되면 재빨리 달아난다.

인간은 먹이를 찾고 위험을 피하는 등의 실용적인 문제만을 해결하기 위해 뇌를 사용하지 않는다. 인간의 뇌는 다른 사람의 뇌와 상호작용하도록 정교하게 제작되었으며, 자기와 비슷한 다른 사람을 찾아 관계를 맺게끔 진화했다. 실제로 뇌에서 일어나는 많은 과정은 자신이 소속된 사회와 관련된 문제들을 전문적으로 다루기 위한 것이다. 우리는 가족, 친구, 동료 그리고 일상에서 마주치는 수많은 낯선 사람을 상대하기 위해 세밀하게 다듬어진 뇌가 필요하다.

우리 조상들이 살던 시대에는 다른 사람과 마주칠 일도 많지 않고 또 서로 멀리 떨어져 지냈지만 현대를 사는 우리는 어쩔 수 없이 전문적인 사회인이 되어야 한다. 우리는 상대가 누구이고, 그가 무엇을 생각하며, 무엇을 원하고, 어떻게 그와 협력할지 또는 협력하지 않을지를 판단해야 한다. 즉, 상대를 이해하려면 상대의 마음을 읽어야 한다. 많은 사람이 이러한 사회기술을 당연하게 여기지만 실은 이 기술이야말로 뇌가 수행할 수 있는 가장 복잡한 계산이라는 점이 밝혀졌다. 예를 들어 자폐장애 환자처럼 이 기술을 익히기 힘든 사람도 있고, 누군가는 뇌에 손상을 입거나 질병의 결과로 이 능력을 잃어버리기도 한다. 애초에 인간의 뇌는 포식자들이 어슬렁거리는 위험한 세계에서 제한된 식량과 악천후를 견디도록 진화했을지 모르지만 이제 인간은 뇌에 의존해서 여전히 예측 불가한 '사회'라는 환경을 항해한다. 인간의 뇌는 서로에 대해 배우고, 또 서로에게서 배우며, 그 결과 함께 사는 세상에 길들여졌다.

우리는 타인과 함께 살고, 번식하고, 자식을 키우고, 사회에서 가치 있는 일원이 되는 법을 전달하기 위한 정신 기계를 장착했다. 물론 무리를 짓고 사는 동물은 많지만 오직 인간만이 유례없는 방식으로 세대에서 세대로 지식을 전달하는 뇌를 가졌다. 우리는 집단이 허락하는 방식으로 행동하는 법을 배우고, 무엇이 옳고 그른지를 규정한 도덕률을 받아들인다. 또 아이들이 자식을 낳아 기를 때까지 살아남도록 키울 뿐 아니라 문화를 통해 이어 내려온 집단의 지혜를 활용해 이익을 얻도록 가르친다.

어떤 과학자들은 인간의 문화적 능력을 대수롭지 않게 생각한다. 영장류학자 프란스 드 발Frans de Waal은 다른 동물에게도 문화가 있다고 주장한다. 이 동물들 역시 동료에게서 배운 것을 다음 세대에 전달하기 때문이다.[3] 유명한 예로는 견과류 껍데기를 깨부수는 아프리카의 침팬지나,[4] 연구원이 준 고구마에서 모래를 털어내고 먹는 일본마카크원숭이Japanese Macaque가 있다.[5] 이 두 사례에서 어린 개체는 성체의 행동을 성공적으로 따라 배웠다. 최근 코트디부아르의 한 서식지에서 서로 이웃해 사는 침팬지 세 무리가 각기 다른 도구를 사용해 쿨라Coula 열매를 연다는 사실이 밝혀졌다.[6] 열매가 아직 단단할 때는 세 무리 모두 돌을 망치처럼 사용했지만 시간이 지나 열매가 부드러워지자 한 무리는 나무망치나 나무 모루(대장간에서 쇠를 두드릴 때 쓰는 받침 – 옮긴이)를 이용하기 시작했다. 더 일찌감치 도구를 교체한 무리도 있었다. 이 도구들은 전부 주변에서 쉽게 구해 사용할 수 있는 것이었으므로 이러한 차이는 '학습'으로만 설명할 수 있다.

이처럼 동물이 도구를 사용한 사례는 많이 있지만 동물의 행동 모방은 인간이 아이들을 가르칠 때 일어나는 '문화 전승'과는 다르다. 동물에게는 문화 학습을 통해 아랫세대로 전달된 기술이 시간을 거듭하며 진보하고 수정되며 개발된다는 확실한 증거가 없다. 우리는 이 책의 후반부에서 왜 아이들이 어른의 도구 사용법을 모방해 문제를 해결하는지, 또 실질적인 목적이 없는 의례 행위까지 충실히 따르는지를 이야기할 것이고, 그때 이 내용을 다시 다룰 것이다. 이것은 동물에게서 관찰된 적이 없는 행동이기 때문이다.

'동물 내에도 문화가 존재하는가'는 논쟁의 여지가 있는 주제이다. 이 책에서는 동물 연구를 통해 인간이 동물과 어떻게 다른지를 보여주려 한다. 노력하지 않고도 알게 된 것처럼 보여서 아주 당연하게 받아들인 사회 메커니즘을 다룰 것이고, 유년기에 초점을 맞추어 인간의 뇌가 어떻게 사람을 길들이는 쪽으로 진화했는지 알아볼 예정이다. 유년기는 길들이기에 필요한 주요 기반이 다져지는 시기이다. 그러나 그 전에 먼저 인간의 뇌가 어떻게 사회성을 학습하게 되었는지 그 기본 과정부터 살펴보자.

## 진화에는 목적이 없다

"뇌는 어떻게 만들어졌는가"라는 질문에 대한 유일하게 합리적인 답변은 19세기에 찰스 다윈이 기술한 '자연선택에 의한 진화'

다. 다윈의 뒤를 이어 오늘날의 과학자 대다수는 수십억 년 전 원시 수프Primordial Soup(지구에서 생명체가 나타나기 전 여러 유기물이 포함된 용액 – 옮긴이)에서 단순한 화합물이 자기 복제 능력을 발달시키면서(그 과정이 어땠는지는 아직도 밝혀지지 않았지만) 생명이 시작되었다고 생각한다. 초기 복제자는 생명의 전구체(일련의 생화학 반응에서 특정 물질이 되기 전 단계의 물질 – 옮긴이)가 되고 마침내 '세포'라는 구조물로 발전하게 되었다. 그리고 그 세포들이 모여 오늘날까지 살아남은 '세균'이라는 고대 생명체로 진화했다.

가장 깊은 해저와 가장 높은 산꼭대기, 얼어붙은 툰드라와 사막의 용광로, 그리고 화산 속 산성 웅덩이에서조차 지구상 가장 극한의 조건에서 적응한 세균을 찾을 수 있다. 생명은 진화를 통해 다양한 환경에서 살아남도록 꾸준히 변화하고 발전했다. 그런데 왜 생물은 진화하는 걸까?

답을 말하자면 진화에는 이유가 없다. 진화는 그냥 일어난다. 생물은 '생존' 그리고 그보다 더 중요한 '번식'을 위협하는 환경에 적응하면서 진화했다. 생물이 번식할 때 자손은 부모 유전자의 복제품을 가진다. 유전자는 세포 속의 DNADeoxyribonucleic Acid 분자 가닥에 부호화된 상태로 신체의 설계 정보를 보관한다. 생물학자 리처드 도킨스Richard Dawkins는 우리 몸을 '유전자를 운반하는 일개 그릇'에 비유한 것으로 유명하다.[7] 시간이 지나면서 유전자에 자연적으로 발생한 돌연변이 때문에 개체의 형태나 습성이 조금씩 달라지고, 그 결과 적응력이 천차만별인 개체들이 만들어진다. 이들 중 일부는 달라진 환경에 부응하는 자손을 생산하는데, 이렇게 살아남은 자손은 자기가 물려받은 훌륭한 형질을 지닌 자손을 더 낳고, 미래 세대에 물려줄 유전 암호에 이 적응 기술을 새겨 넣는다.

자연선택은 생존에 적합하지 않은 종들을 가차 없이 쳐내고, 번식에 적합하도록 진화한 종들은 새 가지에서 더 뻗어 나가게 한다. 이 지속적인 키질을 통해 세상에 다양하고 복잡한 생물이 축적되었고 이제는 다양한 생태의 틈새를 메우고 있다.

뇌는 애초에 몸을 뜻대로 움직이기 위해 진화했을지도 모르지만 인간은 멍게보다 복잡한 동물이다. 이렇게까지 복잡한 것을 보면 생물은 꼭 어떤 목적을 위해 의도적으로 만들어진 것 같지만 진화는 DNA 복제 과정에서 자연스럽게 발생한 변이 중 최적의 것을 고르는 '자동 선별 과정'에 의해 닥치는 대로 진행된다. 그래서 도킨스가 진화를 '눈먼 시계공The Blind Watchmaker'이라고 부른 것이다.[8]

현재 살아남은 모든 동물은 눈앞에 닥친 문제를 해결할 능력을 갖추었지만 환경은 계속해서 변한다. 그렇기 때문에 동물은 꾸준히 진화해야 하고 그러지 않으면 멸종할 수밖에 없다. 그리고 실제로 대부분의 생물이 멸종했다. 30억 년 전 처음 생명이 나타난 이후 지구에 살았던 모든 종 가운데 불과 고작 1%만이 오늘날까지 살아남았다고 추정된다.[9]

진화의 역사에 관한 구체적인 내용과 시기에는 논란이 있을 수 있지만 '자연선택에 의한 종의 기원'만이 지구 생명체의 다양성과 복잡성을 설명할 수 있다. 좋든 싫든 우리는 다른 모든 생물과 연관되어 있다. 뇌가 있는 생물이든 없는 생물이든 상관없이 우리는 연관되어 있지만 그중 인간의 뇌만이 다른 동물과 달리 환경을 바꾸는 능력을 통해 자연선택이라는 불변의 법칙을 수정했다. 그리고 이 능력은 인간이 자신을 길들인 결과물이다.

## 커진 뇌와 그에 따른 대가

만약 치명적인 방사선이 가득하고 숨 쉴 공기도 없는, 우주의 가장 혹독한 환경에서도 살아남을 수 있다면 적응력이 굉장한 생물임이 분명하다. 400만~500만 년 전, 초기 인류의 조상이 처음 나타났을 때 그들에게는 빠르게 변하고 요동치는 환경에서 복잡한 상황을 유연하게 처리해 줄 뇌가 필요했다.[10] 우리의 뇌는 신체의 한계를 뛰어넘는 해결책을 고안해 주었고, 인간은 그 덕에 물밑에서도 살고, 하늘을 날 수 있으며, 우주에 진입하고, 심지어 대기가 없는 외계 행성에도 어슬렁거릴 수 있게 되었다. 그러나 복잡한 문제를 처리하기 위해서는 그만큼의 대가가 필요했다.

현생 인류 중 성인의 뇌는 몸무게의 1/50밖에 되지 않지만 총 필요 에너지의 1/5을 사용한다. 근육보다 단위 질량당 8~10배 이상의 에너지가 필요한 것이다. 그리고 그 에너지의 약 3/4을 신경세포, 즉 뉴런Neuron이 사용한다.[11] 뉴런은 뇌에서 신호를 보내는 역할을 하는데, 뉴런 1개는 마라톤 시 다리 근육 세포 1개가 사용하는 만큼의 에너지를 소비한다.[12] 물론 달리는 중에는 전체적으로 더 많은 에너지를 사용하겠지만 우리는 늘상 뛰고 있지 않다. 반면 뇌의 전원은 절대 꺼지지 않는다. 뇌가 대사적으로 과도하게 에너지를 사용한다고 하지만 어떤 데스크톱 컴퓨터도 뇌의 계산 능력이나 효율을 따라잡지 못한다. 인간은 세계 체스 챔피언을 이기는 컴퓨터를 만들었지만 이 컴퓨터는 2세 꼬마가 하듯 쉽게 체스 말 1개를 인지하거나 옮기지 못한다. 이처럼 우리가 당연히 여기는 많은 동작과 기술은 엔지니어들이 당황할 정도의 복잡한 계산과 메커니즘을 필요로 한다.

지구상 모든 동물의 뇌는 환경이 요구하는 문제를 가장 효율적으로 처리할 수 있게 진화했다. 인간은 몸집에 비해 뇌가 유독 크지만 그렇다고 지구에서 가장 뇌가 큰 동물은 아니다. 지구에서 가장 뇌가 큰 동물은 코끼리다. 또 인간은 몸에 비해 뇌가 가장 큰 동물도 아니다. 코끼리를 닮은 코끼리코물고기Elephant Nose Fish의 뇌 비율이 훨씬 높다. 하지만 뇌가 줄어들었음에도 불구하고 인간은 동일한 크기의 몸을 가진 포유류에게 예상되는 것보다 여전히 5~7배는 더 큰 뇌를 가지고 있다.[13] 인간은 왜 그렇게 뇌가 클까? 큰 뇌는 가동하려면 대사적으로 많은 비용이 들고, 무엇보다 임신부의 건강도 크게 위협하는데 말이다. 왜 출산이 그렇게 위험한지 알고 싶다면 빅토리아시대 공동묘지에 가서 얼마나 많은 여성이 분만 중에 출혈과 각종 감염으로 목숨을 잃었는지 확인해 보시라.[14] 뇌가 크면 당연히 머리도 크다. 아기의 두개골이 커지면 난산 확률도 높아진다. 인간이 맨 처음 두 발로 세상을 돌아다닐 때부터 큰 머리는 유난히 말썽이었다. 인간이 고개를 들고 똑바로 걸으면서 출산은 더 위험해졌고, 이는 인간이 서로를 돌보는 방식을 바꾸어 놓았을 가능성이 있다. 한 종으로서의 인간의 길들여진 삶이 시작된 것이다.

포유류 대부분은 태어나고 얼마 지나지 않아 일어서고 또 달릴 수 있지만 인간은 출생 후 몇 년간 꾸준히 어른의 보살핌과 관심을 받아야 한다. 또한 아기는 태어난 후에 뇌가 상당히 커진다. 갓난아기의 뇌는 침팬지의 뇌보다 이미 2배나 큰 상태지만 성인 인간의 뇌에 비하면 25~30%밖에 되지 않는데 이 차이는 대부분 출생 첫해에 좁혀진다.[15] 어떤 인류학자들은 인간이 미숙한 상태로 태어난다는 점과 출생 후 뇌가 커진다는 사실을 근거로 인간이 너무 빨리 태어난다고 주장한다.[16] 신생아가 갓 태어난 침팬지 새끼만큼 뇌와 행동이 발달하려면 인간은 임신 기간이 9개월이 아닌 18~21개월 정도로 늘어나야 한다.[17] 그렇다면 왜 인간은 그렇게 일찍 자궁을 떠나게 되었을까?

우리에게는 고대 인류 조상의 뇌 기록이 없다. 부드러운 뇌 조직은 땅속에서 썩어 없어지고 단단한 두개골만이 화석으로 남았기 때문에 이것을 토대로 뇌의 크기를 짐작할 뿐이다. 진화 계통수에서 인류의 초기 조상 중 하나인 오스트랄로피테쿠스*Australopithecus*는 약 400만 년 전에 지구에 나타났다. 오스트랄로피테쿠스는 두 발로 똑바로 서서 걸었기 때문에 다른 유인원들과는 매우 달랐다. 이것은 화석화된 골격 구조와 진흙에 남은 발자국을 분석해서 알게 된 사실이다. 오스트랄로피테쿠스의 화석 중 가장 유명한 주인공은 '루시Lucy'다. '루시'라는 이름은 1974년 에티오피아에서 이 화석이 발굴될 당시 라디오에서 흘러나온 비틀스The Beatles의 〈루시 인 더 스카이 위드 다이아몬즈Lucy in the Sky with Diamonds〉에서 딴 것이다. 루시는 젊은 여성으로 키는 오늘날 만 3, 4세 아이 수준에 불과했고 뇌도 갓 태어난 신생아 정도의 크기였다. 또 팔이 길고 손가락이 구부러져 있어 인류가 나무에서 땅으로 내려오던 시기에 살았다고 추정한다. 루시가 나무에서 내려온 이유는 아프리카의 기후가 변하면서 숲이 줄고 초원이 늘었기 때문일 것이다. 초원에서는 포식자의 공격에 쉽게 노출되므로 이동 시 다른 유인원처럼 네 발을 모두 사용해 달리는 것보다 두 발로 달리는 편이 훨씬 쉽고 빨랐을 것이다.

우리는 대부분 두 발로 걸어 다니는 행위를 당연하게 여기지만 사실 두 다리 위에 몸을 올리고 움직이기란 대단히 어렵다. 걸어 다니는 로봇을 제작하는 공학자에게 물어보면 바로 알 것이다. 공상과학영화에서는 두 발로 걷는 로봇이 굉장히 자연스러워 보이지만 현실에서 로봇이 걸으려면 바닥이 평평해야 할 뿐 아니라 극도로 복잡하고 정교한 프로그래밍이 필요하다. 땅과 접촉하는 면이 2개 지점밖에 안 되어 매우 불안정하기 때문이다. 연필 2자루를 서로 기대어 세워보면 바로 이해할 것이다. 발이 커도 쉽지 않은 건 마찬가지다. 게다가 한 발을 땅에서 떼어 체중을 다른 발로 옮길 때도 문제다. 인간의 걸음걸이를 '끊임없이 앞으로 쓰러지는 동작'이라고 표현하는 것도 당연하다.

초기 인류는 평평한 초원에 적응하며 걷고 달리게 되었지만 이 변화에는 몇 가지 대가가 따랐다. 첫째, 초기 인류가 아무리 날쌔다 하더라도 검치호랑이Sabre-Toothed Cat나 곰보다 빨리 달릴 수는 없으므로 크고 강하고 빠른 다른 동물보다 훨씬 똑똑해야 했다. 따라서 초기 인류의 뇌는 두 발로 걷는 법뿐 아니라 전략을 사용하도록 진화해야 했다. 둘째, 두 발로 걷기 시작하면서 여성의 해부학적 신체 구조도 달라졌다. 두 발로 똑바로 걷기 위해서는 엉덩이가 너무 크면 안 된다. 엉덩이가 크면 오리처럼 뒤뚱거리며 걷게 되는데 그러면 먹이를 쫓거나 포식자에게 쫓길 때 빨리 달릴 수 없다. 따라서 엉덩이가 너무 넓어지지 않게 하는 적응압Adaptive Pressure이 작용했는데, 이는 양 엉덩이 사이에 존재하는 골반강(골반으로 둘러싸인 체내 공간-옮긴이)이 커질 수 없다는 뜻이다. 골반강은 산도産道의 크기를 결정하고, 산도는 임신부가 출산할 수 있는 아기의 머리 크기를 결정한다.

200만 년 전까지만 해도 초기 인류의 상대적인 뇌 크기는 오늘날의 유인원과 같았지만 진화를 거치고, 뇌의 발육 과정에서 어떤 변화가 일어나 조상 유인원의 뇌보다 3, 4배 더 커졌다.[18] 뇌에 맞추어 두개골까지 커지자 배 속에서 태아의 머리가 너무 커지기 전에 아기를 낳으라고 압박하기 시작했다. 인간과 가장 가까운 비인간 친척인 침팬지에게 이는 전혀 문제가 되지 않았을 것이다. 침팬지는 두 발로 자연스럽게 걷지 못하는 대신 골반이 좁지 않다. 산도가 충분히 넓기 때문에 상대적으로 새끼를 쉽게 낳지만 대신 똑바로 서서 걸을 때는 뒤뚱거린다. 침팬지는 대개 혼자서 30분 이내에 새끼를 낳는다. 반면 사람은 분만 시 시간도 훨씬 오래 걸리고 다른 어른이 옆에서 도와주어야 한다.

엉덩이가 작은 엄마가 머리 큰 아기를 낳아야 하는 이 문제는 '출산의 딜레마Obstetrical Dilemma'라는 이름으로 최근까지도 인간의 아기가 다른 영장류에 비해 일찍 태어나는 이유를 설명한다. 그런데 로드아일랜드대학교University of Rhode Island의 인류학자 홀리 던스워스Holly Dunsworth는 인간이 미숙한 상태로 태어나게 된 이유가 또 있다고 주장한다. 현재보다 임신 기간이 길어지면 엄마가 굶어 죽는다는 것이다.[19] 임신부는 자신은 물론이고 빠르게 성장하는 태아에게도 영양을 공급해야 한다. 임신은 에너지 면에서 엄청나게 부담되는 행위다. 실제로 영장류 및 기타 포유류의 출산 시기는 어미와 갓 태어난 새끼의 크기로 미루어 보았을 때 '태아가 요구하는 에너지의 양이 어미가 안전하게 제공할 수 있는 수준을 막 넘긴 시점'이라는 상관관계가 있다.[20] 던스워스는 골반 크기만이 문제가 아니라 엄마 자신이 굶지 않는 수준에서 배 속의 아기를 먹여야 하기 때문에 인간이 그렇게 미성숙한 상태로 태어날 수밖에 없다고 주장한다.

인간에게 출산이 쉽지 않다는 것은 부인할 수 없는 사실이다. 이와 관련하여 흥미로운 가설이 또 있다. 출산이 더 어렵고 위험한 행위가 되자 인간은 분만 시 타인의 도움을 받게 되었고, 궁극적으로 이것이 인간이 자신을 길들이기 시작한 원인이 되었다는 것이다.[21] 인간은 아기를 낳기 위해 타인의 도움을 받아야 했는데 그렇게 시작된 '산파'라는 존재가 인간의 사회성 발달에 기여했을지도 모른다. 새끼를 낳을 때 도움을 받아야 하는 동물은 없다. 인류 역사 초기에 나타난 이 특징은 인간의 삶이 친사회적 상호 관계로 옮겨가는 과정에서 중요한 역할을 했을 가능성이 있다. 다른 영장류는 나무나 덤불에서 상대적으로 빠른 시간 안에 혼자 새끼를 낳는다. 인간도 혼자 출산할 수 있고 실제 그런 경우도 있지만 일반화하기는 어렵다. 특히 시간이 더 오래 걸리고 고통스러운 초산의 경우는 더 그렇다. 출산 시 타인의 도움을 받는 것도 길들이기의 일부다. 아기를 낳을 때 무리의 일원이 함께 있으면 분만 자체에도 도움을 주고, 포식자로부터 임신부를 보호하고 안심시켜 스트레스도 줄여준다.

이처럼 타인의 도움을 받아야 하는 출산 형태는 연민, 이타주의, 신뢰, 그 밖의 인간의 문화적 길들이기의 행동적 토대가 되는 '사회적 교환Social Exchange'의 초기 행동으로 볼 수 있다. 한 어미의 출산을 돕는 것이 언제 나타날지 모르는 포식자를 헷갈리게 하는 행위에 지나지 않는다고 하더라도 이러한 행동은 집단 내 상호 관계의 기초가 될 수 있다. 게다가 위험이 큰 출산에 따르는 스트레스와 안도감은 특별한 행동을 불러오는 다른 감정을 유발할 수 있다. 도움을 요청하고 또 제공한 사람들은 서로 협조하는 기질을 자손에게 물려주고, 이러한 행동이 종 내에서 사회 패턴으로 정착될 확률을 높였을지도 모른다.

개가 사람에게 도움을 요청하는 것과 같은 방식으로 인간의 가장 오래된 조상은 문제가 생겼을 때 다른 사람들에게 도움을 청하기 시작했다. 출산을 '정서적 경험의 공유'라고 보는 것이 억측일지도 모르지만 출산 과정을 직접 본 적이 있다면 누구든 이것이 상상 이상으로 감정적이고, 이성과 통제를 넘어서는 경험이라고 생각할 것이다. 이는 인류 역사에 깊이 자리 잡은 '타인을 돕는 행위'를 자연스럽게 유발하고도 남을 정도다.

## 뇌 크기와 인간 행동의 관계

머리가 큰 아이를 낳는 바람에 생긴 문제는 차치하고, 우리는 여전히 궁금하다. 왜 200만 년 전에는 우리 조상의 뇌가 커졌어야만 했을까? 이 책의 처음 주장과 일치하는 가설이 있다. '뇌가 크면 동물이 돌아다니면서 앞서 지나온 경로를 추적할 수 있다'는 것이다.[22] 동물계를 보면 식습관이 뇌 크기에 영향을 준다는 사실을 알 수 있다. 열매와 견과류를 주식으로 하는 영장류는 나뭇잎만 먹는 영장류보다 뇌가 크다. 나뭇잎은 예상 가능한 장소에서 쉽게 먹을 수 있으므로 이것이 주식이라면 먹이를 구하기 위해 많이 돌아다닐 필요가 없다. 또 잎은 영양가가 낮기 때문에 이것을 주식으로 하는 영장류는 아주 많이 먹고 특별한 효소를 이용해 분해한다. 그리고 먹이를 잘 발효시키기 위해 창자가 크다. 이들은 온종일 먹고 소화하는 게 일이다. 이와 대조적으로 열매나 견과류는 영양가가 높지만 계절에 영향을 받으며, 언제 어디서 찾을 수 있을지 예상하기 어렵다. 인류의 조상이 나무에서 내려와 두 발로 걸어 다니게 되었다는 것은 먹이를 찾아 멀리 이동하는 게 일반적인 행동 패턴이 되었다는 뜻이다. 뇌가 커지면서 그 크기를 유지하기 위해 영양가 있는 먹이를 찾아야 했기 때문이다.

이런 이유로 열매를 먹는 영장류는 잎을 먹는 영장류보다 훨씬 멀리 돌아다녀야 했고, 작은 창자와 상대적으로 큰 뇌를 가지게 되었다. 또 서식 영역이 광범위해졌으므로 다양한 길 찾기 기술을 발달시켜야 했고, 결국 더 활동적으로 살게 되었다. 거미원숭이Spider Monkey와 고함원숭이Howler Monkey를 예로 들어보자. 이 원숭이들은 남아메리카의 열대우림에 살고 진화적으로 서로 가까운 종이다. 거미원숭이는 식단 중 90%가 열매와 견과류인 반면 고함원숭이는 숲속에서 나뭇잎을 먹고 산다. 이러한 식습관과 먹이를 얻는 방식의 차이 때문에 거미원숭이는 고함원숭이보다 뇌가 2배나 크고, 문제를 해결하는 능력도 훨씬 뛰어나다.

하지만 우리 조상들이 견과류나 열매를 찾아 헤매기만 한 것은 아니었다. 그들은 기본적인 석기로 음식과 사체를 가공하기 시작했다. 뇌가 큰 동물일수록 도구를 더 잘 사용하는데 인간은 어떤 동물과도 비교할 수 없는 탁월한 도구 제작가다. 최초로 만든 간단한 석기조차도 이것을 만들기 위해서는 인간만이 할 수 있는 기술이 필요했다. 인간에게는 해부학적으로 독특한 구조의 손과 그 손의 움직임을 조종하는 뇌가 있었고, 그 덕에 한 손으로 부싯돌을 쥐고 다른 손으로 그것을 깨부수어 적당한 모양의 도구를 만들 수 있었다. 이는 지금까지 어떤 비인간 영장류에게서도 관찰되지 않은 기술이다.[23] 또 다른 동물은 그때그때 주변에서 구할 수 있는 재료로 도구를 만들고 사용 후 바로 버리는 경향이 있지만 우리 조상은 나중에 사용하기 위해 자기가 제작한 도구를 들고 다녔다. 이처럼 동물계에서 전례 없는 기술을 개발하려면 일정 수준의 지식, 전문성, 지능적인 계획이 필요한데, 예외로는 조개껍데기를 깨기 위한 돌을 주머니에 넣고 다니는 해달 정도를 꼽을 수 있다.

150만~200만 년 전 사이에 인간의 뇌가 현저하게 커진 것은 인간이 도구를 사용하기 시작한 일만큼이나 특별한 사건이다. 참고로 가장 오래된 석기는 200만~300만 년 전 사이에 만들어졌는데 이는 인류의 뇌가 커지기 전이라[24] 도구의 발명 자체는 뇌가 커진 것과 상관이 없는 듯하다. 인류의 뇌가 커지면서 점차 도구 제작 기술도 정교해진 것은 사실이지만 말이다.

인간의 뇌가 왜 커져야만 했는지는 식량 탐색법과 사냥 패턴의 변화로도 설명할 수 있다. 초기 인류는 돌아다니며 식량을 채집할 뿐 아니라 점차 사냥도 많이 하게 되었는데 이는 그만큼 멀리 이동하고 서로 협동해야 했다는 뜻이다. 이들은 공동의 목표를 달성하기 위해 서로 이해하고 협력해야 했으며, 사회 환경을 탐색해야 했다. 그리고 이 사회 환경은 곧 사람들로 붐빌 터였다.

## 호모 사피엔스와 그의 친척들

화석 기록에 따르면 현생 인류인 호모 사피엔스*Homo sapiens*는 지금으로부터 약 250만 년 전에 시작된 홍적세(인류가 발생하여 진화한 시기 – 옮긴이)에 처음 나타난 호모 속*Homo*屬 유인원의 최후 생존자다. 최근 케냐에서 발견된 화석에 따르면 이 시기는 다수의 초기 인류 종들이 공존한 복잡한 시대였다.[25] 인류의 진화 계통수 중 나중에 이 가지에서 나온 다른 호모 종에는 호모 하빌리스*Homo habilis*,

호모 에렉투스, 호모 하이델베르겐시스*Homo heidelbergensis*, 호모 네안데르탈렌시스*Homo neanderthalensis* 그리고 작은 키 때문에 '호빗Hobbit'이라는 별명이 붙은 호모 플로레시엔시스*Homo floresiensis*가 있다. 이들은 1만 2,000~1만 5,000년 전에 사라진 호모 플로레시엔시스를 마지막으로 모두 멸종했고, 우리는 약 20만 년 전에 아프리카에서 처음 등장한 호모 사피엔스(현명한 사람)다.[26]

화석 기록에 근거한 증거 외에도 과학자들은 게놈Genome(한 개체의 유전자 전체-옮긴이)을 분석하고, 종간의 연관성을 보여주는 공통 염기서열(유전 형질을 구성하는 염기의 서열-옮긴이)을 찾아 인류의 과거를 재현했다. 또 인류의 정확한 가계도를 그리기 위해 통계학을 이용, 염기서열이 달라지는 데 걸린 시간을 알아냈다. DNA의 한 종류로서 세포핵 바깥에서 발견되는 미토콘드리아 DNAMitochondria DNA는 우리 종의 역사는 물론 인간이 어떻게 전 세계로 확산했는지 그 과정을 밝히는 도구를 제공하기 때문에 특별히 유용하다. 미토콘드리아 DNA는 세포핵 DNA와는 별개의 속도로 돌연변이가 일어난다. 과학자들은 이러한 돌연변이 발생률의 차이를 이용해 선사시대까지 거슬러 올라가는 다양한 가계를 밝혀냈고, 1987년에는 미토콘드리아 DNA 분석 결과를 발표하면서 모든 현생 인류의 조상은 20만 년 전에 아프리카에서 살았다는 증거를 제시했다.[27] 이것은 손녀들을 통해 수천 번 전달된 여성의 미토콘드리아 DNA에 기초한 것이므로 이 가상의 어머니를 '미토콘드리아 이브Mitochondrial Eve'라고 불렀다. 최근 과학자들은 호모 네안데르탈렌시스에게서 추출한 DNA

를 통해 현생 인류가 이 멸종한 아종과 연관이 있을 뿐 아니라 이들과 '선사시대 스캔들'을 일으킨 적이 있다고 밝혔다.

호모 사피엔스와 호모 네안데르탈렌시스는 약 4만 년 전 유럽에서 서로 가까이 살았던 것으로 알려져 있다. 그리고 마침내 호모 사피엔스가 최후의 생존자가 된다. 호모 네안데르탈렌시스는 호모 사피엔스보다 70만 년 먼저 등장했다가 유럽에서 사라졌는데 아마 아프리카에서 온 호모 사피엔스와 자원 경쟁에서 내몰렸거나 전멸한 것으로 추정된다. 그러나 현재로서는 영국 태생의 고인류학자 이언 테터솔Ian Tattersall이 '홍적세에 일어난 문란한 성행위'라고 표현한 것처럼, 호모 사피엔스와 호모 네안데르탈렌시스 사이에서 종간 교배가 이루어졌다는 유전 증거가 있다.[28] 2011년에 발표된 분석 연구에 따르면 아프리카 대륙 밖에 사는 수억 명의 사람들은 게놈 안에 평균 약 2.5%의 호모 네안데르탈렌시스의 DNA를 가지고 있다.[29] 물론 이러한 종간 교배가 협력적인 행위였는지 강제된 행위였는지는 알 수 없지만 이 스캔들이 사람의 유전자에 완전히 다른 그림을 그려 넣은 것은 맞는다.

## 모여 살면 뇌가 커진다, 사회적 뇌 가설

옥스퍼드대학교Oxford University의 진화심리학자인 로빈 던바Robin Dunbar는 인간이 대규모 사회집단에서 살아가기 위해 뇌가 커졌다고 주장했다.[30] 지난 2만 년 동안 사회적 길들이기로 인해 인간의 뇌가 작아졌을지도 모르지만 사회를 이루고 살아가기 위해 250만 년이라는 훨씬 긴 시간 동안에는 먼저 뇌가 커져야 했다. 이 '사회적 뇌 가설Social Brain Hypothesis'은 '개체가 함께 모여 살다 보면 사회라는 경관을 탐색하기 위해 뇌가 커져야 한다'라고 주장한다. 그러나 큰 무리를 이루고 사는 동물이라고 해서 모두 뇌가 크지는 않다. 그 예로 어마어마한 규모로 떼 지어 아프리카 평원을 가로지르는 검은꼬리누Wildebeest의 두뇌는 대단히 커졌어야 했지만 실상은 그렇지 않다. '사회집단을 이루었기 때문'이라는 대답만으로는 뇌가 커진 이유를 설명할 수 없다. 사회에 적응하는 데 큰 뇌를 갖는 것이 도움이 되는 이유를 이해하려면 무리를 짓고 사는 동물 안에서 사회관계의 성격을 살펴보아야 한다.

캘리포니아대학교 로스앤젤레스캠퍼스University of California at Los Angeles, UCLA의 인류학자 조앤 실크Joan Silk는 다양한 유인원과 원숭이의 조직 사회를 연구하면서 '사회집단에서 살아가려면 구성원 사이의 관계, 또는 제3자에 관한 지식('그 여자가 ○○을 안다는 사실을 그 남자가 알고 있다'는 식의 이해)을 인식하는 능력이 필수'라고 주장했다.[31] 많은 영장류가 제3자에 관한 지식에 민감하다. 예를 들어 야생 버벳원숭이Vervet Monkey 중 새끼 1마리가 조난 신호를 보내면 풀숲에 숨어 있던 원숭이들은 소리가 나는 쪽과 그 새끼의 어미 쪽으로 몸을 돌린다. 이는 그들이 그 어미와 새끼의 관계를 알고 있다는 뜻이다. 침팬지 사회에서 수컷은 더 많은 새끼의 아버지가 되기 위해 유리한 지배 계급을 조직한다. 이 침팬지 갱Gang들은 학교를 장악하려고 패거리를 모으는 청소년처럼 왕위를 노리는 자와 추종자들의 충성을 토대로 이루어진다. 계급이 형성되면 암컷을 선택할 기회는 새로운 우두머리에게 돌아가지만 그는 새 정권을 수립하는 데 일조한 공신들이 짝짓기를 시도하는 것쯤은 눈감아 준다.

오늘날 비인간 영장류가 권력을 손에 넣기 위해 사회기술을 사용한다면 초기 인류도 그랬을 확률이 높다. 사회적 뇌 가설을 뒷받침하고자 로빈 던바는 여러 동물의 상대적인 뇌 크기를 분석했고 그 결과 가장 큰 뇌를 소유한 동물이 더 크고 조직화된 집단에 살면서 더 많은 사회기술을 보유하고 있다는 사실을 발견했다. 이 집단에 속한 영장류는 복잡한 정보를 나누기 위한 더 방대하고 다양한 신호 체계를 가지고 있었다. 이는 더 큰 뇌를 필요로 하는 종들의 특징이다.[32]

뇌 크기와 사회적 행동의 이러한 관계는 동물계 전체에서 확인할 수 있다. 이는 코끼리 같은 동물만이 아니라 돌고래나 고래처럼 바다에 사는 포유류에게도 적용된다. 새들도 마찬가지다. 까마귀, 어치, 까치가 속한 까마귓과 새들이 그 좋은 예다. 뉴칼레도니아까마귀New Caledonian Crow들은 닭보다 몸집은 작지만 뇌는 더 크고, 따라서 훨씬 똑똑하다. 문제 해결 면에서 많은 영장류보다도 뛰어나다. 그래서 이 새를 '깃털 달린 유인원Feathered Ape'이라고도 부른다.[33]

새끼를 기르는 데 많은 시간을 투자하는 사회적 동물은 유년기가 훨씬 길다는 특징도 가지고 있다. 닭은 태어난 지 4개월이면 독립을 하고 6개월이면 성년이 된다. 반면 뉴칼레도니아까마귀는 2년이 지나도 여전히 어린 새이고, 부모가 계속해서 먹이를 주어야 한다. 그래서 까마귀과 새들은 평생 짝을 지어 산다. 새끼가 자라는 데 시간이 오래 걸리므로 그 책임을 반려자와 함께 지려는 진화적 전략인 것이다. 이렇듯 큰 뇌는 동물에게 문제를 잘 해결하기 위한 융통성도 제공하지만 까다로운 새끼를 부양하기 위해서도 필요했다.

## 문화의 폭발과 뇌

20만 년 전 호모 사피엔스가 아프리카에 등장했을 때 그들은 몸짓과 간단한 언어를 이용해 서로 협력하고 소통하는 조직화된 사회집단을 이루고 살았다. 이 사실에서 우리는 호모 사피엔스와 호모 네안데르탈렌시스의 공동 조상으로서 약 130만 년간 존재했던 호모 하이델베르겐시스가 이미 능숙한 사냥꾼이었다는 점을 짐작할 수 있다. 1994~1998년 사이, 독일 쇠닝엔에서 길이 2m 정도의 정교한 나무 투창 8자루가 20마리의 말 유골과 함께 발견되었다. 이 투창은 오늘날의 재블린Javelin 창과 비슷한 디자인으로 무게가 앞쪽에 쏠리게끔 제작되어 앞으로 더 곧게 날아갈 수 있었다. 나는 보이스카우트 시절 직접 창을 만들어 보려다 실패했는데 그때 '과연 우리 중 얼마나 많은 사람이 제대로 된 창을 설계할 수 있을까' 하고 의심했다. 하지만 쇠닝엔에서 발견된 창은 지금으로부터 40만 년 전에 만들어졌고, 이는 호모 하이델베르겐시스가 큰 동물을 쓰러뜨릴 정도로 치명적인 무기를 만드는 정교한 기술을 가졌다는 증거다. 이러한 기술은 한순간에 진보할 수 없으므로 아마 사회 학습을 통해 대물림되면서 서서히 발전했을 것이다. 그 외에도 말은 방향을 잘 바꾸지 못하기 때문에 이 창의 주인들은 사냥을 하기 위해 공격 방식을 서로 조율해야 했을 것이다. 즉, 이들에게는 소통 능력도 있었다는 뜻이다. 말을 사냥하는 전문 기술이 있었다는 것은 호모 하이델베르겐시스는 20만 년 전 호모 사피엔스가 등장하기 전부터 이미 문화를 가지고 있었다는 사실을 증명한다.[34]

호모 사피엔스의 출현 직후부터는 사회 학습과 문화의 다른 예들이 화석에 기록되기 시작했다. 16만 년 전 것으로 추정되는 잠비아 유적지에서는 인간의 몸 장식에 쓰인 적철광 색소가 발견되었다. 매장 의식은 약 11만 5,000년 전으로 거슬러 올라간다. 같은 시기의 다른 무덤에서는 구슬이 나왔다. 이것들에 상징적인 의미가 없다면 왜 이토록 공들여 만들었겠는가?

호모 사피엔스가 지구 전역으로 빠르게 퍼져 나가면서 이전보다 더 많은 문화를 감당할 뇌가 필요해졌다. 전 세계 미토콘드리아 DNA 염기서열 데이터 분석 결과 약 10만 년 전에 호모 사피엔스의 수가 대폭 증가했는데, 이 시기에 인간은 전 세계로 확산했고, 동시에 서로 생각을 교환하며 문화를 꽃피운 성숙한 인구가 늘어났을 것으로 추정한다.[35]

4만 5,000~10만 년 전 사이에는 매장 의례와 예술, 몸치장 같은 상징적 행위를 포함한 문화적 관행이 산발적으로 나타났다. 그리고 약 4만 5,000년 전 호모 사피엔스는 유럽에서 원시 문명의 모든 과시적 요소를 선보였고, 해부학적인 현생 인류가 되었다. 이들은 신체적인 면에서 오늘날의 우리와 대단히 유사했고 행동 역시 다른 조상들에 비해 상당히 비슷했다. 이 무렵 도구 제작 기술이 발전하고, 정교한 장신구, 상징적인 조각품, 동굴 벽화, 악기, 부적, 종교 예식 및 매장이 확산되는 등 문화가 폭발했다.[36]

이 각각의 활동은 인류의 과거나 동물계 어디에서도 볼 수 없었던 사회적 교류를 위한 것이었다. 또 공예품 제작에 필요한 원재료를 먼 타지에서 조달하면서 사람들 간 거래가 시작되었는데 이는 인간에게 허영심이 생기기 시작했다는 사실도 보여준다. 예술과 장신구의 1차 목적은 남에게 보여주고 찬사를 듣는 것이다. 장신구를 제작하고 예술을 창조하는 데는 시간과 노력이 많이 든다. 이것들은 사회적 가치를 전달하기 위해 만들어지며 그 가치가 전달되어야만 인정받는다. 또 매장과 종교 의례는 사람들이 죽음을 의식하고 사후 세계와 창조자를 생각했다는 뜻이다. 동료의 죽음을 애도하는 듯한 행동을 보이는 영장류도 있지만 죽은 뒤 의식을 행하는 동물은 현생 인류뿐이다.

심리학자 닉 험프리Nick Humphrey는 타인의 마음을 읽는 능력으로 미루어 우리 종을 '심리적 인간'이라는 뜻의 '호모 프시콜로지쿠스*Homo psychologicus*'라고 불러야 마땅하다고 했다. 타인의 마음을 읽는다는 것은 심령술사의 초자연적 기술이 아니다. 그저 상대가 무엇을 생각할지 상상하고, 무엇을 할지 예측하는 것이다.[37] 다른 이들과 함께 살고 더 나아가 서로 협력하도록 진화한 종의 일원이라면 타인의 생각과 행동을 읽을 수 있어야 한다. 게다가 오래 돌봐주어야 하고 누군가와 함께 양육해야 하는 연약한 아기를 낳는 종이라면 더 말할 필요도 없다. 자신과 자식을 위한 자원을 충분히 마련하려면 다른 구성원들의 의도와 목적을 이해하고 예상할 수 있어야 한다.

목적을 달성하기 위해 속임수를 쓰고 정치적으로 연합하는 영장류는 특히 더 그렇다. 이것을 '마키아벨리적 지능Machiavellian Intelligence'이라고도 하는데, 이는 간계와 전략을 이용해 타인을 지배하는 방법을 설파한 중세 이탈리아 학자의 이름을 딴 것이다.[38] 이는 사회적 지능을 대표하는 강력한 능력으로, 심리학에서 '마음 이론Theory of Mind'이라고 부르는 사회기술을 필요로 한다.[39] 마음 이론 기술을 가진 사람은 자신을 상대의 입장에 놓고 그 사람의 관점에서 사물을 본다. 이를 통해 상대의 마음을 추적하고, 의도를 추측하며, 상대보다 앞서 생각하고, 생각을 교환할 수 있다. 아동 발달 관련 장에서 읽겠지만 마음 이론은 오랜 시간에 걸쳐 형성되고, 불운한 일부 사람들은 마음 이론이 제 기능을 하지 못해 다른 사람들과의 의사소통에 어려움을 겪는다.

## 인간의 뇌만이 수다스럽다

문제를 해결하기 위해 인간만이 일상적으로 사용하는 사회기술이 있다. 바로 언어다. 혼잣말을 할 때도 있지만 언어의 1차 목적은 '다른 사람들과의 소통'이다. 우리는 다른 사람들이 말하는 것을 들으면서 말하는 법을 배운다. 다른 사람의 말을 듣지 못하는 환경에서 자라면 커서 아무리 훈련하고 노력해도 제대로 말하지 못한다. 인체에는 '아주 어렸을 때부터 말에 노출되어야 언어를 습득할 수 있다'라는 생물학적 지침이 탑재되어 있다.[40] 외국어 역시 나이가 들수록 점점 배우기 어려워지는데 이는 생물학적으로 언어를 습득할 수 있는 시기가 따로 정해져 있다는 것을 뜻한다.

일과 휴식, 놀이를 막론하고 인간이 하는 거의 모든 활동에는 언어가 따른다. 지구상의 어떤 동물도 인간처럼 소통하지 않는다. 꽥꽥거리고, 짖고, 으르렁대고, 힝힝대고, 소리를 지르고 울부짖는 등 온갖 종류의 소리를 내지만 그렇게 소리로 나누는 정보는 극히 제한적이고 융통성이 떨어진다. 월트디즈니Walt Disney사를 비롯한 만화 제작자들의 놀라운 상상력에도 불구하고 동물의 의사소통은 다음의 4개 메시지 중 1개를 전달하는 신호 체계에 불과하다.

'조심해, 문제가 생겼어.'
'저리 가, 여긴 내 구역이야.'
'여기 먹이가 있으니 와서 가져가.'
'아가씨, 이리 오시죠. 나 여기 있어요.'

동물의 의사소통은 기본적으로 4F, 즉 도망치고Fleeing, 싸우고Fighting, 먹고Feeding, 교미하기Fornicating 위해 이루어진다. 4F는 번식을 통해 자손에게 유전자를 전달할 때까지 목숨을 부지하게 하는 '기본 욕구'들이다. 인간 역시 이러한 주제로 오랜 시간 소통하지만 인간만큼 타인에 관해 말하는 일을 즐기는 동물은 없을 것이다. 어느 쇼핑몰 안에서 사람들이 나누는 대화를 분석했더니 내용의 2/3가 '누가 누구와 무엇을 하느냐'였다.[41] 이렇듯 인간은 생존과 번식에 필요한 생물학적 본능에 국한해서만 의사소통하지 않는다. 우리는 날씨, 정치, 종교, 과학을 이야기한다. 언어가 처음 등장했을 때는 생존에 필요한 4F가 주요 화제였겠지만 오늘날에는 개인의 의견과 설명은 물론이고 온갖 종류의 고차원적이고 복잡한 정보를 전달한다. 이렇듯 인간의 의사소통은 복잡하고 어렵다. 따라서 그만큼 가치 있고, 훌륭한 목적을 위해 진화한 것이 분명하다.[42]

우리가 동물과 이야기하지 못하는 이유는 또 있다. 첫째, 인간은 소리를 제어하는 신체 장비를 갖춘 유일한 영장류다.[43] 여기서는 다른 영장류와 달리 인간의 후두가 아래로 내려가 있다는 사실에 주목해야 한다. 이 길어진 '음성 상자'는 여러 역할을 수행한다. 우리는 공기를 내쉴 때 후두에 위치한 성대를 진동시켜 소리를 낸다. 풀잎을 입술에 대고 불었을 때 삐익 하는 소리가 나는 것과 같은 원리다. 이 길어진 후두를 통해 호흡 조절은 물론 입, 혀, 입술의 모양을 바꾸어 분절음을 수정하면 여러 소리를 낼 수 있다. 후두에는 기도를 닫아 음식이 폐로 들어가는 것을 막는 중요한 기능도 있지만 후두는 생후 3개월이 되어서야 아래로 내려가므로 갓난아기는 수유할 때 젖을 삼키는 동시에 숨을 쉴 수 있다.

아래로 처진 후두와 더불어 인간은 성대에서 입술까지의 성도가 길어서 다양한 소리를 낼 수 있고, 다른 영장류와 달리 윗입술과 혀의 근육을 자유롭게 움직일 수 있다. 이런 신체 구조상의 이유로 다른 동물은 인간처럼 말할 수 없다. 그러나 동물이 말을 하지 못하는 이유는 이러한 물리적 한계 때문만은 아니다. 동물은 말을 하게 해주는 능력 있는 뇌가 없다. 1951년에 미국 심리학자 칼 래슐리Karl Lashley는 태초의 인간이 말을 하기 위해서는 입술과 혀가 움직이는 순서를 결정해 주는 고유한 두뇌 회로가 먼저 깔려 있었어야 했다고 최초로 주장했다.[44]

최근 태아의 뇌에서 발화를 관장하는 구조와 연관된 'FOXP2Forkhead Box Protein P2'라는 유전자가 발견되면서 이 가설은 새로이 지지를 얻었다. 언어학자 놈 촘스키Noam Chomsky는 설사 동물이 입과 입술, 혀의 움직임을 제어할 수 있다고 하더라도 언어 자체의 숨은 구조를 해독하려면 인간에게서만 진화해 온 특수한 두뇌 메커니즘이 필요하다고 강조했다.[45] 인간과 다른 동물의 사회적 소통을 가르는 주요한 차이점 중 하나는 바로 인간 언어의 '문법 체계'다. 우리는 정해진 규칙에 따라 단어를 조합해 수없이 많은 문장을 만들지만 대부분 자신이 규칙을 사용한다는 사실조차 인식하지 못한다. 우리는 '복잡한 인간은 언어다'라는 문장을 듣고 어딘가 잘못되었다는 것을 안다. 이 문장은 규칙을 따르지 않았기 때문이다. 그러나 그 규칙이 무엇인지 정확히 설명할 수 있는 사람은 별로 없다. 사람들은 언어의 규칙을 알아내기도 전에 이미 문법에 맞추어 말한다.

또한 언어는 상징적인 시스템이다. 우리는 소리를 이용해 무언가를 표현한다. 단어도 이를 돕지만 단어 이전에 특정한 소리가 있어야 거기에 뜻을 연결할 수 있다. 동물도 훈련하면 사물과 소리를 연결할 수 있고, 심지어 몸짓과 의미를 짝지을 수도 있다. 수화를 배운 유명한 침팬지의 사례도 있지만 수화는 이들이 자연스럽게 할 수 있는 일은 아니었고, 보상이 따르는 많은 훈련을 거쳐야 했으며, 훈련을 받았다고 하더라도 아이들처럼 새로운 문장을 쉽게 만들지도 못했다.

인간의 언어는 '생성'과 '이해' 면에서 다른 동물에게서는 전혀 진화하지 않은 특별한 무엇이 있다. 언어는 현생 인류를 '사회관계'라는 리그 속에 던진 인간 고유의 능력이지만 처음부터 그랬던 것은 아니다. 우리의 조상인 수렵·채집인이 어느 날 아침에 일어나 동료에게 "사냥하러 갑시다"라고 말하지는 않았을 것이다. 우리의 언어도 오늘날의 복잡한 구조에 이르기까지 서서히 진화했다. 진화로는 언어처럼 복잡한 체계가 만들어질 수 없다고 주장하는 사람도 있지만 정확히 말하면 언어는 그 복잡성 때문에 자연선택에 의해 천천히 진화했어야 했다. 동물의 눈이 1, 2번의 돌연변이로 갑자기 나타날 수 없는 복잡한 생물학적 적응체인 것처럼 언어도 그렇다.

아기들은 말하는 법을 굳이 배우지 않아도 된다. 말을 거는 사람이 주위에 있기만 하면 어느 나라 어느 지역에서 자라든 만 3세 무렵부터 유창하게 말한다. 산업 사회의 문법도 이른바 원시 부족의 문법보다 한참 복잡하지 않고, 모든 언어는 비교적 최근에 발견된 동일한 기초 규칙을 공유한다. 또한 언어 능력은 뇌 손상으로 망가질 수 있고,

언어는 뇌에서 특정한 신경 회로망을 활성화하며, 일부 언어 장애는 유전된다. 이 사실들을 종합해 보면 언어의 발달은 문화적인 발명이라기보다 생물학적 영역에 가깝다. 그래서 언어를 '본능'이라고 말한다.[46] 언어 덕분에 인간은 정보를 전달할 뿐 아니라 아이들을 길들일 수 있었다. 아이들을 가르치고, 꾸짖고, 다른 사람들과 평화롭게 지내는 데 적합한 생각과 행동을 장려한 것이다.

## 정신 체계는 유전된다

많은 과학자가 '언어는 어느 날 갑자기 등장한 발명품이 아니라 여러 부품을 재활용해 제작한 기계처럼 여러 하위 기술에서 진화했다'라고 믿는다. 진화심리학자 레다 코스미디스Leda Cosmides와 존 투비John Tooby는 인간의 정신을 '특정한 문제를 해결하기 위해 전문적인 기술을 수천 년간 축적해 놓은 도구 상자 같다'라고 주장했다.[47] 인체의 다른 부위처럼 뇌 역시 점진적인 적응 과정을 통해 문제를 해결하도록 진화했다는 것이다. 코스미디스와 투비가 말한 대로 인간의 뇌는 모든 문제를 해결할 만반의 준비를 마치고 하늘에서 툭 떨어진 것이 아니라 매번 주어진 문제를 해결하면서 단계별로 진화한 듯 보인다. 삶이 점차 복잡해지자 인간은 최고의 번식 기회를 얻기 위해 행동도 새롭게 진화시켜야 했다. 최고의 배우자를 찾고, 남을 배려하는 기술을 다듬고, 집단에 수용되기 위해 필요한 것들을 배우고 익혀야 했다.

반복되는 이러한 문제들과 더불어 인간은 유전자를 통해 전달받은 다양한 대응법도 진화시켰다. 탐색하고, 계산하고, 소통하고, 사물의 물리적 속성을 추론하고, 타인의 표현을 해석하는 능력은 진화된 행동으로 보이는 일부 기능에 불과하다. 이러한 능력은 거주 지역에 관계없이 오늘날 지구에 사는 모든 사람에게서 발견할 수 있는데 이것이 문화나 사회와 관계없이 나타나는 보편적인 기능이라면 아마 이를 위한 생물학적인 배선이 우리 몸에 깔려 있기 때문에 유전자를 통해 전달된다고 볼 수 있다. 이 주제를 둘러싼 다양한 이론이 있다. 인간이 가진 특성 중 어디까지가 진화의 산물이고 어디까지가 문화의 산물인가? 시기와 질투는 번식 경쟁에서 비롯한 문화적 유물인가, 아니면 오랜 진화를 통해 적응된 형질인가? 고대 조상의 진화 과정을 직접 확인할 수는 없지만 우리가 가진 어떤 능력이 자연선택의 유산이라는 가설을 뒷받침할 단서는 찾을 수 있다.

인간은 수백만 년에 걸쳐 진화했다. 변화가 이렇게 서서히 진행된 데는 여러 이유가 있을 것이다. 첫째, 생물이 단순한 것에서 복잡한 것으로 진화할 때는 각 생물이 해결해야 하는 문제들도 변하는데, 이때 추가적인 적응이 필요하기 때문이다. 뇌는 상당히 복잡해서 단일 유전자 돌연변이로는 형성될 수 없다. 아마 조상들이 계속해서 새로운 문제를 다루고 해결하는 과정에서 뇌는 점점 더 복잡해졌을 것이다. 둘째, '적응'은 어떤 구체적인 문제를 해결하는 과정에서 일어나기 때문에 특정한 문제 해결 능력이 장착되지 않은 뇌는 진화 과정에서 아예 선택되지 않았을 것이다. 사실상 뇌는 1명의 만능 해결사라기보다 각 분야의 전문 해결사들이 모인 집단에 가깝다. 만약 뇌가 단일 문제 해결 시스템이었다면 개별적인 특정 기술들이 모여서 구성된 것만큼 효율적이지 못했을 것이다. 모든 문제는 저마다 맞춤화된 메커니즘을 가진 해결책이 필요하기 때문이다. 즉, 다능多能은 무능無能이라는 말이다.

인간의 정신은 다양한 기능을 가진 맥가이버 칼에 빗대어 생각해볼 수 있다. 이 칼에는 말발굽에서 돌을 제거하는 도구(요새 누가 이것을 사용하는가?), 와인 따개, 가위, 그 외 다양한 기능에 최적화된 개별 도구가 포함되어 있다. 이처럼 뇌도 언어 구사, 공간 탐색, 얼굴 인식, 숫자 세기 등 전문 기능들을 가지고 있다. 만약 인간의 정신이 무언가를 자를 수만 있는 단순한 칼이라면 각각의 문제들을 해결하는 데에 한계가 있을 것이다. 예를 들어 버벳원숭이는 뱀, 독수리, 표범이 나타났을 때 각각 다른 경계 신호를 보내도록 진화했다. 뱀이 나타나면 풀밭에서 아래를 보며 뒷다리로 서고, 독수리가 나타나면 하늘을 보며 풀숲으로 뛰어들고, 표범이 나타나면 나무 위로 올라가는 등 포식자에 따라 다른 행동을 취한다. 이 신호에 잘못 대응한 원숭이는 포식자의 저녁거리가 될 것이다. 이런 이유로 이들은 본능적으로 각각의 경계 신호에 다르게 반응한다. "조심해!"라는 모호한 경고는 훌륭한 선택이 될 수 없다.

이러한 진화적 접근법은 '정신'이라는 체계가 일반적인 문제 해결사가 아니라 특정한 문제를 전담해서 해결하는 다양한 시스템의 집

합체라는 견해를 낳았다. 인류의 진화 과정에서 반복적으로 나타난 문제들은 결국 자연선택을 통해 해결책을 제공받았다. 인류의 진화를 문화와 유전자 측면에서 연구한 결과들에 따르면 우리 인간은 이와 비슷한 방식을 통해 문화적 지식을 확실히 찾아내는 메커니즘을 장착하게 되었다.[48] 그 근거로 문화는 유전자보다 빨리 변한다. 동물에게서 나타난 문화 학습 사례와는 다르게 인간은 물려받은 지식을 꾸준히 다듬고, 개발하고, 확장한다. 이것은 우리가 타인을 보고 배우도록 진화한 뇌를 가졌기 때문에 가능하다. 인간이 가진 효율성은 의사소통 능력은 물론이고, 누구를 보고 배워야 할지를 구분하게 해주는 '특징에 더 관심을 기울이는 성향'을 통해서도 향상된다. 이어지는 장에서 더 자세히 다루겠지만 아기는 부모와 대인관계를 시작해 자기보다 나이가 많거나, 성별이 같거나, 다정하고 같은 언어를 사용하는 사람에게도 점차 관심을 기울인다. 집단에 소속되기 위해 필요한 요소들을 가장 유능한 사람으로부터 배우려는 기질을 이미 유전자에 가지고 태어나는 것이다.

## 인지와 협력 그리고 문화

독일 막스플랑크진화인류학연구소Max Planck Institute for Evolutionary Anthropology의 심리학자 마이클 토마셀로Michael Tomasello는 '무엇이 우리를 인간으로 만드는가'라는 주제를 연구해 세계에 명성을 떨쳤다. 그는 아동의 발달 과정을 다른 영장류와 비교했고 '인간은 타인에 대해 생각하고, 타인과 협력하며, 생각과 행동을 공유하는 능력이 있기 때문에 인간의 영장류 사촌과는 다르다'라고 믿는다. 위의 능력들은 전부 문화 발달에 필요하다. 인간의 문화는 지식과 기술이 세대에서 세대로 전달되고 또 누적된다는 점에서 그 어떤 사회집단과도 다르다. 우리가 사는 세상은 더 복잡해지고 있다. 세대가 거듭될 때마다 협력을 통해 얻은 정보를 공유하고 교육하기 때문이다. 이런 방식으로 지식과 이해는 집단의 '복잡성'과 '총체적 지식'을 확장하고 개선하면서 단계적으로 증가한다.[49]

다른 동물들도 무리 생활을 하며 상대가 무슨 생각을 하는지 알아내기 위해 여러 사회기술을 동원하지만 대부분 싸움이나 충돌 상황에서만 사용한다. 비인간 영장류는 대부분 기회주의자로서 오로지 다른 구성원을 이용해 먹이를 얻고, 짝을 지으며, 계급 구조상 더 나은 자리를 차지하기 위해 기회를 엿본다. 침팬지가 동료를 도운 예도 있지만 대체로 자기에게 이익이 돌아올 때만 이런 행동을 보였다.[50] 이와 대조적으로 인간은 타인을 위해 자기의 이익을 희생하고, 다시 볼 일 없는 낯선 이를 기꺼이 돕는다. 이타주의는 인간만이 가진 고유한 특성인 것 같다. 동물에게서 이타주의를 확인한 사례는 거의 없고, 있다고 해도 마머셋원숭이Marmoset처럼 상호 의존성이 강한 종으로 제한된다. 이러한 친사회적 성향에는 '성적으로 문란한 습성'이 포함되어 있으므로 종 내 번식 확률을 높인다. 결과적으로 자신에게 이익이 되는 전략이다.[51]

인간도 기회주의적 성향을 가졌을지 모르지만 우리 사회는 개인이 사리를 취하는 것을 막기 위해 상호주의와 도덕규범이라는 암묵적 전제로 묶여 있다. 이것들은 우리가 준수해야 하는 규칙이며 일부는 법이 된다. 우리는 규칙을 지키는 자에게는 이익이, 규칙을 어기는 자에게는 벌이 주어진다는 전제하에 권력이나 국가에 복종하겠다는 사회 계약을 맺는다. 이 사회적 약속으로 이익을 얻는 구성원들은 가족만이 아니다. 생각해 보면 자원 공유는 대부분 이타적인 행동이다. 자기에게는 아무 이득도 없는데 얼굴도 모르는 남에게 좋은 일을 하는 것이다.

지구상의 어떤 동물도 인간처럼 이타적으로 행동하지 않는다. 일개미나 일벌처럼 보금자리를 공격받았을 때 다수의 이익을 위해 자신을 희생하는 종도 있지만 이는 그 희생의 수혜자가 유전적으로 가까운 관계이기 때문에 가능하다. 자신과 유전자를 공유한 가족을 위해 희생하도록 뇌가 진화한 것이다. 하지만 인간은 다르다. 인간이 남에게 협조하는 이유는 그 행위가 자신을 기분 좋게 만들기 때문이다. 우리는 집단에 소속되었다고 생각하기 때문에 '다른 일원을 돕는다'라는 생각 자체가 보상이 된다. 이러한 기분은 동료를 사교적으로 대하게 만들고, 이타적인 협업이나 협력 그리고 궁극적으로 문화를 더 발달하게 한다.

그러나 우리는 아무나 성심껏 돕는 노예 같은 일벌이 아니다. 우리는 상호주의 체제 속에서 편법을 쓰려는 자들을 경계한다. 우리는 타인에게 도움의 손길을 건네지만 막상 누군가에게 속았다고 느끼면 보복하려 들 것이다. 이런 종류의 결정을 하려면 타인의 동기와 목적 등을 해석할 수 있는 정교한 뇌가 있어야 한다.

## 인간의 뇌가 동물의 뇌와 다른 이유

먹이를 찾고, 위험을 피하며, 번식할 때까지 살아남아야 한다는 것은 많은 동물에게 주어진 가장 기본적이고도 직접적인 과제다. 혼자 사는 동물들은 스스로 그 방법을 알아내는데, 이는 그렇게 살도록 진화했기 때문이다. 무리를 이루고 사는 다른 동물들은 상호 이익을 위해 서로 조율하고 협력하는 능력이 발달했다. 이들은 지리, 기후 등 자연환경이 주는 압력뿐 아니라 사회가 주는 압력에도 적응해야만 했다. 집단 내에서 자신의 유전자를 후세에 물려주기 위해 다수의 상대와 경쟁해야 했고, 곧 집단 내에서 번식 확률을 높이는 사회적 행동을 하도록 진화했다.

영장류의 뇌가 커지고, 특히 인간이 타인과 어울리고 타인에게서 무언가를 배우는 데 능숙해진 것은 모두 이러한 사회기술이 진보했기 때문이다. 그러나 인간이 더 많은 사람과 더 평화롭게 더불어 살아가기 시작하고, 거대 문명이 탄생하면서 뇌는 다시 줄어들기 시작했다. 인간은 서로 의사소통하고, 생각과 지식을 공유하고, 상징적인 의례 활동에 참여하고, 집단의 이익을 위해 행동하는 법을 개발하는 등 문화의 발달을 통해 다른 사회적 동물보다 더 발전할 수 있었다. 그리고 인구가 늘어나기 시작하면서 우리는 더 조화롭고 외교적으로 사는 법을 배워야 했다. 물리적 환경은 상대적으로 정적이지만 사회환경은 끊임없이 변하고, 상당한 피드백을 제공하며, 그것이 다시 상호관계의 역학을 바꾼다. 요약하면 사회관계라는 전문 기술은 상당한 문제 처리 능력과 융통성을 요한다는 말이다.

이렇게 되기까지 인간은 자녀에게 연장된 유년기 동안 사회에서 조화롭게 살아가는 데 필요한 기술을 가르쳤다. 이런 과정이 없었다면 어떻게 인간이 그렇게 오랜 시간 어른에게 의존하며 살아가는 종으로 진화했겠는가? 이 기간은 부모와 자녀 모두에게 진화적으로 커다란 헌신을 요구한다. 지혜는 길들이기와 함께 세대에서 세대로 전해진다.

자녀는 부모에게서 기본적인 지식을 배우지만 집단 속에서 더 많은 것을 배워야 한다. 인간에게 의사소통 능력이 있다는 것은 아이들이 스스로 알아내야 할 것들을 일일이 찾아다니지 않아도 다른 사람들의 말을 귀 기울여 들으면 많은 것을 배울 수 있다는 사실을 의미한다. 그리고 타인에게서 무언가를 배우기 위해 어린 시절에 익혀야 할 가장 중요한 지식이 있다. 다른 사람들에게서 호감을 얻고 가치 있는 존재라고 인정받는 법, 즉 '예의 바르게 행동하는 법'이다.

# THE DOMESTICATED BRAIN

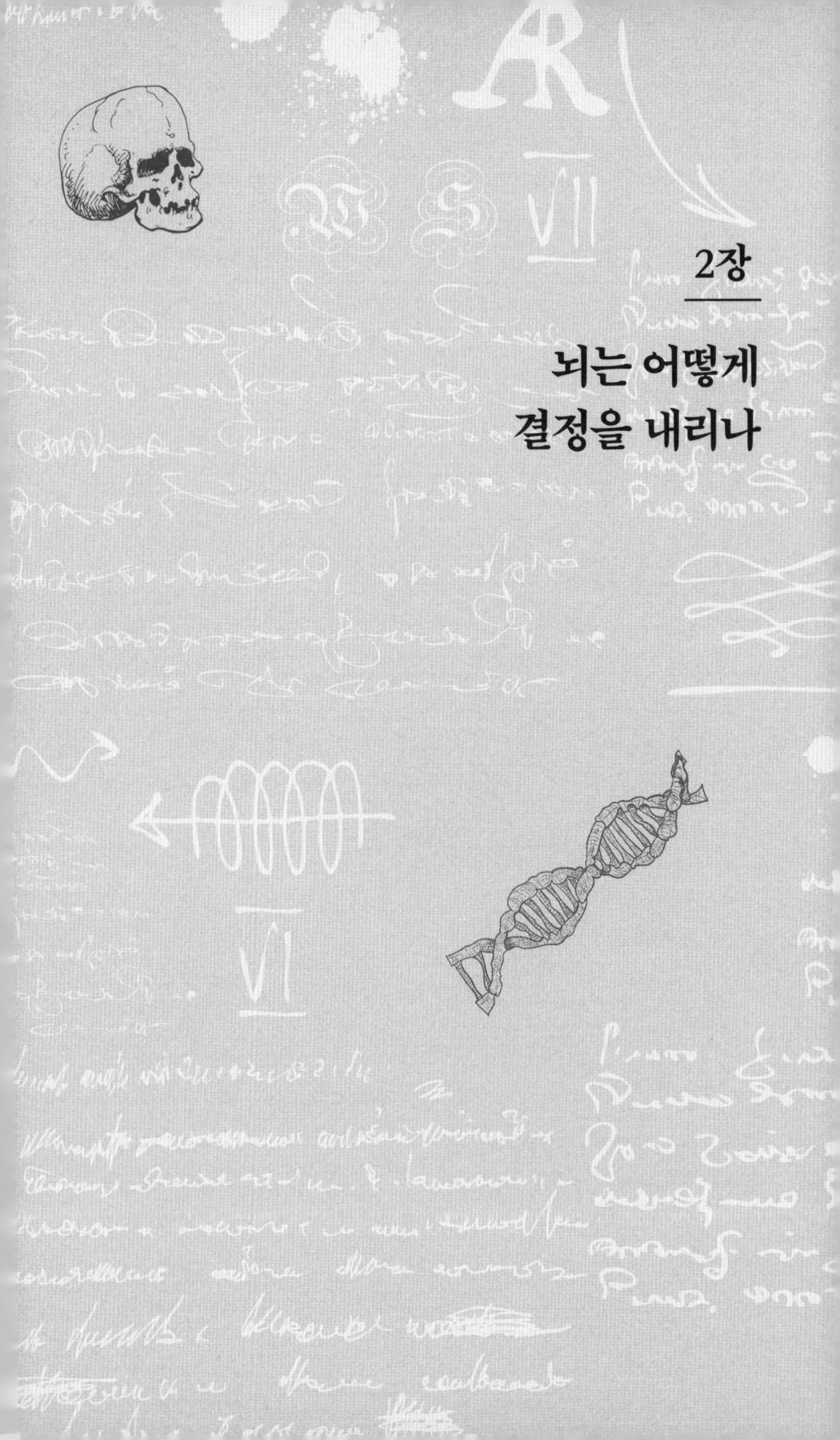

# 2장

# 뇌는 어떻게 결정을 내리나

현재까지 찾아낸 기록에 따르면 영국에서 가장 어린 나이에 유죄를 판결받고 사형이 집행된 아동은 만 8세의 존 딘John Dean이다. 딘은 1629년 영국의 윈저타운 근처에서 헛간 2군데에 불을 지른 혐의로 교수형을 당했다. 당시 형사책임 연령은 만 7세였고 아이들은 작은 어른으로 취급되었다. 이러한 분위기는 그 시대의 그림에서도 흔하게 찾아볼 수 있다.

안토니 반 다이크Anthony Van Dyck가 1630년대에 그린 초상화에서 찰스 1세Charles I의 자녀들은 작은 어른처럼 보인다. 찰스 2세Charles II는 겨우 만 7세이지만 다리를 꼬고 자연스럽게 벽에 기댄 어른의 자세로 서 있다. 이 초상화에는 '아이들은 단지 경험을 토대로 한 지혜가 부족할 뿐, 훈육하면 사회가 용납하는 사람이 될 수 있다'라는 당시의 지배적인 사고가 반영되어 있다. 아이들은 마치 아무것도 담지

안토니 반 다이크, 〈찰스 1세의 세 자녀*The Three Eldest Children of Charles I*〉

않은 그릇처럼 자신을 정보로 채우고 똑바로 행동하는 법을 배워야 했다.

영국 철학자 존 로크John Locke는 아이를 '빈 도화지'로 보는 세상의 관점을 다음과 같이 잘 포착해 냈다.

> 그렇다면 마음을 '어떤 생각도 적지 않은 백지'라고 가정해 보자. 그것을 어떻게 채워 넣을 것인가? 인간의 끝없는 상상력이 무한한 다양성으로 분주하게 그려온 그림, 그 방대함은 어디에서 오는가? 이성과 지식의 재

료는 모두 어디에서 오는가? 나는 한마디로 답한다. 경험이다.[1]

로크는 유아의 마음을 '타불라 라사Tabula Rasa', 즉 '깨끗한 석판'이라고 표현했다. 또 유아의 마음은 텅 비어 있을 뿐 아니라 1890년에 미국 심리학자 윌리엄 제임스William James가 '만발하여 파르르 떠는 혼동Blooming, Buzzing Confusion'이라고 묘사한 것처럼 혼잡하고 혼란스러운 감각과 경험을 받아들여야 한다고 했다.[2]

그러나 로크가 주장한 '깨끗한 석판'은 이치에 맞지 않고, 신생아의 세계 역시 제임스가 상상한 것처럼 혼란스럽기만 한 것은 아니다. 철학자 이마누엘 칸트Immanuel Kant가 지적했듯이[3] 인간의 뇌가 애초에 세계의 구조를 감지하도록 설정되어 있지 않았더라면 깨끗한 석판은 작동하지 않았을 것이다. 태어나자마자 세상의 패턴 구성을 인지하려면 모종의 체계가 뇌에 미리 장착되어 있어야 한다. 사전 지식이 전무한 상태로 세상에 태어나 처음 눈을 뜬 순간 머릿속이 얼마나 복잡할지 생각해 보라. 무엇을 보고 있는지 최소한의 짐작도 하지 못한 상태에서는 주변 세계를 이해하려는 시도조차 할 수 없다. 세계를 지각하려면 배경과 사물을 구분해야 하고, 각 사물이 어디에서 시작해 어디에서 끝나는지를 알아야 한다. 우리는 지금 아무 노력 없이 세상을 보기 때문에 이것을 문제라고 생각하지 않는다. 하지만 인간처럼 앞을 보는 기계를 제작하려는 이들은 인간의 시각 능력이 얼마나 대단한지 안다.

1966년, 인공지능의 선구자인 마빈 민스키Marvin Minsky가 매사추

세츠공과대학교Massachusetts Institute of Technology, MIT에 재직할 때 한 학부 학생에게 여름방학 과제로 '컴퓨터에 카메라를 연결한 다음 카메라를 통해 본 것을 컴퓨터에게 기술하게 하라'라고 지시했다고 한다. 아마도 민스키는 학생이 방학 동안 이 문제를 충분히 해결할 수 있을 것이라고 생각한 듯하다. 이것은 거의 50년 전 일이고 그 이후로 지금까지 수천 명의 전문가가 기계도 인간처럼 세상을 보게 만들려고 고군분투하고 있다.

1960년대로 돌아가면 '인공지능'은 로봇이 집을 청소하고, 설거지를 하며, 사람들이 하기 싫어하는 일상적인 집안일을 해주는 등 노동 절약형 미래를 약속한 새로운 과학 분야였다. 그 이후로 컴퓨터와 기술이 놀라울 정도로 발전했고 대단히 똑똑한 진공청소기와 식기세척기가 개발되었다. 그러나 여전히 인간은 자신과 같은 방식으로 세상을 지각하는 로봇을 만들지 못한다. 겉모습은 인간 같을지 모르지만 로봇은 우리가 당연하게 여기는 아주 간단한 문제도 아직 풀지 못한다. 아기들이 돌이 되기도 전에 능숙하게 해결하는 문제들을 말이다.

깨끗한 석판은 생리학적 측면에서도 옳지 않다. 아기의 몸은 태어나 경험할 자극과 신호 들을 예상해 그에 맞추어 각종 감각기관들을 미리 구성해 놓는다. 우리는 배우지 않아도 색깔을 구별하고, 사물의 가장자리가 밝음과 어둠의 경계라는 사실을 안다. 만약 어미의 배 속에 있는(바깥세상을 전혀 경험하지 않은) 동물의 뇌에서 감각에 반응하는 신경세포의 활성도를 측정한다면 이것들은 전혀 접해보지 못한 자극에도 반응할 것이다. 인간의 신생아는 학습할 시간이 없었음에도 이미 특정 패턴에 호불호를 보인다. 그러므로 신생아의 세상은 생각만큼 혼란스럽지만은 않다. 이처럼 신생아가 출생 직후 보이는 능력은 갓난쟁이가 태어나자마자 경험할 것들을 당황하지 않고 받아들일 수 있도록 뇌가 이미 잘 설정되어 있음을 보여준다.

우리가 상점에서 구입한 컴퓨터처럼 우리의 뇌에도 태어날 때부터 이미 기본적인 운영체제가 설치되어 있다. 그리고 이 뇌를 가지고 무엇을 하느냐에 따라 저장되는 내용이 달라진다. 타고난 생물학적 특성과 이후의 경험이 함께 정신을 발달시키고 바깥세상에 적응하게 한다. 이 방식은 아이들이 진화가 마련해 준 도구를 사용해 주변 세상을 해석할 때 발견된다.

## 뇌의 배선

어떤 동물이든 그들이 세상에서 해결해야 할 문제를 풀 수 있을 정도의 복잡한 뇌를 가지고 있다. 다시 말해 동물이 다재다능하게 행동할수록 뇌가 정교해진다는 뜻이다.[4] 이 다재다능함은 학습 능력에서 온다. 여기서 학습 능력이란 경험에 대한 반응으로 특정 뇌세포에서 전기가 연결되는 패턴이 변하고 기억이 저장되는 기술을 말한다. 성인의 뇌는 약 1,700억 개의 세포로 구성되어 있고 그중에서 860억 개가 신경세포인 '뉴런'이다.[5] 뉴런은 뇌에서 생각과 행동을 뒷받침하는 소통 과정의 기본 구성 요소다.

뉴런은 촉수가 여러 개인 외계 생명체처럼 생겼는데, 몸체에 해당하는 신경세포체에서 '수상돌기Dendrite'라는 수천 개의 가지가 또 다른 가지를 뻗으며 주변 뉴런이 보내는 신호를 받아들인다. 유입된 신경 자극이 모여서 임계점에 도달하면 뉴런은 축삭돌기Axon를 따라 자극을 전달하고 연쇄반응을 일으켜 통신을 시도한다. 이런 식으로 각 뉴런은 소형 마이크로프로세서처럼 작동한다. 수조 건의 방대한 신경 연결망을 거쳐 확산하는 신경 자극의 패턴이야말로 정보를 수신하고, 처리하고, 전송하고, 저장하는 뇌의 언어다. 경험은 우리 뇌가 정보를 해석할 때 내부에서 일어나는 처리 과정을 통해 신경 패턴으로 재현된다.

두뇌 발달에 대한 더 놀라운 사실은, 사람은 성인이 되었을 때 가지게 될 거의 모든 뉴런을 처음부터 가지고 태어난다는 것이다. 그러나 갓 태어났을 때 인간의 뇌 무게는 성인 뇌의 1/3에 불과하다. 그리고 1년 안에 성인 뇌 무게의 3/4에 이른다.[6] 신생아의 뇌에서 뉴런은 1초에 4만 개씩 연결된다. 하루로 따지면 30억 건이 넘는다.[7] 이렇게 연결된 신경섬유의 총 길이는 15만~18만 km로 추정되며 이는 신생아의 뇌에 적도를 4바퀴 돌 정도의 배선이 깔린다는 뜻이기도 하다.[8] 뇌의 대부분은 뉴런이 모여 3, 4mm 두께로 압축된 상태로 표면을 감싸는 대뇌피질로 되어 있다. 영어로 '대뇌피질'을 뜻하는 'Cortex'라는 단어는 라틴어로 '나무껍질'이라는 뜻이다.

경험은 뉴런을 계속 자극해 활성 상태로 지속시키는데, 이렇게 바깥세상은 경험을 통해 뉴런의 연결에 변화를 일으키는 방식으로 뇌를 형성한다. 이러한 뇌의 성형 과정을 '주조하다'라는 뜻의 그리스어 'Plassein'를 따서 '가소성Plasticity'이라고 부른다. 꾸준히 소통하는 뉴런 사이에 형성된 연접 부위, 즉 시냅스Synapse는 민감도가 높으므로 메시지가 조금 더 쉽게 전달된다. 기본적으로 정보는 이렇게 뉴런의 활성 패턴에 일어난 변화를 통해 뇌에 저장된다. 이 상호적인 신경 활동의 가장 중요한 역할은 '동시에 점화하는 뉴런은 서로 연결된다Neurons that Fire Together Wire Together'라는 신경과학자의 유명한 첫 번째 가소성 원칙에서 드러난다.[9]

대부분의 신경 가소성은 아동의 발달기에 정점에 이르고 뇌의 일부 영역은 10대 후반까지 계속해서 변한다. 특히 두뇌의 앞부분은 의사 결정에 관여하는데 이 부분은 성년이 될 때까지도 완전히 성숙해지지 않는다. 물론 어른의 뇌에도 가소성은 존재한다. 우리는 평생 끊임없이 배우기 때문이다. 하지만 두뇌 시스템상 어떤 영역은 시간에 민감해 발달 초기에 연결되어야 한다. 신경 활동은 대사적으로 비용이 많이 드는 일임을 기억하라. 뉴런이 연결되어도 활성화되지 않는다면 가지고 있어봐야 무엇 하겠는가? 이는 장미 덩굴의 가지를 쳐내는 것과 여러 면에서 유사하다. 강한 가지가 더 잘 자라도록 약한 가지를 쳐내는 것이다.

이런 결정적 시기를 '임계기Critical Period'라고 하는데, 임계기가 존재한다는 것은 자연이 뇌로 하여금 특정 시기에 특정 경험을 하리라고 기대하게 만든다는 뜻이기도 하다. 만약 이 시기에 특정 경험이 거부되거나 제대로 이루어지지 않으면 시력이나 청력 같은 감각계에 장기적인 손상이 올 수도 있다. 이와 비슷하게 사회기술을 습득하는 데에도 임계기가 있는 것 같다. 가소성의 두 번째 원칙 '쓰지 않으면 잃는다Use It or Lose It'에 따라 경험을 박탈당하면 기능도 잃는다.

## 핵심 지식은 이미 뇌 안에

우리가 어떤 감각을 처음 접하기도 전에 뇌가 그 경험을 미리 준비하고 있는 것처럼, 어떤 과학자들은 사람이 미처 생각할 기회를 얻기도 전에 이미 세상을 특정한 방식으로 해석하게끔 뇌가 배선되어 있다고 생각한다. 아기들이 어른의 말을 잘 알아듣거나, 말하기 전에 이미 주변 세상의 면면을 습득하고 이해하는 속도를 보면 아기는 저절로 잘 성장하는 것처럼 보인다.

어른인 우리도 사물, 공간, 차원, 식물 그리고 애써 생각해 본 적조차 없는 온갖 복잡한 생각을 당연하게 한다. 하지만 이는 우리가 평생 그것들에 노출되어 살아왔기 때문이다. 반면 아기들은 언어도 알지 못하면서 어떻게 이런 개념들을 인지하는 걸까? 흐릿하고 부연 세상을 처음으로 둘러보면서 아기들은 이 모든 것을 어떻게 받아들일까? 알아서 배운다고는 해도 무엇에 주의를 기울여야 하고 무엇과 무엇이 서로 연관되었는지 어떻게 알까? 특히 사물, 수, 공간의 물리적 속성과 연관 지어 살펴보면 아기의 뇌에는 세계를 이해하는 데 필요한 일부 핵심 구성 요소가 태어나기 전부터 프로그램화되어 있다는 것을 알 수 있다. 그렇다면 말하지 못하는 아기의 생각을 알아볼 방법은 없을까? 그 대답은 마술 쇼에 있다.

사람들이 마술 쇼를 재미있게 보는 이유는 예측을 벗어나기 때문이다. 마술사가 공중에서 물체를 사라지게 했을 때 우리는 놀라지만 이내 마술사가 어떻게 착시를 일으켰는지 파헤치기 시작한다. 마술사가 보여준 장면들이 물리 법칙을 위반한다는 사실을 알기 때문이다. 물리 법칙을 알지 못했다면 애초에 놀라지도 않았을 것이다. 그래서 마술이 '속임수'인 것이다. 아기도 똑같은 반응을 보인다. 아기에게 물체가 사라지는 마법을 보여주면 해당 지점을 더 오래 쳐다본다. 어른들처럼 손뼉을 치거나 놀라서 숨이 멎을 정도는 아니더라도 뭔가 옳지 않다는 걸 알아차린다.

'기대 위반Violation of Expectancy'이라고 알려진 이 마술 쇼 기법은 생각을 말할 수 없는 아기의 마음을 들여다보기 위해 수백 가지 실험에 이용되었다. 하버드대학교의 심리학자 엘리자베스 스펠크Elizabeth Spelke는 기대 위반을 이용해 아기들이 물리적 세계를 이해할 때 적용하는 규칙들을 찾아냈다.[10] 아기들은 고체가 다른 고체를 통과하지 못하고, 한 지점에서 다른 지점으로 보이지 않게 이동할 수 없으며, 외부에서 힘이 가해지지 않는 한 스스로 움직일 수 없고, 손이 닿는다고 해서 순식간에 녹아버리거나 분해되지 않는다는 성질을 인지한다. 우리가 어떤 사물을 보고 "바위처럼 단단하다"라고 말하는 이유는 그것이 사물에 관한 스펠크의 규칙을 따르기 때문이다. 이 규칙은 굳이 배우지 않아도 이미 알고 있고, 아이가 평생 마주칠 거의 모든 사물에 적용되므로 '핵심 지식Core Knowledge'이라고 부른다. 우리는 모두 이 지식이 머릿속에 프로그램화된 채로 태어난다.

이 법칙에도 당연히 몇 가지 예외는 있다. 자석끼리는 직접 접촉하지 않아도 서로 움직이게 할 수 있고, 말랑거리는 바나나는 액체질소에 담갔다가 빼면 단단해진다. 일반적인 규칙에 대한 이러한 예외는 대단히 매혹적이다. 우리의 기대에 어긋난 결과를 보여주기 때문이다.

## 살아 있는 것이란

아기들은 사람도 하나의 물체라고 인식하지만 물체와는 다른 특별한 성질을 가졌다고 생각한다. 우선 사람은 스스로 움직일 수 있다. 만약 화면 뒤에 어떤 무생물이 놓여 있다면 그것은 누군가가 움직이지 않는 한 계속 그 자리에 있어야 한다. 하지만 사람은 우리가 보고 있지 않을 때 나가버릴 수 있으므로 보이지 않는다고 해서 꼭 화면 뒤에 있어야 것은 아니다.[11] 또 사람은 직선으로 움직이지 않는다. 여기에 한 영상이 있다. 영상 속에서 상자가 1개 나타나더니 무대를 가로질러 2개의 화면 뒤로 지나간다. 이 영상을 본 5개월짜리 아기들은 상자가 2개의 화면 사이에서 다시 나타나지 않으면 놀란다. 그러나 같은 상황에서 사람이 무대를 가로질러 갔다가 2개의 화면 사이에서 나타나지 않을 때는 놀라지 않는데, 이는 아기가 상자와 사람의 행동 방식을 구분한다는 뜻이다.

살아 있는 것은 특별한 방식으로 움직인다. 생명이 없는 물체는 경직된 방식으로 움직이지만 생명이 있는 것은 훨씬 부드럽고 유연한 '생물학적 동작Biological Motion'을 취한다. 이런 종류의 동작은 뇌의 뒤쪽 '중간 관자 영역Middle Temporal Area'으로 알려진 시각 영역에서 방향과 속도를 인지하는 뉴런에 의해 처리된다. 생물학적 동작은 덜 뻣뻣할 뿐 아니라 귀 뒤편의 다른 뇌 영역을 활성화한다. '방추형이랑Fusiform Gyrus'이라고 하는 이 영역은 뇌에 사람의 체형을 기록하는데, 이곳이 다른 사람들에 관한 일반적인 정보를 저장하는 지역임을 암시한다.[12] 우리는 다른 사람들을 생각할 때 그들이 정해진 형체를 하고 정해진 방식으로 움직일 거라고 기대한다. 그 예로 생후 6개월 된 아기는 엉덩이에서 팔을 뻗어 흔들며 걷는 여성을 보고 놀란다.[13]

아기는 어떤 식으로 사람이 사람이라는 것을 알까? 아기는 다른 사람을 쳐다보는 일을 좋아하고, 우리는 이 사실을 안다. 아기들은 태어나면서부터 생물학적 동작을 좋아한다.[14] 또한 사람의 음성을, 특히 엄마의 목소리를 좋아하고,[15] 다른 여성보다 엄마의 냄새를 더 좋아한다.[16] 신생아의 모든 감각은 엄마에게 맞춰져 있다.

시간이 지나면서 아기는 점차 엄마가 아닌 다른 사람들에게 관심을 두고 그들이 하는 일을 인식하기 시작한다. 생각해 보면 평상시 성인이 고작 1, 2분 동안 하는 행동에는 어마어마한 양의 정보가 들어 있다.[17] 예로 치즈샌드위치를 만드는 과정을 떠올려 보자. 각 단계에는 로봇이 감히 따라 할 수 없는 복잡한 운동 기술이 필요하다. 부엌의 이곳저곳에서 재료와 도구를 가져온 다음, 정해진 대로 정확하게 준비하고 순서대로 쌓아야 한다. 빵에 치즈를 먼저 넣은 다음 버터를 발라봐야 소용없다. 그렇다면 아기들은 다른 사람을 관찰한 내용을 어떻게 받아들일까? 우리 뇌가 언어를 각각의 음절로 조각내어 인지하도록 배선된 것처럼 아기의 뇌는 다른 사람의 다양한 행동을 관찰함으로써 그것을 배울 수 있게 프로그램화되었다는 것이 밝혀졌다. 생후 6개월 정도 된 아기는 규칙적인 행동의 순서에 민감하며, 10~12개월이면 동작의 흐름에 기초하여 복잡한 행동이라도 각 구성 요소로 쉽게 나눌 수 있다.[18]

아기는 다른 사람을 보는 것을 좋아한다. 아기가 사람을 가장 흥미로워하는 이유는 복잡한 행동을, 순서에 맞춰, 독특한 방식으로 해내기 때문만이 아니라 아기와 상호 작용하기 때문이다. '일치성Synchrony'은 사회적 상호 작용의 기초를 다지는 데 대단히 중요하다. 아기는 앞으로 자기가 따라 해야 할 사람을 찾는다. 어른은 아기에게 사랑을 받으려고 아기를 흉내 낸다. 이렇게 둘은 본능적으로 일치된 행동을 한다. 생후 2개월 된 아기는 무생물을 보고서도 마치 그것이 살아 있는 것처럼 의존하고 웃는다.[19] 그리고 진정한 인간이 되기 위한 모델을 축적하면서 생존에 가장 중요한 것들의 이유를 파악하고, 점차 수준 높은 결정을 내리게 된다.

## 생각하는 물체

아기들은 얼굴, 생물학적 동작, 일시적 접촉을 바탕으로 어떤 대상이 주의를 기울일 가치가 있는지 판단하는 일종의 인증 목록을 작성한다. 아기는 행위의 주체성을 기준으로 생물의 세계와 무생물의 세계를 구분하기 시작하고, 사물이 이것들(얼굴, 동작, 접촉) 중 하나를 통해 자신이 관찰할 가치가 있다는 신호를 보낸다고 인지한다. 무생물은 외부에서 힘이 작용할 때만 움직인다. 반면 행위의 주체는 의도를 가지고 독립적으로 움직인다. 행위의 주체는 목적이 있고 선택을 한다. 우리는 어떤 것이 목적을 가졌다고 생각할 때 그것에게 의도가 있다고 본다. 우리가 동물과 반려동물을 의인화할 때는 이 생각이 밑바탕에 깔려 있다. 심지어 우리는 정신은커녕 생명조차 없는 물체에까지 인간성을 부여한다.

화면에 도형 3개가 돌아다닌다고 가정해 보자. 큰 삼각형이 쾅 하고 작은 삼각형을 공격한 다음, 입구가 있는 직사각형 상자 안에 작은 원을 몰아넣는다. 원은 마치 상자 안에 갇힌 것처럼 이쪽저쪽 분주하게 움직인다. 이번에는 작은 삼각형이 큰 삼각형의 주의를 다른 곳으로 돌려 원을 빠져나오게 한 다음 큰 삼각형을 상자 안에 가둔다. 작은 삼각형과 원은 기뻐하며 상자 주위를 돌다가 화면에서 사라진다. 큰 삼각형이 화를 내며 상자를 부순다. 할리우드 블록버스터와는 거리가 먼 시나리오지만 관찰자들은 이 일련의 사건을 일종의 내부 분쟁으로 해석한다.[20]

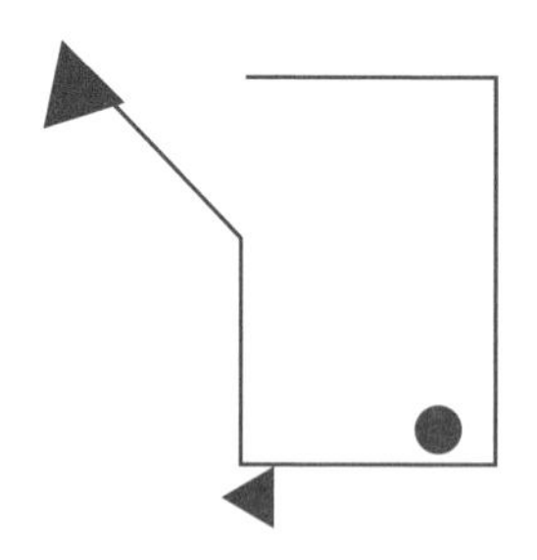

하이더와 지멜의 애니메이션 중 한 장면

심리학자 프리츠 하이더Fritz Heider와 메리앤 지멜Marianne Simmel이 1944년에 제작한 이 간단한 애니메이션은 사람들이 움직이는 도형을 목적이 있는 주체로 의인화하고 그것들의 행동을 사회관계에 빗대어 다양하게 해석한다는 사실을 보여주었다. 또 철학자 댄 데닛Dan Dennett은 사람들이 전략적으로 '지향적 태도Intentional Stance'를 취한다고 보았는데, 지향적 태도란 자신에게 어떤 결과를 가져다줄 수 있는 행위의 주체를 먼저 찾은 다음 그에게 의도를 부여하는 성향을 말한다.[21]

아이들도 일찌감치 행위의 주체에게서 의도를 찾는다. 영아심리학자 밸러리 쿨마이어Valerie Kuhlmeier는 하이더와 지멜의 동영상에서 착안해 아기들에게 붉은 공이 나오는 애니메이션을 보여주었다. 공이 가파른 언덕을 올라가려고 하지만 비틀대며 계속 아래로 미끄러진다.[22] 이때 초록 피라미드가 나타나 꼭대기까지 공을 밀어 올려준다.

대부분의 사람은 이 장면을 보고 피라미드가 공을 도와 경사를 오르게 하는 것으로 본다. 다음 장면에서는 붉은 공이 다시 언덕을 오르려고 애쓰지만 이번에는 노란 정육면체가 나타나 길을 막고 공을 비탈 아래로 밀어낸다. 정육면체는 공을 방해했다. 도형만 나오는 간단한 애니메이션이지만 우리는 이 도형들을 '언덕을 올라가고 싶어 하는 공', '공을 도와주고 싶어 하는 피라미드', '공을 방해하고 싶어 하는 정육면체'라며 의도를 가진 주체로 생각한다.

생후 3개월밖에 안 된 아기들조차 각 도형을 똑같이 판단한다.[23] 계속해서 상대를 도와주던 도형이 갑자기 상대를 방해하기 시작할 때 아기들은 화면을 더 오래 쳐다본다. 이때부터 이미 도형에 착한 성격과 나쁜 성격을 부여하는 것이다.

## 타인의 마음을 읽는 법

우리는 타인의 행동을 보고 그들을 판단할 뿐 아니라 상대의 마음속에서 무슨 일이 일어나는지도 상상하려고 한다. 다른 사람이 무슨 생각을 하는지 어떻게 알 수 있을까? 직접 물어보는 방법도 있지만 말을 할 수 없다면 소용이 없다. 나는 최근 일본에 갔다가 지금까지 언어를 이용한 의사소통을 얼마나 당연하게 여겼는지 새삼 깨달았다. 언어 이전에는 인간이 서로를 이해할 수 있게 돕는 조금 더 원시적인 형태의 의사소통이 있었을 것이다. 사람들은 자신의 생각을 남과 공유할 수 있다는 사실을 알아야 했다. 그러려면 다른 사람들도 생각을 한다는 인식과 상대가 생각하는 것에 대한 이해가 필요하다. 인류의 역사에서 인간을 변화시킨 진정한 도약은 '최초의 언어'가 아니라 '마음을 읽는 능력'이었다.

지금부터 나는 당신의 마음을 읽어 놀라게 할 것이다. 아래에 있는 조르주 드 라투르Georges de la Tour의 1635년 작품 〈다이아몬드 에이스를 든 도박사*The Cheat with the Ace of Diamonds*〉를 잠시 보고 그림 속에서 어떤 일이 일어나고 있는지 생각해 보자.

조르주 드 라투르, 〈다이아몬드 에이스를 든 도박사〉

십중팔구 당신은 본능적으로 그림 중앙에 있는 여성 참가자에게 제일 먼저 끌렸을 것이다. 그리고 그의 시선을 따라 하녀를, 그러고 나서는 다른 2명의 선수 얼굴을 보고 마침내 속임수가 일어나는 지점에 이른다. 왼쪽에 있는 남성이 등 뒤로 에이스를 바꿔치기해서 다이아몬드 플러시를 만들려고 한다. 그는 다른 참가자들이 자신에게 신경 쓰지 않는 순간을 노린다.

당신이 그림을 어떤 식으로 볼지 어떻게 알았을까? 내가 당신의 마음을 읽었을까? 그럴 필요는 없었다. 그림을 제대로 이해하려면 참가자들이 무슨 생각을 하는지 파악해야 하기 때문에 누구든 제일 먼저 인물들의 얼굴과 눈을 읽었을 것이다. 성인에게 사회적 환경을 배경으로 찍은 사람들의 사진을 보여주고 사진을 볼 때의 안구 운동을 조사한 결과, 상호 작용의 본질에 관해 많은 것을 말해주는 아주 일관되고 예측 가능한 검토 경로가 드러났다.[24] 사람은 타인의 마음을 읽어 사회 환경의 의미를 찾아낸다. 반면 이 명작이 걸려 있는 파리의 루브르박물관Louvre Museum을 배회하는 동물이 있다면 인물들의 얼굴을 들여다보기는커녕 그림에 관심조차 기울이지 않을 것이다.

우리는 누군가의 마음을 읽기 위해 무엇부터 할까? 얼굴을 본다. 라투르의 그림을 처음 보았을 때 우리는 가장 먼저 중앙에 있는 여성을 주목했다. 얼굴은 인간에게 가장 중요한 '패턴' 중 하나이기 때문이다. 어른인 우리는 어디에서나 얼굴을 찾는다. 구름에서도, 달에서도, 자동차 앞면에서도 얼굴을 본다. 눈처럼 보이는 2개의 점이 달린 패턴이라면 이내 얼굴로 보인다. 우리가 어디에서든 얼굴을 찾는 것은 수풀 속에 적이 숨어 있을 위험에 대비해 적응해 온 전략 때문일 수도 있고, 우리가 평소 얼굴을 보면서 시간을 많이 보내기 때문에 어디를 가나 얼굴이 보이는 것일 수도 있다.[25]

우리는 얼굴을 볼 때 주로 눈에 집중하기 때문에 눈이 관찰자의 뇌에서 가장 많은 신경 활동을 일으키는지도 모른다.[26] 눈은 의사소통 시 여러 목적을 제공한다. 알다시피 눈은 시각 정보를 수집한다. 그래서 눈을 보면 상대가 언제 어디에 집중하는지 알 수 있다. '응시'는 의사소통의 전조로도 여겨지기 때문에 우리는 대화를 시작하기 전에 상대의 시선을 끌려고 한다. 상대의 눈을 봄으로써 그가 무엇에 가장 관심이 있는지, 언제 말을 거는 게 좋을지 알아낼 수 있다. 얼굴을 마주 보며 대화할 때 청자는 화자보다 상대를 2배나 오래 쳐다본다. 화자는 핵심에 이르렀거나 상대의 반응을 기대할 때 가끔 청자를 바라본다.[27] 우리는 상대의 시선을 보고 이 대화가 흥미로운지, 지루한지, 또는 중요한 메시지를 받아들였는지 판단한다.

우리는 이렇게 타인의 시선을 쫓는 반면 자신을 응시하는 타인의 시선도 무시하지 못한다. 그래서 군대에서 교관이 불과 몇 cm 옆에서 쳐다보며 "어딜 보나, 병사들!"이라고 소리칠 때 시선을 앞으로 고정한 채 서 있기가 힘들다. 런던에 온 관광객들은 버킹엄궁전Buckingham Palace 밖에서 보초를 서는 경비병들의 집중을 흩트리려고 눈앞에서 장난을 친다. 바로 앞에 있는 사람과 눈을 마주치지 않는 것은 거의 불가능하다. 마찬가지로 상대가 이야기를 듣다가 갑자기 흥미로운 무언가를 발견한 듯 당신의 어깨 너머를 쳐다본다면 누구나 자기도 모르게 몸을 돌려 무엇이 상대의 주의를 사로잡았는지 확인할 것이다. 이는 우리 대다수가 본능적으로 타인의 시선을 쫓기 때문이다.[28] 심지어 영아들도 마찬가지다. 하버드대학에 재직하던 시절, 나는 커다란 컴퓨터 모니터를 이용해 10주 된 신생아에게 한 여성의 얼굴을 보여주었는데[29] 이 여성은 눈을 깜빡일 때마다 왼쪽이나 오른쪽을 바꾸어 가며 응시했다. 아기들은 그쪽에 특별한 볼거리가 없어도 여성과 같은 방향을 바라보았다.

상대의 시선을 주시하는 행위를 통해 사람의 눈에서 나타나는 구조적 특징도 엿볼 수 있다. 인간의 눈은 짙은 동공과 하얀 공막으로 구성되는데 흰자위와 동공의 조합 덕분에 상대의 시선이 어디를 향하는지 쉽게 알 수 있다. 멀리에서 상대가 누구인지 알아보기 전에 그 사람이 어디를 보고 있는지 먼저 알아낼 수도 있다. 또한 수많은 인파 속에서도 자기를 쳐다보는 얼굴은 빨리 찾을 수 있다.[30]

누군가가 자신의 눈을 빤히 쳐다보면, 게다가 그 시간이 길어지면 4F(도망치기, 싸우기, 먹기, 교미하기)와 연관된 편도체Amygdalae를 포함한 뇌의 감정 중추가 자극을 받는다.[31] 내가 좋아하는 사람이 나의 눈을 바라본다면 즐거울 것이고, 낯선 사람이 본다면 불쾌하고 싫을 것이다. 반면 신생아들은 누구든 자기를 응시하는 얼굴을 선호한다.[32] 앞에서 언급했듯이 생후 3개월 된 아기와 시선을 마주치면 아기는 미소를 짓는다.[33] 그러나 아이들이 성장하면서 응시 패턴도 달라지는데 이는 문화마다 용납되는 정도가 다르기 때문이다.

지중해 국가 사람들이 낯선 사람을 물끄러미 바라보는 이유는 그들의 문화가 그렇기 때문이지만 외국인 관광객들 입장에서는 휴가지에서 누가 자신을 그렇게 빤히 쳐다보니 불편할 것이다.[34] 이와 비슷하게 일본에서는 사람을 똑바로 쳐다보는 것, 특히 계급이나 지위가 낮은 사람이 높은 사람을, 또는 학생이 선생님을 똑바로 쳐다보는 것은 예의에 어긋난다. 일본인들은 누군가가 자신을 똑바로 쳐다보면 상대가 화났거나, 불쾌해하거나, 상대에게 다가가기 어렵다고 느끼는 반면[35] 서구에서는 말할 때 눈을 쳐다보지 않는 사람을 나쁜 속셈이 있거나 정직하지 않다고 생각하는 경향이 있다. 서로 다른 사회 규범을 가진 여러 문화권 사람이 모이면 시선을 맞추려는 사람과 피하려는 사람이 뒤섞여 불편한 자리가 될 수 있다.

이러한 문화적 차이는 다른 사람의 시선에 주의를 기울이는 것이 날 때부터 뇌에 프로그램화된 보편적 행동이지만 유년기를 거치며 사회 규범에 맞게 다듬어진다는 사실을 보여준다. 문화는 어떤 것이 사회적으로 적절하고 또 부적절한 의사소통인지를 정의하고, 의사소통 시 우리가 무엇을 옳다고 느껴야 하는지를 감정적으로 규제해 행동에도 영향을 미친다.

## 마인드 게임

'응시하기'는 상대의 관심에 집중함으로써 '공동 주의Joint Attention'를 촉진한다. 예를 들어보자. 모임에서 누군가가 자기 이야기만 지겹게 늘어놓는 바람에 다른 친구와 함께 자리를 뜨고 싶어도 말할 수 없어 곤란했던 적이 있는가? 눈을 굴리거나, 눈썹을 치켜올리거나, 문을 향해 고개를 까딱하는 것 모두 효과적인 비언어적 신호다. 처음 보는 사람이든 다른 언어권 사람이든 상대는 그 의도를 쉽게 파악할 것이다. 공동 주의는 다른 사람의 관심을 특정 대상으로 유도하는 능력을 뜻하기도 한다. 이것은 상호적인 행동으로, 내가 관심이 있는 것에 상대가 주의를 기울이면 반대로 나도 상대에게 주의를 기울인다. 양쪽이 모두 공동 주의에 참여할 때, 그들은 함께 관심이 있는 것에 주의를 기울이는 협력적 행동 속에서 서로를 주시한다.

미어캣 같은 다른 동물은 잠재적 위협을 알리기 위해 고개를 돌려 동료의 주의를 끌 수 있다. 고릴라는 누군가가 자신을 똑바로 쳐다보는 행위를 위협으로 해석한다. 그래서 우리 동네 동물원의 키 180cm, 몸무게 215kg의 수컷 고릴라 우리 앞에 '눈을 마주치지 마시오'라는 경고가 붙어 있는 것이다. 고릴라는 상대를 위협하기 위해 시선을 맞춘다. 반면 인간은 눈빛에서 교미와 폭력 외의 의미를 읽어내는 유일한 종이다(앞에서 말한 '길든 개'는 중요한 예외다). 우리는 타인의 시선을 이용해 '관계의 성격'을 해석한다. 서로 아는 사람들끼리는 시선을 교환하고, 사랑에 빠진 사람들은 서로를 응시한다.[36] 그래서 길거리, 특히 엘리베이터 안에서 낯선 사람과 눈이 마주친 순간 참을 수 없이 어색한 것이다. 모임에 가면 주위를 둘러보고 공동 주의 패턴을 관찰해 보라. 이것만으로도 누가 누구와 서로 좋아하고 있는지 알 수 있다.

이렇게 시선만 보고도 누가 누구를 좋아하는지 알아내는 능력은 우리가 사회적으로 숙련되었을 때 발달한다. 만 6세 아이는 서로를 바라보는 시선을 근거로 누가 누구와 친구인지 식별할 수 있지만 더 어린 아이들은 어려워한다.[37] 어린아이와 아기들은 자기와 관련이 없다면 공동 주의에 굳이 신경 쓰지 않는다. 그러다가 대인관계에 익숙해지면 집단의 일부가 되는 데 쓸모 있는 정보를 얻기 위해 다른 사람을 읽기 시작한다.

공동 주의는 미어캣의 예처럼 중요한 사건을 알리는 수단으로써 진화했을지 모르지만 우리는 서로 협조하고 함께 일하기 위해 관심사를 공유하는 인간 고유의 능력으로 그것을 발전시켰다. 다른 동물들은 인간처럼 서로 눈길을 주고받거나 공동의 관심사에 시간을 많이 들이지 않는다.

'응시하기'는 사회적 협력에 필요한 기본 구성 요소 중 하나다. 우리는 다른 사람이 지켜보고 있다고 생각할 때 규칙과 규범을 훨씬 잘 따를 것이다. 예를 들어보자. 여기 1쌍의 눈이 그려진 포스터가 있다. 조지 오웰George Orwell의 소설《1984》속 '빅 브라더Big brother'를 연상시키는 이 포스터는 사람들이 나갈 때 뒷정리를 하고, 쓰레기를 분리해 내놓게 하고, 가게에서 거스름돈의 절반을 자발적으로 모금함에 넣게 한다.[38] 이처럼 누군가 자신을 보고 있을지도 모른다는 생각은 대부분의 사람에게서 바람직한 행동을 유도하기에 충분하다. 다른 사람들의 시선은 우리를 더 자기 의식적이고 친사회적으로 변하게 하고 순응할 확률도 높인다.

이 외에도 200종 이상의 영장류 중에서 인간만이 큰 공막을 가지고 있어서 타인의 시선을 쉽게 쫓을 수 있다는 사실은 언급할 만하다. 인간의 공막은 다른 비인간 영장류와 비교했을 때 3배나 크다. 생각해 보면 사람의 공막은 개인의 이익만을 위해 진화한 것은 아닌 듯하다. 주위에 자신의 눈을 읽어줄 사람이 없다면 공막이 크고 하얗게 진화할 이유가 없었을 것이다. 인간의 공막은 자신은 물론 자신의 눈을 읽을 수 있는 다른 사람에게도 도움이 되었을 것이다.[39] 이렇듯 서로를 관찰해 정보를 얻는 법은 무리 내에서만 사용할 수 있다.

유아들은 전혀 본 적 없는 사물의 이름을 배울 때 이름을 듣는 동시에 어른이 보는 곳을 따라서 본다. 한 연구에서 실험자가 아이들에게 새로운 물체를 보여주었다. 아이들이 그것을 볼 때 실험자가 "투파를 보세요"라고 말하면서 양동이를 보았더니[40] 어떤 아이도 새로운 물체의 이름이 '투파'라고 생각하지 않았다. 아이들은 새로운 단어가 새로운 사물을 지칭한다는 것을 알고 있지만 공동 주의와 함께 소개된 단어만을 받아들인다.

돌 무렵이 되면 아기는 지속해서 다른 사람의 얼굴을 보며 정보를 찾고, 심지어 손으로 무언가를 가리켜 다른 사람에게 자신의 관심사를 환기하는 기술을 익힌다. 처음에는 자신이 닿을 수 없는 무언가를 원하기 때문에 손으로 가리킨다. 사육 상태의 영장류도 그렇게 하지만 이는 먹이를 받기 위해 손을 벌리는 것에 불과하고, 유인원은 해부학적으로 인간처럼 검지를 뻗어 가리킬 수 없다. 오직 인간의 아기만이 순수한 관심에서 사물을 가리킨다.[41] 아기는 어른의 반응을 얻기 위해 그렇게 행동하기도 하지만 대개는 단지 함께 나누고 싶은 흥미로운 것을 가리킨다. 다른 동물은 그러지 않는다.[42]

## 선천적 따라쟁이

공동 주의 외에도 우리는 서로를 모방한다. 아기가 태어나면 부모와 아기는 서로의 표정과 소리를 곧잘 따라 한다. 어른들은 아기를 웃게 하려고 본능적으로 톤을 높이고 리듬을 넣어 옹알이하듯 말한다[43](연인이나 반려동물을 기르는 사람들도 이렇게 한다). 이렇듯 어른은 아기와 비슷한 행동을 하는데, 아기가 그 행동에 반응하기 때문이다. 때로는 아기가 앞장서서 주위 사람들을 자발적으로 흉내 내기도 한다.

이러한 모방 행동은 언어에만 제한되지 않는다. 표정, 손짓, 웃음소리, 복잡한 행동도 모방의 대상이다. '따라 하기'는 다른 사람들에게 '나는 당신과 같다'는 신호를 보낸다. 인간은 지구상에서 가장 흉내를 잘 내는 동물이다. 워싱턴대학교University of Washington의 앤드루 멜초프Andrew Meltzoff는 아기들이 '나와 같은 사람'이라는 관계를 맺기 위해 어른을 모방한다고 생각한다.[44] 아기는 모방을 통해 타인을 친구와 적으로 구분한다. 이 메커니즘은 양방향으로 작동한다. 아기는 어른이 자기의 표정을 따라 하는 것을 '이 사람은 나와 하나'라는 신호로 받아들인다.[45]

만 2세가 되기 전에 아기는 온갖 흉내를 낼 수 있다. 하지만 무작정 따라 하는 것이라기보다 어른의 마음속에 들어가려는 시도에 가깝다. 18개월짜리 아기는 어떤 어른이 장난감 아령의 끝을 잡아당기는 데 실패한 모습을 보고 원래 하려던 행동이 무엇인지 알아챈다. 그 증거로 아기들은 전혀 본 적 없는 과제를 대신 완수한다.[46] 한 연구에서는 14개월짜리 아기들에게 성인 실험자가 테이블 위에 있는 버튼을 이마로 눌러 조명을 켜는 모습을 보여주었다. 그리고 어떤 아기들에게는 동일한 조건에서 실험자의 손을 담요로 묶은 채 이마로 조명을 켜는 모습을 보여주었다.

그런 다음 아기들에게 조명 스위치를 주어 가지고 놀게 했다. 담요로 팔이 묶인 실험자를 본 아기들은 손으로 조명을 켰다. 이들은 어른이 손을 사용하지 못해 이마로 조명을 켰다고 생각했기 때문이다. 그러나 실험자의 손이 자유로운 상태에서 스위치를 누르기 위해 이마를 사용한 모습을 본 아기들은 이마로 조명을 켰다. 손이 아닌 이마를 사용하는 게 중요하다고 판단했기 때문일 것이다. 아기들은 단순히 눈에 보이는 행동을 따라 하는 것이 아니라 의도를 읽고 목적을 수행했다. 아기들은 자신이 무엇을 해야 하는지 알아내기 위해 실험자의 마음속에 들어갔다.[47]

더 큰 아이들은 무의미하다는 것을 알면서도 특정 행동을 따라 한다.[48] 한 연구에서 실험자가 유치원생들에게 투명한 플라스틱 상자를 열고 장난감을 꺼내는 과정을 보여주었다. 이 과정에는 장난감을 꺼내는 데 필요한 동작(상자의 문 열기)과 불필요한 동작(상자 위에 놓인 막대 들어 올리기)이 섞여 있었다. 장난감을 꺼내는 것과 상관없는 행동은 인간에게서만 볼 수 있었다. 이 순차 과정을 보여주었을 때 아이들은 장난감을 꺼낼 때 관련된 동작과 그렇지 않은 동작을 모두 그대로 흉내 냈지만 침팬지는 과제를 해결하는 데 필요한 행동만 따라 했다. 침팬지는 보상을 얻으려는 목적을 가지고 행동했지만 아이들은 어른의 행동을 그대로 따라 하는 것이 목표였다. 왜 아이들은 의미 없는 행동까지 따라 했을까? 아이들은 과제를 해결하는 최선의 방법을 배우는 것보다 어른과 잘 어울리는 데에 더 관심이 있었기 때문이다.[49]

텍사스대학교 오스틴캠퍼스University of Texas at Austin의 발달심리학자인 크리스틴 르가레이Cristine Legare는 아이들에게서 관찰되는 이 맹목적인 초기 모방이 인간이라는 종에 커다란 영향을 미쳤다고 생각한다. 르가르는 옥스퍼드대학교의 인류학자인 동료 하비 화이트하우스Harvey Whitehouse와 함께 인류 예식의 기원을 연구해 왔다.[50] 예식은 인간을 하나로 묶어주는 활동으로서 집단 구성원들이 가치를 공유한다는 상징적 의미가 있다. 모든 문화에는 출산, 사춘기, 결혼, 죽음처럼 인생의 큰 변화를 기념하는 다양한 의식이 있다. 이러한 사건들은 우리의 삶에 구두점을 찍고, 종종 신앙과도 관련되어 있다. 예식 자체는 대개 논리나 개연성이 없어 난해하기 짝이 없다. 따라서 각 식에 적용할 수 있는 인과법칙은 없지만 그럼에도 불구하고 규칙을 따르지 않으면 '예식 위반'이다. 즉 예식을 올바르게 수행하는 것 자체가 예식에 힘을 부여한다. 마찬가지로 르가레이는 만 4~6세까지의 아이들이 뚜렷한 목적이 있는 행동보다 목적 없는 행동을 모방할 확률이 높다는 것을 보여주었다. 그렇게 함으로써 아이들은 사람들이 하는 행위 중에는 뚜렷한 목적이 없기 때문에 더 중요한 것이 있음을 이해하기 시작하는 듯하다.[51]

## 다른 사람의 머릿속에 들어가기

우리는 다른 사람의 의도를 직접 확인할 수 없어도 상대가 의도를 가지고 있다고 가정해야 한다. 이것을 '정신화Mentalization'라고 부르며, 이는 '다른 사람들에게도 마음이 있으므로 지향하는 바가 있으리라고 가정하는 것'이다. 사람들은 절대 아무렇게나 행동하지 않는다. 오히려 자신을 통제하기 위해 의도를 가지고 행동한다. 한 연구에서[52] 생후 12개월 된 아기들에게 화면을 보여준다. 화면 속에는 실험자가 2개의 동물 인형 중 1개를 들고 "와, 이 고양이 좀 봐!" 하고 외친다. 그런 다음 화면이 바뀌어 손에 고양이나 다른 인형을 들고 있는 실험자가 등장한다. 실험자가 고양이가 아닌 다른 인형을 들고 있는 경우 아기들은 화면을 더 오래 쳐다보았다. 실험자의 의도를 몰라 혼란스러운 것이다.

아기들은 사람의 행동에 이유가 있다고 판단한다. 엄마가 식탁 위의 설탕 통을 보고 있으면 엄마는 소금 통이 아니라 설탕 통을 집어 들 확률이 높다. 엄마가 냉장고를 보면서 그쪽으로 걸어가면 엄마는 냉장고를 열기 위해 가는 것이다. 영아들은 돌발 상황들의 목록을 확장하는데, 이는 다시 말해 사람들이 대개 예측할 수 있는 방식으로 행동한다는 것을 안다는 뜻이다. 아기는 어떤 대상에게 목적이 있다고 보고, 마음이 있는 존재라고 판단하면 그 대상에게 '공동 주의'를 시도한다. 심지어 로봇이라도 마음이 있는 것처럼 보이면 아기는 행동을 따라 한다. 아기와 상호 작용하고, 하다못해 아기가 소리를 내거나 동작을 취할 때마다 반응하기만 해도 로봇은 행위의 주체가 된다. 아기는 적극적으로 기계와 관계를 맺으려 하거나 심지어 기계의 동작을 흉내 낸다.[53]

이와 대조적으로 동물은 사회적 교류를 위해 자발적으로 상대를 모방하지 않는다. 동물에게도 정신화 능력이 있을 수 있지만 자신의 욕구가 충족되는 상황에 한해서만 발휘한다. 예를 들어 교미를 원하는 유인원이나 원숭이 수컷은 우두머리 수컷의 시야에서 벗어난 곳으로 암컷을 끌어들여 몰래 교미하려고 한다.[54] 또한 많은 동물이 보는 이가 없다고 생각할 때 먹이를 훔친다. 이 모든 조망 수용Perspective Taking(타인의 입장, 관점 등을 이해하는 능력 – 옮긴이) 또는 관점 전환 능력은 경쟁자가 잠재적 위험을 가졌을 때 더 향상된다. 하지만 이러한 회피성 동작이 정말로 정신화를 동반하는지는 확실치 않다. 우리는 돌이 굴러와도 옆으로 자리를 옮기면 피할 수 있다는 것을 안다. 이와 마찬가지로 뱀이 보지 않는 곳에서 접근하면 뱀의 공격을 피할 수 있다는 것도 안다. 하지만 이 두 경우 모두 마음과는 상관없다. 그저 대상의 행동을 관찰하고 관련 정보에 따라 판단할 뿐이다. 정신화가 이루어지기 위해서는 '믿음을 귀속'할 증거가 있어야 한다. 믿음의 귀속Attribution of Belief이란 어떤 직접적인 증거가 없는 상태에서도 진실이라고 믿는 마음 상태를 말한다. 믿음이 있다는 것은 어떤 기대를 가지고 있다는 뜻이기도 하다.

우리는 상대의 입장에서 생각함으로써 상대의 믿음을 자신에게 귀속할 수 있다. 예를 들어 2명이 한 호텔방에 각각 따로 들어갔다가 나왔다고 가정하자. 이 중 1명이 자신의 경험을 토대로 상대가 방 안에서 보았다고 생각하는 것을 말한다. 2명 모두 같은 방에 있었으므로 자신이 본 것을 상대도 보았으리라고 판단한 것이다. 그러나 그 믿음이 반드시 맞지는 않는다. 상대가 방 안에서 눈을 감고 있었을 수도 있고, 뒷사람이 들어가기 전 방 안의 무언가가 달라졌을 수도 있기 때문이다. 진정한 정신화 능력을 갖추려면 다른 사람들이 자기와는 다른 관점을 가질 수 있다는 것뿐 아니라 현실을 다르게 경험할 수 있음을 받아들여야 한다. 즉, 진정한 정신화를 측정하는 척도는 누군가가 틀린 믿음을 가질 수 있다는 사실을 이해하는지의 여부다.

다음 검사를 보자. 만약 내가 뚜껑에 'm&m's'라고 쓰인 상자를 보여주면서 "이 안에 뭐가 들었을까요?" 하고 묻는다면 당신은 십중팔구 "m&m's 초콜릿"이라고 대답할 것이다. 그러나 막상 상자 안에서 연필이 나오면 초콜릿을 먹을 거라고 기대했던 당신은 조금 놀라고 언짢을지도 모른다. 이때 당신에게 아까 상자에 뭐가 있을 것이라고 예상했느냐고 다시 물어도 당신은 똑같이 "m&m's 초콜릿"이라고 대답할 것이다. 자신이 틀린 믿음을 가졌다는 것을 알기 때문이다.

이 대답이 별것 아닌 듯 보일지 모르지만 대부분의 만 3세 아동은 이미 틀린 답을 대고서도 사실 상자에 연필이 들어 있을 것이라고 예상했다고 주장한다.[55] 마치 새로 알게 된 진실에 맞추어 역사를 다시 쓰려는 것처럼 말이다. 이 아이들은 자신이 틀린 믿음을 가졌다는 사실을 이해하지 못한다. 사람이 실수할 수 있다는 사실을 이해하는 것은 '마음 이론'이라고 불리는 능력의 일부이며, 아이들은 타인의 마음에 관해 점점 더 복잡한 가정을 하고 이 능력을 운영한다.

자기가 착각했다는 사실을 이해하지 못한다면 남도 틀린 믿음을 가질 수 있다는 사실 역시 알지 못한다. 내가 당신에게 "다른 사람들은 상자 속에 무엇이 들었을 거라고 대답했을까요?" 하고 묻는다면 당신은 "다른 사람들도 'm&m's 초콜릿'이라고 답했을 것"이라고 말할 것이다. 다른 사람들의 관점에서 사물을 보고 그들 역시 틀린 믿음을 가질 수 있다는 사실을 알기 때문이다. 하지만 만 3세 아이는 "연필"이라고 대답한다. 아이들은 다른 사람의 관점을 쉽게 받아들일 수 없는 것 같다.

이처럼 어린아이들이 자기 위주로 행동하는 것을 '자기중심적'이라고 말한다. 아이들은 세상을 전적으로 자신의 관점에서 보기 때문이다. 탁자 위에 여러 랜드마크와 건물이 있는 산맥 모형이 있다. 만 3세 아이들에게 이 모형을 보여주며 너희들이 보고 있는 풍경과 일치하는 사진을 고르라고 하면 아이들은 자기가 본 풍경의 사진을 정확하게 고른다. 그러나 탁자 반대편에 있는 사람에게 보이는 풍경 사진을 고르라고 해도 방금 자기가 골랐던 사진을 가리킨다.[56]

어린아이는 다른 사람의 관점에서 보는 세상을 마음속에서 쉽게 그릴 수 없다. '샐리Sally'와 '앤Anne'이라는 인형이 나오는 고전적 실험으로 이것을 증명할 수 있다.[57] 샐리는 자기가 가진 구슬 1개를 장난감 상자에 넣은 다음 앤에게 인사를 하고 집을 나선다. 샐리가 나가 있는 사이 앤은 장난감 상자에서 구슬을 꺼내 부엌의 싱크대 밑 찬장에 둔다. 이제 아이들에게 샐리가 돌아왔을 때 어디에서 구슬을 찾겠느냐고 묻는다. 어른이라면 샐리가 장난감 상자를 열어볼 것이라는 사실을 쉽게 떠올린다. 샐리는 앤이 구슬을 옮긴 사실을 모르고, 샐리는 심령술사가 아니니까! 그러나 이번에도 만 3세 아이들은 샐리가 부엌 싱크대 아래를 볼 것이라고 말한다.

다른 사람들이 틀릴 수 있다는 것을 이해하기까지 왜 그렇게 오래 걸릴까? 아기들은 어른의 행동을 보면서 그들이 의도를 가지고 행동한다는 것을 안다. 어린아이는 다른 사람이 틀린 믿음을 가질 수 있다는 것을 '아직' 알지 못한다고 주장하는 가설이 있다. 또 위와 같은 실험 자체가 사람들에게 믿고 있는 것과 어긋나는 대답을 하도록 유도한다는 가설도 있다. 그들은 세상의 진정한 상태를 적극적으로 무시할 수밖에 없었다는 것이다. 만약 이 과제에서 아이들이 억지로 대답할 필요가 없어지면 다른 그림이 나타난다. 유아의 응시 행동을 연구한 결과에 따르면, 틀린 믿음을 가지고 있어야 할 샐리가 마치 구슬이 옮겨졌다는 것을 아는 것처럼 싱크대를 향해 가면 아기들은 샐리를 더 오래 지켜보았다.[58] 샐리의 초자연적 행동이 아이들의 기대에 어긋났고 그래서 아이들은 놀란 것이다.

다른 사람이 틀린 믿음을 가질 수 있다는 사실을 인식하는 능력은 인간에게만 주어진 듯하다. 인간을 제외한 다른 동물이 이러한 마음 이론을 습득한다는 확실한 증거는 아직 없다. 앞에서 말했듯이 동물 역시 다른 동물의 입장을 고려할 수는 있지만 그것은 남을 속이는 법을 배우거나 경쟁자에게 주의를 기울이는 방식에 불과하다. 동물은 타인이 틀린 믿음을 가질 수 있다는 이해를 전제로 한 과제는 제대로 통과하지 못했다. 유인원에게 '샐리와 앤 과제(틀린 믿음 과제)'의 비언어적 버전을 시험해 보았다. 유인원들은 2곳 중 먹이가 든 장소를 선택해야 하는 상황에서는 답을 맞히지 못했지만, 유아들처럼 한 장소에서 다른 장소로 대상의 위치가 몰래 바뀌었을 때는 상황을 더 오래 지켜보거나 양쪽을 앞뒤로 돌아보며 망설이는 모습을 보였다.[59] 종합하면 유인원과 유아의 시선을 관찰한 결과 양 집단 모두 기초적인 정신화의 지식이 있는 것처럼 보이지만 인간만이 그 이해의 폭을 넓혀 만 4세 아동에게서 관찰되는 전형적인 완전한 마음 이론을 발달시킨다.

다른 사람이 무엇을 아는지 알아내기는 '샐리와 앤 과제'만큼 간단하지 않다. 등장인물과 사건 변화가 더 많은 구성을 생각해 보자. 누군가 "그 남자가 ○○을 알고 있다는 것을 그 여자가 알고, 나는 그 사실을 알아"라고 말한다면 그들은 다중 마음 이론을 적용하는 것이다. 누가 무엇을 아는지 추적하는 과정은 단계가 추가될수록 어려워진다. 그렇더라도 주의를 기울여야 한다. 까딱 잘못해서 중간 단계를 놓치거나 누가 무엇을 했는지 잊어버리면 모든 게 틀어지기 때문이다.

여기에 지식의 문제를 더해보자. 어떤 것이 진실임을 알고 있다면 타인에게 틀린 믿음을 부여할 때 이 사실을 무시하기가 더 어렵다.[60] 이때 타인의 마음 상태를 올바로 알아내려면 자신이 가진 지식을 적극적으로 억눌러야 한다. 4장에서 보겠지만 우리는 강제로 어떤 일을 하지 못하게 될 때 그 상황을 극복하기 위해 자신이 할 수 있는 다른 일을 더 적극적으로 한다. 그러나 어린아이들은 이런 일에 미숙하고, 대부분의 다른 동물에게서는 이런 행동을 아예 찾아볼 수조차 없다. 그래서 '샐리와 앤 과제'를 통과한 어른들도 타인에게 틀린 믿음을 제대로 부여하는 데 시간이 걸린다. 이때 그들의 마음을 차지할 다른 과제를 주면 상황을 해결하기까지 시간이 더 오래 걸린다. 타인의 속마음을 알아내기 위해서는 많은 노력이 필요하다. 또한 성인이 사회관계에서 언제나 마음 이론을 적용하는지도 확실치 않다.[61] 건물에 들어갈 때 뒷사람을 위해 문을 잡아주면서 우리는 정말로 상대의 의도를 알아내려고 애쓰는가? 아니면 습관처럼 아무 생각 없이 행동한 것인가? 우리가 마음 이론을 이용할 수 있다고 해서 언제나 이를 적용하는 것은 아니다.

뉴욕의 심리학자 로런스 허슈펠드Lawrence Hirschfeld는 우리가 마음 이론을 통한 정신화로 상대의 행동을 예상하고 해석할 수는 있지만 그보다는 상황 자체에 대해 가정을 내리는 것이 더 정확하고 효과적인 전략이라고 주장한다. 우리는 많은 사람과의 관계에서 굳이 상대의 마음을 헤아리지 않는다. 많은 사회적 상호 관계가 그렇듯이 우리는 생각 없이 누군가를 위해 문을 잡아준다.[62] 이는 사람이 애초에 타인의 마음을 정확히 판단하는 데는 능숙하지 않을지 모르지만 다양한 상황에서 무엇이 올바른 행동인지는 잘 판단하기 때문이다. 더 정확히 말하면 우리는 사람들의 동기를 사회 이론Theory of Society에 기반해 해석하도록 배운다. 즉, 사람들이 주어진 상황에 대체로 어떤 식으로 행동하는지를 보고 판단한다는 말이다. 이것은 나이나 성별 등으로 구분되는 집단 구성원에서 학습한 결과에 기반한다.

우리는 고정관념을 가지고 살아가는데, 고정관념은 과거의 경험을 근거로 사람들이 어떤 방식으로 행동할 것이라고 가정하게 한다. 이것이야말로 타인의 마음을 헤아리는 기본적인 전략일지도 모른다. '지금 저 사람들이 제정신으로 저러는 거야?'라고 우리가 생각할 때처럼 사람들이 일반적이지 않은 행동을 할 때만 비로소 정신화가 유발되는 것이다. 그리고 바로 이때, 상대의 행동을 합리화하고 이해하기 위해 우리의 틀린 믿음 추론이 발동한다. 아이들이 다른 사람의 변칙 행동을 보았을 때 그 이유를 찾고자 할 가능성이 크다는 연구 결과는 '아이들은 정상이 아닌 예외를 학습한다'는 발상을 뒷받침해 준다.[63] 또한 아이들은 마치 알쏭달쏭한 행동을 풀어보려는 탐정처럼 일관성 없는 결과에 더 관심을 보인다.[64] 아이들은 사람을 예측 가능한 행위의 주체로 인식함으로써 주변의 사회적 세계를 이해하려는 것 같다. 아이들은 대다수의 사람에게는 해당하지 않는, 특정 개인에게만 적용되는 것을 배울 필요가 있다.

## 뇌는 어떻게 결정을 내리나

아기는 확실히 작은 어른으로 볼 수 없다. 그렇다면 아기는 어떤 종류의 존재일까? 아기는 깨끗한 석판도 아니다. 이미 세상을 배울 준비를 마친 뇌를 가지고 태어나기 때문이다. 아기에게는 학습 본능이 있다. 학습을 통한 정신 발달은 '세상을 이해하도록 진화한 뇌'와 '주변 환경'이 상호 작용한 결과 이루어진다. 그런데 어디까지가 진화에 의한 것이고 어디까지가 경험에서 비롯한 것일까?

인간은 복잡한 동물로서 세계를 고차원적으로 분석한다. 우리에게는 환경의 정보와 구조를 의미 있는 패턴으로 조직하는, 오감을 통해 흐르는 원초적 감각이 있다. 우리에게 감각을 받아들이는 규칙이 없다면 '만발하여 파르르 떠는 혼동'만 존재할 것이다. 이 규칙이 바로 뇌가 패턴을 감지하고 만들어 내는 '지각' 과정이다. 그러나 지각은 미래의 행동을 계획할 때 참조하기 위해 저장되고 구성될 때에만 유용하다. 이것은 인식과 사고가 해야 할 일이다. 우리는 학습한 것을 상기하고, 그 지식을 적용해 특정 상황에서 다음 할 일을 예측할 수 있다.

어린아이들은 생존을 위해 다른 사람에게 의존하므로 이들이 경험하는 세상 대부분은 사회적 성격을 띨 수밖에 없다. 우리가 물리적 환경의 특징을 이해하기 위해 적응한 것처럼, 우리는 타인을 학습하도록 적응한 것 같다. 아이들의 미성숙한 사회화 시스템은 경험에 의해 섬세하게 조정되고 작동되었을 때 비로소 다른 사람을 이해하기 시작할 것이다.

타인의 행동을 읽는 동물도 있지만 자신에게 이익이 될 때만 그렇게 행동한다. 동물은 대부분 이기적이고 타인에게 거의 관심이 없다. 이와 대조적으로 아기는 생후 첫해에 어른과 사회적 상호 작용을 많이 한다. 그러나 아기들이 어른에게도 마음이 있다는 사실을 이해하는지는 분명하지 않다. 말을 하지 못하는 아기가 다른 사람이 어떤 생각을 하는지 짐작이나 할 수 있을까. 어쩌면 출산 직후의 아기는 다른 사람이 관심을 기울이는 방향으로 자동으로 몸이 돌아가는 미어캣 같은 동물에 불과할지 모른다. 그리고 자라면서 차츰 주변 세상과 소통하고 타인의 관심이 어디에 있는지 의도적으로 탐색한다. 생후 1년이 지난 아기들은 말을 하지 못하더라도 이미 의사소통을 하고 비언어적 신호를 읽는다. 몸짓을 하고, 소리를 지르고, 혀로 소리를 내고, 얼굴을 당기고, 반항하고, 장난감을 던지고, 관심 있는 물건을 가리키고, 두려움과 행복을 표현하고, 운다. 아이들은 어른에게 제 속마음이 어떤지, 적어도 행복한지 아닌지 신호를 보낼 뿐 아니라 어른에게도 마음이 있다는 사실을 이해하기 시작한다. 타인의 마음을 헤아릴 수 있게 되면 그가 다음에 무엇을 할지 예측할 수 있다. 주위 사물을 이해할 수 있게 된다면 세상을 살아가는 데 아주 큰 이점이 될 것이다.

상대의 마음을 읽고 그가 무엇을 할지 아는 것은 우리 뇌의 강력한 기능 중 하나다. 다른 사람이 무엇을 생각하는지 알면 이를 전략적으로 이용해 마키아벨리가 말한 것처럼 상대를 조종하고 압도할 수 있다. 경쟁 관계가 아닐 때조차 상대가 무슨 생각을 하는지 아는 능력은 필요하다. 언어가 진화하기 전에는 상대의 속마음을 헤아려 서로 같은 관점을 공유하는 일이 대단히 중요했을 것이다. 그리고 상대의 의중을 이해하려면 상대의 입장이 될 수 있어야 한다.

감각에서 문화에 이르는 모든 사회 메커니즘은 자연선택을 통해 처음부터 신생아의 뇌에 새겨져 있지만 이는 이후에 문화적 환경 안에서 조직되고 운영되는 다층적 체계를 형성한다. 이 시스템은 많은 것을 서로 공유하는 세상에서 우리를 하나로 묶는 도구다. 그러나 우리를 하나로 묶는 다른 메커니즘도 있다. 우리는 관심과 흥미 이상으로 감정을 공유한다. 생의 초반부터 우리는 다른 사람들이 우리를 행복하게도, 슬프게도 만드는 감정적인 세상에 빠져 있다. 아이를 가지고 싶다는 열망은 우리의 이기적 유전자에서 비롯했을지 모르지만 동시에 이 유전자들은 감정을 제공함으로써 행동을 부추기는 메커니즘을 만든다. '자아'는 대체로 '동기를 유발하는 감정'에 의해 형성된다. 그러나 이러한 추진력은 어린 시절의 경험이 남긴 놀라운 유산에 의해서도 형성된다.

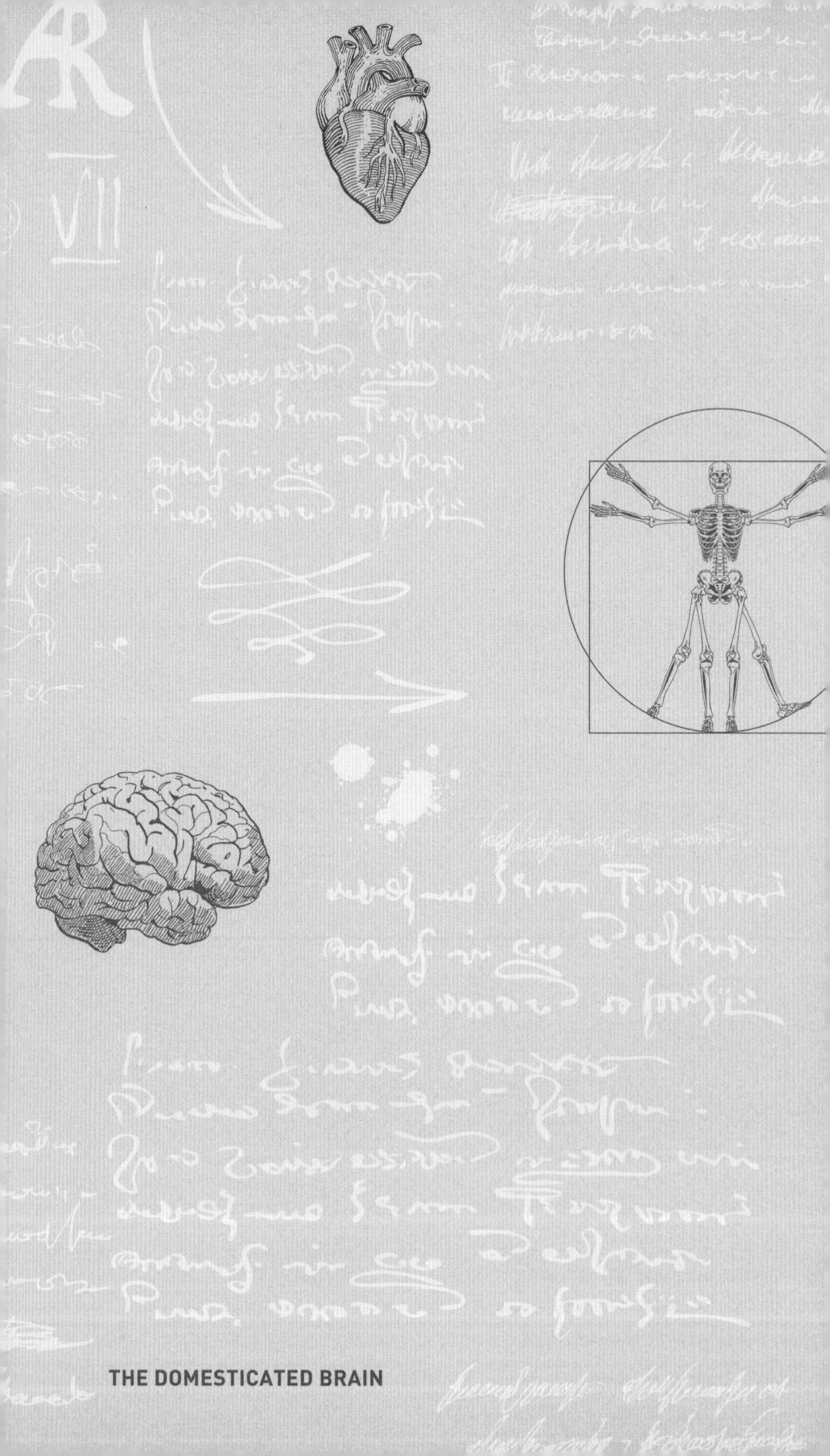

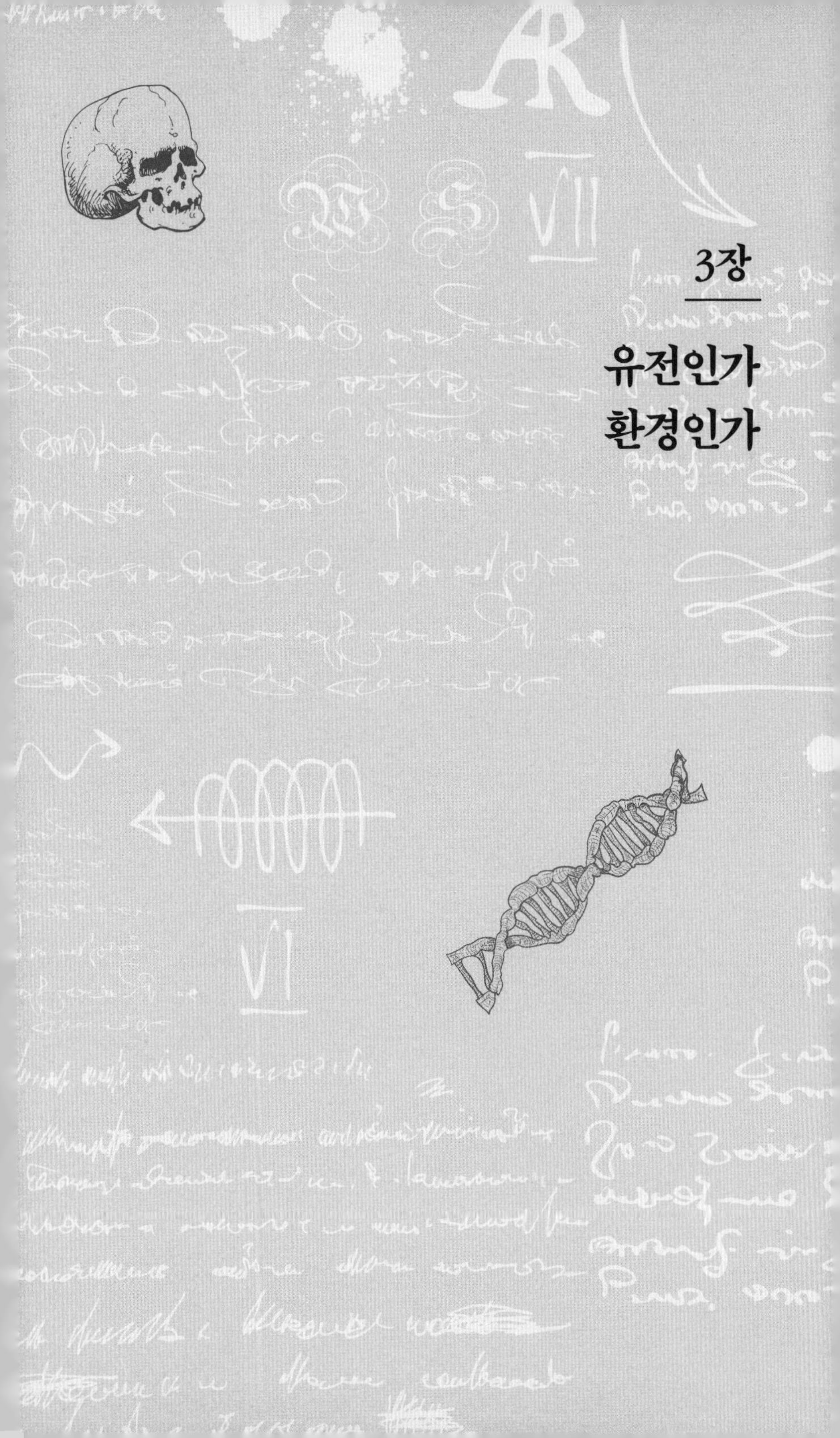

# 3장

# 유전인가 환경인가

남들과 다른 유전자를 가지고 태어난 사람들을 구경거리로 삼는 일이 용납되던 시절이 있었다. '자연이 만든 괴물'로 불리던 이들은 유전적 기형의 피해자로 왜소증 환자나 거인, 사지가 없는 사람, 수염 난 여성에서 알비노Albino까지 다양했다. 가장 유명한 사람은 '엘리펀트맨The Elephant Man'으로도 알려진 조지프 메릭Joseph Merrick으로 그는 거대한 종양 때문에 얼굴과 몸이 흉하게 변했다.[1] 메릭은 나름대로 유명인의 삶을 살았지만 나머지 사람들은 대부분 서커스나 쇼를 하며 관중의 구경거리로 살았다.

당시에는 '아이 엄마가 임신했을 때 끔찍한 일을 겪었거나 심한 충격을 받았기 때문에 이런 사람들이 태어난다'라고 생각했다. '모체 영향Maternal Impression'이라고 알려진 이 발상은 수천 년 전으로 거슬러 올라가고, 선천적 결함과 소위 '충격' 사이에 관계가 있다는 세간의 믿음을 반영했다. 임신 중 화상을 입은 여성이 아기를 낳으면 아기 피부에 얼룩이 있고, 토끼가 임신한 여성을 놀라게 하면 아이가 구순구개열(입천장과 입술이 갈라진 선천성 질환 – 옮긴이)을 타고난다고 생각했다. 더 흔하게는 임신한 여성이 누군가의 남다른 외형을 보고 너무 놀란 나머지 배 속의 아기까지 같은 증상을 가지게 된다고 믿었다. 조지프 메릭을 두고는 '축제 장소에서 어슬렁대던 코끼리가 임신한 어머니를 놀라게 했기 때문'이라는 주장이 있었다.[2] 이러한 말도 안 되는 발상들은 앞에서 본 마술적 사고와도 일치한다. 즉, 이 결과들이 우연의 일치라기보다 외관상 비슷한 두 사건이 서로 인과관계를 이룬다는 것이다.

비록 19세기 이후 서구에서는 이러한 사고가 대부분 폐기되었지만 여전히 세계 많은 곳에서 모체 영향을 믿는다.[3] 어떤 나라에서는 태어나지 않은 아기를 보호하기 위해 해로운 것을 물리치는 의식과 관습이 있다. 인도에서 임신한 여성은 아기를 낳지 못하는 여성과의 접촉을 피한다. 아기를 낳지 못하는 여성이 사악한 시선을 통해 태아에게 영향을 줄 수도 있다는 것이다.[4] 임신한 여성을 놀라게 하는 것이 아기에게 영구적인 영향을 끼친다는 생각은 비합리적으로 들릴지 모르지만 최근 발견에 따르면 모체 영향을 완전히 무시하거나, 배 속의 아기가 외부의 충격적 사건에 영향을 받기 쉽다는 사실을 간과하는 것은 성급한 결론인 듯하다.

이 장에서 우리는 어린 시절의 가정환경이 학습은 물론이고 감정의 반응 방식에도 영향을 끼칠 수 있다는 점을 살펴볼 예정이다. '기질'이란 '감정적 반응의 개인차'를 말한다. 어떤 사람은 자주 불안해하고 어떤 사람은 외향적이다. 공격적인 사람도 있고 겁이 많은 사람도 있다. 날 때부터 유난히 잘 울고 잘 놀라는 아기가 있는가 하면 느긋하고 차분한 아기가 있는 것으로 보아 아기들에게는 선천적인 기질의 차이가 있다. 감정적 성향이 부모를 닮는다는 것은 유전자가 성격 형성에 이바지한다는 뜻이지만, 어릴 적 환경 역시 우리가 어떤 어른이 되고 또 길들이기에 얼마나 잘 적응할지에 영향을 줄 수 있다.

## 스트레스는 유전되는가

어제 일처럼 여전히 생생히 떠올릴 수 있다. 특정 연령대의 사람들은 2001년, 그 운명적인 날에 자신이 어디에 있었는지 정확히 기억할 것이다. 영국에서는 9월의 오후였지만 뉴욕은 하늘이 새파랗게 맑은 아침이었다. 나는 마침 연구실에 텔레비전이 있어서 동료들과 같이 뉴스를 보았다. 비행기 2대가 세계무역센터World Trade Center로 날아들었고 짙은 연기가 양쪽 건물에서 뿜어져 나왔다. 사람들은 죽음을 향해 뛰어들었다. 그 장면을 보았다면 아마 나처럼 세상이 바뀐 그날의 사건이 기억 속에 새겨져 있을 것이다.

어떤 이들에게는 이 사건이 '섬광기억Flashbulb Memory'이 되어 관련없는 세세한 것까지 모조리 기억할 것이다. 우리는 어떤 무서운 경험을 아주 자세한 부분까지 기억하기도 하는데, 우리가 위험을 살필 때 뇌의 양 측두엽Temporal Lobe에 자리한 '해마Hippocampus'라는 장기기억 저장고가 편도체로부터 자극을 받아 더 바짝 경계하고 주의하기 때문이다. 편도체는 해마처럼 측두엽에 있는 아몬드 크기의 기관으로 우리가 웃고, 울고, 겁에 질렸을 때 활성화된다.[5] 이 기관들은 우리가 기억을 잃지 않게 한다.

마침내 기억으로 기록될 경험은 쇄도하는 신경 점화나 기록의 패턴으로 뇌에 새겨지기 시작한다. 날것의 감각이 입력되면 뇌에서 해석되어 표상이 되고 의미가 부여된다. 그러면 이것은 기억을 형성하여 세계에 관한 지식을 업데이트하고 수정한다. 해마의 기억 창고가 상세한 기억까지 남길지 아닐지는 편도체에서 분비되는 신경전달물질이 조절하는 거름 장치에 달려 있다. 신경전달물질은 신경세포에서 분비되어 신경의 활성을 일으키는 신호 물질이다. 섬광기억은 편도체와 해마의 활동을 자극해 큰 충격을 준 사건에 관한 기억을 분명하게 만든다.[6] 인류의 한 세대는 세계가 속수무책으로 충격에 싸여 있던 순간의 장면을 절대 잊지 못할 것이다. 그리고 아직 태어나지 않은 다음 세대의 아기들은 그 끔찍한 날의 유산을 물려받았다.

외상후스트레스장애Post-Traumatic Stress Disorder, PTSD는 강간, 전투, 그 밖의 극단적 폭력 행위로 정신적 충격을 받은 후 나타나는 불안 상태를 말한다. 이 장애를 앓는 사람은 과거의 장면이 유령처럼 들러붙어 반복된 꿈, 플래시백Flashback, 섬광기억 등의 증상을 경험한다. 세계무역센터 가장 가까이에서 9.11 테러를 목격한 뉴욕 시민 5명 중 1명이 외상후스트레스장애에 시달렸다. 뉴욕의 정신과의사인 레이철 예후다Rachel Yehuda는 이들 중에서도 임신한 여성을 추적했는데, 이 여성들의 타액에서는 평균에 미치지 못하는 낮은 수준의 코르티솔Cortisol이 검출되었다. 사람들이 스트레스를 받을 때는 자연적으로 코르티솔이 분비되지만 외상후스트레스장애를 가진 사람들에게서는 코르티솔이 덜 분비된다.[7] 뇌에서 온갖 기능이 활성화될 때 사용되는 정교한 신호체계는 수많은 호르몬과 신경전달물질로 형성된다. 그중에는 광범위한 효과를 일으키는 것과 특수한 역할을 담당하는 것이 있다.

만성 스트레스에 시달린 임신부에게서 코르티솔 분비량이 감소한다는 것은 충분히 예측할 수 있는 사실이었다. 하지만 태아의 상태는 예상하지 못했다. 사건 1년 후, 외상후스트레스장애를 겪은 엄마에게서 태어난 아기는 외상후스트레스장애를 겪지 않은 임신부의 아기와 비교했을 때 동일한 사건을 목격해도 코르티솔 수치가 비정상적으로 나타났다. 상처를 받은 엄마들은 아이들에게 무언가를 물려주었다. 예후다의 표현대로 외상후스트레스장애 희생자의 아이들은 '상처 없는 흉터'를 가진 셈이다.[8]

다양한 질병 연구에서 태아의 발달 과정 중 초기에 일어난 사건이 아이가 성장했을 때 특정 결과로 이어질 수 있다는 사실을 밝혀냈다. '테라토겐Teratogen'이라는 기형 유발 물질에 임신부가 노출되면 태아는 선천성 결함을 가지게 된다. 방사선이나 수은 같은 환경 독소는 물론이고 다양한 의약품이나 불법 약물이 배 속의 아기에게 피해를 줄 수 있다. 그러나 유해 물질로 인한 몇몇 질병은 수십 년이 지나서야 발병한다. 나의 장인어른은 중피종으로 돌아가셨는데, 이는 폐에 생기는 희소 암으로 아마 어려서 남아프리카에서 자랐을 때 석면에 노출된 것이 원인이었을 것이다. 몸속에 들어간 독소는 세포의 기능을 즉시 바꾸기도 하지만 몇 년 동안 잠복해 있기도 한다. 우리 몸의 세포는 평생 수차례 보충되는데 세포가 번식할 때 생성된 시한폭탄이 잠자코 때를 기다리다가 특정 시점에서 우리를 죽일 수도 있다. 석면 같은 물질이 인체에 유해하다는 것은 누구나 알지만 심리적 독소는 어떤가? 끔찍한 장면을 목격한 것처럼 비물리적 사건에 따르는 정신 반응은 장기적으로 어떤 결과를 낳을까? 엄마가 9.11 테러에서 받은 스트레스는 어떻게 다음 세대로 전달되었을까? 그리고 태어나지도 않은 아기에게 무엇을 물려주었을까?

하버드대학교의 발달심리학자인 제롬 케이건Jerome Kagan은 8명 중 1명 정도가 대뇌변연계Limbic System의 과잉 반응으로 인해 짜증을 잘 내는 기질을 타고난다고 생각한다. 이 아기들은 쉽게 놀라고 갑작스러운 소음에 과도하게 반응한다.[9] 대뇌변연계는 몸을 움직여 활동하게 하고, 그 회로 안에는 편도체가 포함되어 있는데 편도체는 신체를 위협에 대응하도록 하는 호르몬과 신경전달물질을 분비해 연쇄반응을 일으킨다. 변연계의 반응성은 유전적 형질로, 다시 말해 부모로부터 물려받은 유전자를 자식에게 물려줄 수 있다는 뜻이다.[10] 이 아이들은 매우 신경질적이며, 불확실하고 낯선 상황을 몹시 불편해한다.

생후 4개월 때 갑작스러운 소음에 반응하는 정도에 따라 인간의 수년 뒤 성격까지 예상할 수 있다.[11] 반응성은 성향과도 같아서 어떤 사람들은 작은 일에도 화들짝 놀라고 또 어떤 사람은 같은 일에도 느긋하고 무던하게 반응한다. 9.11 테러 이후 외상후스트레스장애를 겪은 임신부들은 이 예민한 유전자 때문에 신경질적인 아기를 낳았을지도 모른다.

하지만 예후다는 임신 후기의 엄마들에게서만 코르티솔이 감소했으므로 아기들이 짜증을 잘 내는 이유를 유전자 탓으로만 돌릴 수는 없다고 주장했다. 이로 미루어 보면 스트레스가 태아의 발달 과정에 영향을 주는 임계기가 있는 것으로 보인다. 모체 영향이 어떻게 특정 시기에 한정되어 발생하는지 이해하려면 힘들었던 유년기의 경험이 성인이 된 후 스트레스반응에 어떻게 영향을 미치는지 살펴봐야 한다.

## 전쟁이 낳은 비행 청소년

제2차세계대전은 수많은 가정의 평범한 삶을 파괴했다. 유럽에서 많은 아이가 부모와 떨어져 시설로 보내졌다. 아이들은 대체로 기본적인 보살핌을 받았지만 그중 많은 아이가 사회생활에 문제를 보였고 비행 청소년으로 성장했다. 영국의 정신과의사 존 볼비John Bowlby는 이 아이들이 유년기에 '애착Attachment'이라는 결정적 단계를 건너뛰었기 때문이라고 주장했다.[12] 볼비는 애착 단계가 '엄마와 아기 사이의 확고한 유대감을 형성하기 위해 진화한 적응 전략'이라고 믿었다. 이 초기 경험은 힘없는 아기를 보호할 뿐 아니라 아이가 커서 여러 문제를 다루는 방법을 익히는 데 필요한 토대를 제공한다. 이 시기에 애착이 확실히 형성되지 않으면 정신적으로 어려움이 있는 아이로 클 것이다.

볼비는 콘라트 로렌츠Konrad Lorenz의 조류학 연구에서 영감을 받았다. 로렌츠는 새들 중 많은 종이 어미와 새끼 간 긴밀한 유대관계를 형성한다는 사실을 보여주었다.[13] 이 애착은 '각인'으로 시작하는데, 새끼 새는 태어나서 처음 눈에 들어온 움직이는 물체에 특별히 주의를 기울이고 따른다. 잘 알려진 것처럼 로렌츠는 거위의 알을 품어 새끼를 부화시켰고, 그 새끼를 직접 키워 자신을 각인시켰다. 각인은 생존을 위해 매우 중요하다. 새끼가 어미에게서 멀리 떨어지지 않게 하기 때문이다. 그래서 새끼들이 맨 처음 움직이는 물체(대체로 어미)를 각인하는 것이다. 새끼 거위의 뇌를 조사했더니 날 때부터 특정 형체를 더 따르도록 배선되어 있었다. 또 어미의 고유한 특징을 빨리 배워 어미를 다른 거위와 구별했다.

사람의 아기도 태어나자마자 얼굴 패턴에 특별한 관심을 가져 엄마의 얼굴을 아주 빨리 익힌다.[14] 그러나 영장류, 그중에서도 특히 인간이 겪는 애착 단계는 조류에게서 보이는 각인처럼 엄격하지 않다. 조류는 각인이 매우 빨리 이루어져야 하지만 영장류는 서로를 알아가는 데 시간이 더 오래 걸린다. 또 인간은 태어나서 적어도 1년이 될 때까지는 일어서거나 뛰지 못한다. 인간 아기는 엄마가 필요하면 그저 울면 된다. 그러면 대부분 엄마가 아기에게 허둥지둥 달려갈 것이다. 아기의 울음은 견디기 어려운 소리 중 하나다(그래서 비행기 안에서 아기가 울면 주위 사람들이 불편해하는 것이다). 이 '생물학적 경보음'은 아기와 엄마가 멀리 떨어지지 않게 한다.[15] 생후 약 6개월이 되면 아기는 엄마와 떨어졌을 때 분리불안장애Separation Anxiety를 보이는데 아기와 엄마 양쪽 모두 코르티솔 분비가 증가해 눈물과 스트레스를 보이는 것이 특징이다. 그리고 아기가 엄마와 다시 만나면 코르티솔 수치는 정상으로 돌아간다.[16]

시간이 흐르면서 엄마와 아기는 더 자주 떨어져도 견디는 법을 배우지만 엄마는 아기의 안전한 근거지로 남는다. 애착 관계가 잘 형성된 아기를 야구 선수라고 생각해 보자. 선수는 베이스에 발이 닿아 있을 때는 안심하고, 베이스에서 멀어질수록 불안해한다. 볼비는 초기 애착 관계가 잘 형성되지 않은 아이들은 새로운 상황을 탐험하거나 각종 상황에 적절하게 대처하는 법을 발달시키지 못한다고 주장했다. 또한 사회에 적절히 길들지도 못하므로 전쟁 때 부모에게서 보살핌을 받지 못한 아이들이 비행 청소년으로 자란 것이라고 믿었다.

## 고립된 원숭이와 잊힌 아이들

사회적 애착과 그 이후에 나타나는 심리적 이상에 대한 볼비의 연구에 영감을 받은 미국 심리학자 해리 할로Harry Harlow는 불우한 유년기가 장기적으로 미치는 영향에 대한 다른 가설을 증명하고자 했다.[17] 시설에서 자란 아이들은 제대로 보살핌을 받지 못했거나 영양을 적절히 섭취하지 못했을 수도 있다. 그렇다면 충분히 먹고 따뜻한 집에서 지내면 문제 없이 자라지 않을까. 이 가설을 시험하기 위해 그는 히말라야원숭이Rhesus Monkey 새끼를 대상으로 악명 높은 연구를 시도했다. 할로는 새끼 원숭이를 무리에서 격리해 길렀다. 이 원숭이들은 따뜻한 곳에서 잘 먹으며 안전하게 생활했지만 혼자서만 지냈다. 사회적 고립은 새끼 원숭이의 발육에 엄청난 영향을 끼쳤다. 새끼 때 다른 원숭이들과 사회적으로 접촉하지 못한 원숭이는 다 자란 후에 여러 종류의 이상 행동을 보였다. 몸을 물어뜯으며 신체를 강박적으로 앞뒤로 흔들었고, 무리에 합류한 이후에도 다른 원숭이들을 철저히 피해 다녔다. 인공수정으로 새끼도 낳았지만 암컷은 제 새끼를 무시하거나 거부하고, 때로는 죽이기까지 했다.

할로는 고립된 기간만이 중요한 게 아니라 분리 시점도 중요하다는 사실을 발견했다. 태어나자마자 격리된 새끼는 어미 없이 6개월 이상 지내면 위태로워졌다. 이와 비교해 어미에게서 최소 6개월 동안 정상적인 보살핌을 받은 후 고립된 새끼들은 비정상적인 행동을 하지 않았다. 이는 생후 첫 6개월이 특히 민감한 시기라는 뜻이다. 볼비는 애착 단계를 거치는 주된 이유가 생물학적으로 먹이, 안전, 온기를 충족하기 위해서라고 확신했지만 할로는 볼비의 가설이 부분적으로만 옳다는 것을 증명했다. 원숭이들에게는 처음부터 사회적 상호 작용이 필요했다.

원숭이와 마찬가지로 인간의 사회성도 사회화에 민감한 특정 시기에 발달하는 것으로 밝혀졌다. 1990년, 루마니아의 니콜라에 차우

셰스쿠Nicolae Ceaușescu 독재정권이 무너진 후 세계는 보육원에 버려진 수천 명의 아이들을 발견했다. 차우셰스쿠는 루마니아의 인구 감소를 막고자 가족계획을 금하고 여성에게 아이를 더 많이 낳도록 강요했다. 문제는 많은 사람이 아이들을 부양할 수 없어 보육원에 버렸다는 것이다.

시설에서는 평균적으로 어른 1명이 30명의 아이를 돌보았기 때문에 평범한 양육 환경에서 볼 수 있는 포옹이나 친밀한 사회적 상호 작용이 거의 이루어지지 않았다. 아기들은 똥을 싼 채로 방치되었고, 침대에 고정해 둔 젖병을 빨았으며, 냄새를 풍길 때가 되어서야 누군가가 나타나 차가운 물로 몸을 씻어주었다. 이후에 이곳에서 구조된 많은 아이가 서방의 좋은 가정에 입양되었다. 영국의 정신과의사인 마이클 루터 경Sir Michael Rutter은 아이들의 어릴 적 경험이 성장과 발달에 어떤 영향을 미쳤는지 보기 위해 이들 중 만 2세 미만의 영아 100명 이상을 추적 연구했다.[18]

루터가 아이들을 처음 만났을 때 이들은 모두 영양실조 상태였고, 심리 검사로 정신적 행복 지수와 사회성을 측정했을 때 낮은 점수를 받았다. 하지만 이는 예상했던 일이었다. 시간이 지나면서 아이들은 루마니아의 보육원에서 자라지 않은 동갑내기 입양아들과 비교했을 때 잃어버린 본성을 거의 되찾았다. 그리고 만 4세 무렵에는 결핍이 대부분 사라졌다. 이들의 지능은 다른 만 4세 아동에 비해 평균 미만이었지만 그래도 정상 범위 안에 있었다. 그러나 모든 것이 정상으로 돌아가지는 않았다는 게 곧 명백해졌다.

보육원에서 6개월 이상 지낸 아이들은 집단 내 다른 아이들을 따라잡지 못했다. 생후 6개월 이전에 구조된 아이들만 정상 범위로 복귀했다. 루터는 이 아이들을 만 6세, 만 11세, 만 15세 때 다시 추적했는데 인생을 끔찍하게 시작한 것에 비해 전반적으로 잘 지내고 있었다. 하지만 보육원에서 가장 오랜 시간을 보낸 아이들은 과잉행동을 보이고, 또 사람들과 관계를 맺는 것을 어려워했다. 할로의 고립된 원숭이처럼 아이가 정상적으로 발달하기 위해서는 태어나서 첫해에 사회적 상호 작용을 잘 경험하는 것이 매우 중요했다. 그렇다면 단지 먹을 것과 살 곳을 주는 것 외에 아이를 돌봐주는 존재가 왜 그렇게 중요한지 이해하기 위해 먼저 무엇이 아기의 마음을 불편하게 하는지 알아보자.

## 예측할 수 없다는 괴로움

전화로 중요한 소식이 오기를 기다려 본 적이 있는가? 시험이나 면접 결과일 수도 있고, 병원에서 걸려올 전화일 수도 있다. 중요한 소식을 기다릴 때 마음이 불안한 까닭은 우리 뇌가 생활에서 규칙성을 찾아내기 위해 진화한 '패턴 감지 장치'이기 때문이다. 그래서 무슨 일이 일어날지 예상할 수 없으면 마음이 불편한 것이다. 사람들은 중요한 사건을 앞두고 마음의 준비를 하지만 오랫동안 대기 상태로 있으면 스트레스를 받는다. 스트레스는 높은 수준의 흥분을 유지하는 '준비 상태'와 '기대 상태'에서 온다. 인체는 위협에 직면하면 준비 태세에 돌입한다. 위협이 절정에 달했을 때는 경보 수위를 높인 상태이므로 아주 작은 소리에도 화들짝 놀란다. 방어 태세를 거두고 나서야 비로소 긴장을 풀 수 있다.

위협에 적극적으로 대처하지 않아도 위협의 불확실성 자체가 여전히 우리를 긴장하게 한다. 우리 뇌는 무작위적인 사건을 다루는 데 능숙하지 않다. 그래서 우리는 어디에서나 구조와 질서를 찾는다. 늦은 밤, 숲속이나 낡은 폐가에 있을 때 모든 소음이 위협으로 들리는 것도 이 때문이다. 성인은 결과를 제어할 수 없게 되거나 자신이 무력했던 시절을 떠올릴 때면 주변 소음에서 패턴을 찾아내기 시작한다.[19]

상황을 통제할 수 없게 되면 사람은 심리적으로 괴로워하고, 신체의 대응 방식도 영향을 받는다. 심지어 고통을 참기도 더 힘들어진다. 피험자에게 전기충격을 가하는 실험에서 "당신이 원하면 우리는 언제든지 이 실험을 중단하겠다"라는 안내를 받은 사람은 그런 선택권이 없다고 생각한 사람보다 더 심한 고통을 견뎠다.[20] '언제든지 고통을 멎게 할 수 있다'라는 믿음이 통증을 더 오래 버티게 한다는 뜻이다. 그러나 반대로 통제할 수 없고 예상치 못한 충격 앞에서는 동물과 인간 모두 심리적, 생리적인 병을 얻는다.

우리는 생의 초반부터 '통제'와 '예측 가능성'을 원한다. 아기들도 규칙성과 예측 가능성을 선호한다. 그래서 예상치 못한 소음, 불빛, 움직임에 놀라는 것이다. '뇌간Brain Stem'은 신체의 필수 기능을 조절하는 뇌의 가장 원시적인 부분이다. 뇌간이 제어하는 '놀람반사Startle

Reflex'라는 반응이 있는데 이것은 아이에게 충격을 주었을 때 나타난다. 신생아가 어떤 일에도 깜짝 놀라지 않으면 신경계 손상을 의심해 보아야 한다. 예측 가능성은 아기가 다른 사람과의 일치성을 배우기 시작할 때 수반적 행동Contingent Behaviour(특정한 자극에 수반되는 행동, 또는 특정 상황에서 기대되는 행동 - 옮긴이)을 보이도록 토대가 되어준다. 외부 사건에 이렇게 민감하게 반응하는 것을 보면 아기가 자라는 가정환경은 예측할 수 있고 덜 위협적인 편이 바람직하다. 이는 양육자가 통제할 수 있다.

아기들은 예측 가능한 행동의 결과를 즐긴다. 반면 예측할 수 없거나 돌발적인 사건을 마주하면 기분이 좋지 않다. 그것이 엄마와 연관될 때는 특히 더 그렇다. 엄마가 우울할 때는 감정이 단조로워져 상호작용 질도 낮아지기 때문이다.[21] 어떤 엄마는 우울할 때 슬퍼하거나 기분이 가라앉는 대신 활기차고 과장된 형태의 의사소통을 시도해 아기에게 과잉 보상을 하는데, 이것은 아기 자신이 노력해서 얻은 '예상된 반응'이 아니므로 아기는 똑같이 괴롭다. 예상되는 후속 반응이 충족되지 않는 이런 초기의 경험은 수년 후에 사회적, 인지적 어려움을 초래할 수 있다.

불확실한 세계에서 타인의 존재는 안정을 준다. 주위에 어른이 있으면 불확실성이 주는 스트레스가 줄어들기 때문에 우리의 뇌는 타인의 존재만으로도 득을 본다. '슬픔은 나누면 반이 된다'라는 속담처럼 다수가 가지는 위력이 있다. 생각해 보면 아기들의 세계는 놀라움으로 가득 차 있으므로 아기는 발달하면서 다음에 무슨 일이 일어날지 알아내는 능력까지 키워야 한다. 지식과 경험이 있으면 세계는 조금 더 예측 가능해진다. 그것을 깨닫기까지 시간이 걸리므로 어른이 아이를 보호하고 안심시킨다. 그래서 아기는 불확실성 앞에서 운다. 이것이 아기가 눈앞의 상황을 처리해 달라고 어른에게 신호하는 방식이기 때문이다.

종합하면 이러한 연구들은 어린 시절의 극한 환경이 발육 중인 원숭이와 인간에게 장기적으로 영향을 준다고 말한다. 영장류에게는 생의 아주 초반부터 일종의 접촉이 필요하다. 위협적이고 사회적으로 공허한 상황(주위에 아무도 없는 것이 아닌 믿을 만한 사람이 없는 상황)에서는 특히 더 말이다. 자, 그렇다면 긴장된 환경은 우리를 어떻게 바꾸고, 타인의 존재는 스트레스반응에 어떤 영향을 미칠까?

## 맞서거나 도망치거나

유해하고 예측할 수 없는 환경이 성장하는 두뇌에 미치는 영향을 이해하려면 먼저 정상적인 스트레스반응을 알아야 한다. 위협과 마주쳤을 때 우리에게는 2가지 방법이 있다. 맞서거나 도망치는 것이다. 최대한 빨리 반응해야 하는 급작스러운 감정이 쇄도했을 때 대뇌변연계에서 촉발되는 '투쟁 또는 도피 반응Fight-or-Flight Response'이 있다. 이런 대비는 시상하부뇌하수체부신축Hypothalamic-Pituitary-Adrenal Axis, HPA Axis에서 이루어진다.

스트레스에 노출되면 시상하부는 '부신피질자극호르몬방출호르몬'이라고도 하는 '코르티코트로핀방출호르몬Corticotropin-Releasing Hormone, CRH'과 '아르기닌바소프레신Arginine Vasopressin, AVP'이라는 2가지 호르몬을 분비한다. 그러면 이 호르몬들이 근처의 뇌하수체를 자극해 혈류에 부신피질자극호르몬Adrenocorticotrophic Hormone, ACTH을 분비하게 하고, 부신피질자극호르몬은 콩팥 위에 자리 잡은 부신을 표적으로 삼아 아드레날린Adrenaline, 노르아드레날린Noradrenaline, 코르티솔을 분비하게 한다. 아드레날린과 노르아드레날린은 자율신경계를 조절해 호흡과 심박수를 늘리고, 땀을 흘리게 하며, 동공을 팽창시키고, 소화를 중단시킨다. 싸움을 앞뒀는데 한가하게 밥을 먹을 시간은 없지 않은가. 만약 무대 위에 서기 전에 속이 울렁거린다면 그건 체내에서 자율신경계가 작동한다는 뜻이다. 코르티솔은 혈당 농도를 높여 근육에 필요한 연료를 공급한다.

이 모든 체내 활동은 실제로 위협이 닥쳤을 때는 문제를 일으키지 않는다. 투쟁 또는 도피 반응은 적절한 수준으로 사용되어야 한다. 높은 수준의 긴장을 지나치게 오래 유지하다 보면 인생의 역경에 대처하는 능력에 만성적인 손상이 일어나는데 이것은 가속 페달에 발을 올린 채 계속해서 엔진을 회전시키는 것과 같아서 결국 시상하부뇌하수체부신축에 문제가 생기고 이어서 면역계도 손상된다. 만성 스트레스는 우울장애 같은 정신질환과도 연결되는데 실제로 심각한 우울장애를 앓고 있는 사람들은 시상하부뇌하수체부신축의 활성도가 높다.[22] 따라서 몸과 마음을 건강하게 유지하려면 스트레스반응을 조

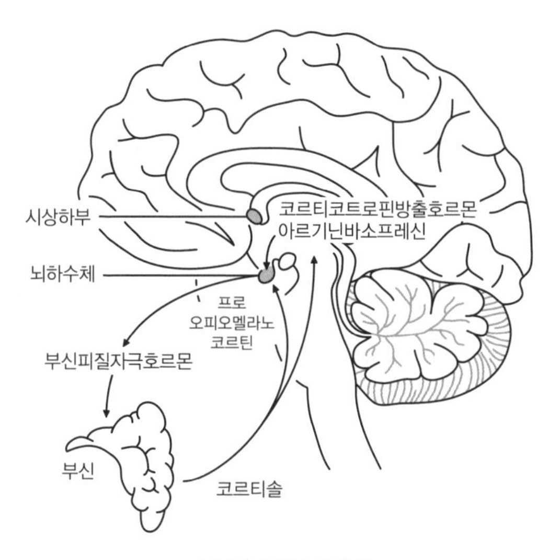


시상하부뇌하수체부신축

절할 수 있어야 한다. 그중 일부는 해마에서 일어난다. 해마 안에는 혈당과 코르티솔 수치를 감시하는 글루코코르티코이드수용체Glucocorticoid Receptor, GR가 있다. 혈당과 코르티솔의 수치가 임계치에 이르면 해마는 시상하부에 시상하부뇌하수체부신축의 활동을 멈추라는 신호를 보낸다. 이는 보일러가 집 안 온도를 조절하는 것과 같은 방식인데, 온도조절기에 결함이 있으면 집은 냉골 또는 찜통이 될 것이다. 이와 마찬가지로 시상하부뇌하수체부신축이 망가지면 스트레스에 적절히 반응하지 못하거나 반대로 과민 반응을 보이게 된다.

학대 가정에서 자란 아이들은 폭력뿐 아니라 언제 또 학대당할지 모른다는 불안감 때문에 고통받는다. 예측 불가성은 긴장을 풀지 못하게 하고, 높은 경계 상태에서 스트레스반응을 유지하게 하므로 대처 능력을 부식시킨다. 이것은 장기적으로 시상하부뇌하수체부신축 시스템을 붕괴시키며 그 결과는 수년 뒤에 나타난다. 우리는 이를 통해 외상후스트레스장애 환자들의 코르티솔 수치가 비정상적인 이유를 설명할 수 있다. 그들의 시상하부뇌하수체부신축이 긴장을 풀지 못하고 높은 경계 수준을 유지하기 때문이다.[23] 핀란드의 과학자들은 앞서 볼비의 연구와 비슷하게 제2차세계대전 때 피난을 떠났던 282명의 아이를 추적해 부모와 떨어져 살게 된 것이 수십 년 후 이들의 스트레스반응에 미치는 영향을 조사했다. 어린 시절, 전쟁 탓에 부모와 떨어져 산 사람들은 60년 뒤 스트레스 검사에서 코르티솔 반응성이 더 높게 나왔다. 이는 어릴 적 경험으로 인해 이들의 시상하부뇌하수체부신축 시스템의 생리가 영구적으로 변했다는 뜻이다.[24] 또 피난 당시 나이가 많을수록 회복력이 좋았고 어른이 되어서도 시상하부뇌하수체부신축이 덜 손상되었다.

스트레스는 심지어 출생 전에도 시상하부뇌하수체부신축의 기능을 바꿀 수 있다. 임신 말기의 히말라야원숭이 암컷을 우리에서 꺼내 불규칙하고 스트레스를 유발하는 소음에 노출했더니 어미 자신은 물론이고 출산한 새끼까지도 스트레스를 받지 않은 어미와 새끼에 비해 시상하부뇌하수체부신축의 반응이 손상되어 있었다.[25] 이와 비슷하게 누구도 무슨 일이 일어나는지 알지 못했던 9.11 테러 사건처럼 끔찍하고 예측할 수 없는 사건으로 어떤 임신부들은 태중의 아기에게 의도치 않게 공포의 유산을 물려주었는지도 모른다.

일단 아기가 세상에 태어난 다음에 스트레스가 많은 가정에 노출되면 깨어 있지 않을 때에도 공격 대응 방식이 달라지는 것으로 나타났다.[26] 6~12개월의 유아를 대상으로 아기가 잠들었을 때 기능적자기공명영상Functional Magnetic Resonance Imaging, fMRI을 촬영했다. 이때 성인 남성이 몹시 화난, 약간 화난, 행복한, 중립 톤으로 의미 없는 문장들을 읽어주었다. 갈등이 심한 가정에서 자란 아기들의 전측대상회피질Anterior Cingulate Cortex, ACC, 미상핵Caudate, 시상Thalamus, 시상하부Hypothalamus는 화난 목소리에 더 크게 반응했다. 이 영역들은 모두 시상하부뇌하수체부신축 시스템에 있다. 아기들은 이미 공격성에 민감해져 있었다.

가축화된 동물 역시 시상하부뇌하수체부신축 시스템이 변형되었다. 앞서 본 것처럼 가축화는 행동과 뇌에 변화를 일으킨다. 인간이 길들인 동물은 덜 무섭고, 덜 공격적이며, 세로토닌Serotonin 수치가 높다.[27] 세로토닌은 친사회적 활동과 관련된 신경전달물질이다.[28] 대개 야생 새끼 여우들은 생후 45일 정도가 되면 인간을 두려워하고, 자연스럽게 투쟁 또는 도피 반응을 보이며 주변 환경을 덜 탐색한다. 반대로 같은 연령의 길들여진 새끼 여우들은 이 공포 반응을 보이지 않고, 주위를 계속해서 탐험한다. 또 사회화 기간이 현저히 길어지고 성인기까지 놀이 활동을 계속한다.[29]

## 긴장하지 말고 즐길 것

감정을 이해하기 위해서는 몸과 마음의 관계를 알아야 한다. 윌리엄 제임스는 스트레스에 몸이 반응해 감정이 생긴다고 최초로 제안했다.[30] 곰을 만나면 바로 투쟁 또는 도피 반응이 발동해 우선 위협에 대처하고, 나중에서야 공포를 느낀다. 이것은 훌륭한 진화적 전략이며 그렇게 하는 게 마땅하다. 위험한 상황이라면 먼저 행동하고 나중에 질문하는 게 낫기 때문이다. 제임스는 상황을 파악하기에 앞서 반응할 필요가 있다고 주장한다. 곰을 앞에 두고 곰을 본 느낌을 곱씹는 일은 전혀 바람직하지 않으니까 말이다.

살면서 실제로 곰을 만날 일은 별로 없겠지만 눈앞에 누군가 갑자기 튀어나온 바람에 깜짝 놀라거나, 예상치 못한 위협을 느꼈을 때처럼 먼저 행동하고 나중에 생각한 경험은 누구에게나 있을 것이다. 이때 아드레날린이 분비되어 몸속을 돌면 맥박과 호흡수가 치솟는다. 예를 들어 보복 운전은 실질적인 위협을 따져보기 전에 위협을 지각하자마자 촉발되는 전형적인 공격 시나리오다.

하지만 반응이 감정을 앞선다는 제임스의 주장은 긴장 상태에서 몸이 머리보다 느리게 반응하는 상황을 고려하지 않았다.[31] 또 긴장 상황에서 사람들이 항상 신체 변화에 민감한 것도 아니다. 때로는 감정이 신체 변화를 앞선다. 그래서 수치심을 느낄 때 얼굴이 붉어지는 것이다. 공공장소에서 실수로 트림을 하면 주위를 돌아본 다음 부끄러운 마음에 얼굴이 달아오르는 것을 느낀다. 마음속에서는 트림을 하자마자 부끄러움이 일었지만 혈류 변화는 더 오래 걸렸다. 그렇다면 우리는 도망치기 때문에 무서운 걸까, 아니면 무서워서 도망치는 걸까?

둘 다 정답이다. 갑자기 곰이 공격해 올 때처럼 어떤 상황에서는 생각에 잠기기보다 최대한 빨리 반응해야 한다. 반면 공공장소에서 얼굴이 붉어지는 것처럼 상황을 파악한 다음 행동이나 반응이 나타날 때가 있다. 하지만 어느 쪽이든 모두 경험과 예상이 중요한 역할을 한다. 박제된 곰을 보았다면 무섭지 않았을 것이고, 가족 앞에서 트림했다면 그렇게 민망하지 않았을 것이다.

각각의 사례가 말해주듯이 주어진 상황과 해석에 따라 감정으로 가는 빠른 경로와 느린 경로가 존재한다.[32] 또한 감정은 다른 사람들의 영향을 받는다. '사회적 상황Social Context'의 중요성을 파헤친 어느 고전 연구에서는[33] 전문 지식이 없는 피험자들에게 아드레날린을 주사하며 '시각 검사에 도움을 줄 비타민'이라고 설명했다. 하지만 이들의 진짜 목적은 주변 사람이 한 사람의 감정적 경험에 어떻게 영향을 주는지 보는 것이었다. 참가자 중 일부에게는 주사를 맞으면 손이 떨리거나 얼굴에 홍조가 일고 심박수가 높아질 것이라는 올바른 정보를, 다른 사람들에게는 약한 두통과 가려움증이 생길 것이라는 잘못된 정보를 주었다. 참가자들이 대기실에서 기분에 관한 설문지에 답하는 동안 정체를 속인 한 실험자가 참가자들 옆에 앉아 연구에 대해 불평하면서 부정적인 태도를 보이거나, 즐거워하며 긍정적으로 행동했다.

한편 아드레날린이 작용하자 참가자들의 시상하부뇌하수체부신축이 작동하면서 투쟁 또는 도피 반응과 관련된 신체 증상이 나타나기 시작했다. 그들은 이 갑작스러운 증상을 어떻게 이해했을까? 아드레날린의 효과에 관해 정확한 정보를 들은 사람들은 주사 때문인지 조금 활기찬 기분이 든다며 자신의 기분을 올바르게 해석했다. 그러나 거짓 정보를 듣고 심박수 증가와 손 떨림을 예상하지 못한 사람들은 신체가 보내는 신호의 의미를 애써 이해해야 했다. 여기에는 다른 사람들이 결정적인 역할을 했다. 올바른 정보를 듣지 못한 참가자의 감정은 바람잡이 역할을 한 사람들에 의해 좌우되었다. 긍정적인 실험자와 함께 있었던 사람들은 짜증을 내는 실험자와 있었던 사람들보다 상황을 훨씬 긍정적으로 평가했다. 이들은 다른 사람들의 사회적 상황을 이용해 자신의 신체 감각을 해석했다. 이처럼 록 콘서트나 풋볼 경기를 볼 때, 놀이동산에서 하루를 보낼 때 등의 감정도 다른 사람들이 어떻게 반응하느냐에 크게 달라진다.

결국 해석에 따라 우리 중 누구는 불안해하고 누구는 흥분하는지가 결정된다. 이렇기 때문에 해석은 중요하다. 우리는 평생 축적한 경험을 바탕으로 상황을 해석하는 법을 배운다. 갈등이 심한 가정에서 자란 아이들이 '이 정도의 갈등 상황은 정상이야'라고 생각하는 이유가 여기에 있다. 싸움이 잦은 가정에서 예상할 수 있는 것이 하나 있다면 바로 '분노'일 것이다. 분노에는 폭력이 뒤따른다. 그래서 학대받은 아이들은 사람의 얼굴에서 화를 더 먼저 눈치채고, 같은 얼굴을 보더라도 더 화가 난 것으로 해석하는 반면 다른 감정 표현에는 그다지 세심하게 반응하지 않는다. 분노를 지각하는 데 더 치우쳐 있다는 것은 아이들이 투쟁 또는 도피를 준비한다는 뜻이다.

이 사실을 알면 문제 있는 10대들의 행동을 좋은 방향으로 유도할 수 있다. 브리스톨대학교University of Bristol의 우리 학과 동료들은 컴퓨터로 행복한 표정에서 무표정, 그리고 화가 난 표정으로 자연스럽게 변하는 영상을 만든 다음 이것을 10대들에게 보여주었다.[34] 실험에 참여한 10대는 대부분 이미 전과가 있고 고위험 상습 범죄자를 위한 프로그램에 참여하고 있었는데 이들은 모호한 표정을 보았을 때 평균적인 10대들보다 더 '공격적인 표정'이라고 해석했다. 그러나 반전이 일어났다. 아이들 중 절반에게 해당 표정에 관한 거짓 피드백을 주었더니 화난 얼굴에 대한 편견이 사라진 것이다. 훈련 후 아이들은 모호한 표정을 보고 행복하다고 해석하거나, 행복한 표정을 더 행복한 것으로 볼 확률이 높아졌다.

연구자들은 청소년들이 조금 더 긍정적으로 대상을 해석하게 바꾸었고, 더 놀랍게는 그 효과가 오래 지속되어 아이들의 전반적인 행동에까지 긍정적인 영향을 주었다. 연구 기간에 아이들은 일지를 써서 자신의 전력을 알지 못하는 전문가에게 보여주었는데, 일지를 평가한 결과 분노 성향을 가졌던 아이들이 불과 2주 만에 더 행복하고 덜 공격적으로 변했으며, 타인과 부딪치는 일도 줄었다는 사실을 알아냈다.

## 가정폭력과 호르몬

우리는 모두 태어났을 때부터 누군가를 필요로 한다. 살아가려면 누군가 옆에 있어야 한다는 절실함 때문에 아이들은 자신을 학대하는 부모에게 애착을 느끼고, 가정폭력은 그렇게 지속된다. 영국의 전국아동학대방지협회National Society for the Prevention of Cruelty to Children가 2012년에 발표한 통계에 따르면 영국 청년 4명 중 1명이 어릴 때 심한 학대를 당했다고 한다. 사람들은 인간의 뇌가 위험을 피하는 방향으로 진화했다고 생각하겠지만 사회복지사, 의사, 경찰이 학대 환경에서 아이를 구출하려고 할 때 아이는 종종 부모를 감싸려고 거짓말을 한다. 해리 할로도 양육 연구에서 유사한 현상을 입증했다. 겁에 질린 새끼 히말라야원숭이는 플라스틱 머리와 철사, 천으로 만든 대리모에게 꼭 붙어 있었는데, 심지어 이 가짜 어미가 유독한 공기를 내뿜으며 들러붙지 말라고 벌을 주어도 새끼들은 필사적으로 매달렸다. 이런 비뚤어진 사랑을 어떻게 이해하면 좋을까?

애착의 신경생물학적 토대를 연구한 신경과학자 리자이나 설리번Regina Sullivan은 새끼 쥐에게서 답을 찾았다.[35] 쥐는 영리해서 고통의 정체를 빨리 학습한다. 예를 들면 악취가 풍길 때 쥐에게 고통을 느끼게 하는 자극을 가하면 쥐는 두 요소를 쉽게 연관 짓는다. 그런데 놀랍게도 어미가 곁에 있으면 공포와 회피 학습을 담당하는 뇌 영역이 활동을 멈춘다. 특정 냄새가 나면 통증이 유발된다는 것을 알게 된 후에도 어미가 옆에 있으면 피하지 않고 오히려 냄새에 접근한다. 고통스러운 상황인데도 어미의 존재로 인해 회피 반응이 접근 행동으로 바뀐 것이다. 고통을 주는 상황을 제대로 파악하려면 스트레스 호르몬인 코르티코스테론Corticosterone이 분비되어야 하는데 어미가 있을 때는 새끼들의 몸에서 이 호르몬이 분비되지 않는다는 사실로 이 피학대적 행동을 설명할 수 있다.

집 밖으로 탐험을 떠났던 쥐들은 나이가 들면 집으로 돌아와 잠재적 위험을 피한다.[36] 이러한 반응을 '사회적 완충Social Buffering'이라고 한다. 스트레스가 심한 상황에서 사람들이 사랑하는 사람을 생각하며 버티는 것도 사회적 완충의 하나다.[37] 문제는 바로 이 사랑하는 사람이 고통과 위험의 근원일 때 생긴다. 둥지로 돌아온 새끼 쥐는 코르티코스테론의 스위치가 꺼지므로 어미가 어떤 괴물이 될 수 있는지 잊어버린다. 예측할 수 없는 환경이 스트레스를 유발한다지만 지속적인 학대가 일어나는 상황보다는 그 정도가 덜하다. 다만 어떤 사람들은 학대를 당하더라도 예측할 수 있는 현재 상황이 불확실한 미래보다 낫다고 생각하기 때문에 '안면이 있는 악마가 낫다Better the Devil You Know'라는 속담이 생긴 것이다.

어린 시절 경험한 가정폭력이 피해자에게 오래 각인되는 것은 분명하지만 모두 같은 방식으로 역경을 받아들이지는 않으며, 스트레스를 받았다고 해서 모두 질병에 걸리지도 않는다. 또한 모두가 가정폭력에 시달리지도 않는다. 그렇다면 스트레스를 생물학적 현상으로 보았을 때 사람마다 다르게 반응하는 이유를 어떻게 설명해야 할까?

## 쌍둥이는 왜 다른가

나는 이 장의 맨 처음에 설명한 사이드쇼Sideshow(서커스 등에서 손님을 끌기 위해 사전에 보여주는 공연 – 옮긴이)시대의 희귀한 엽서들을 수집했다. 이 엽서들은 역사와 사회의 태도가 얼마나 극적으로 바뀔 수 있는지를 보여주므로 나는 이것들을 아주 좋아한다. 여기에는 데이지 힐튼Daisy Hilton과 바이올렛 힐튼Violet Hilton의 희귀 사진도 있는데, 데이지와 바이올렛은 엉덩이가 붙은 채 태어난 일란성 샴쌍둥이 자매다. 이 자매는 1908년 영국 브라이턴에서 태어났다. 자매의 어머니는 자신이 혼인하지 않고 아기를 낳아 신의 저주를 받았다고 생각해 출산하자마자 아이들을 버렸다. 데이지와 바이올렛은 출산 당시 자신들을 받아준 산파에게 입양되어 재능 있는 음악가로 성장했고, 심지어 영화에도 출연했다. 가장 유명한 작품은 토드 브라우닝Tod Browning이 1932년에 제작한 악명 높은 영화 〈프릭스*Freaks*〉다.

일란성 쌍둥이는 수정란이 수정 후 바로 2개로 나뉜 결과다. 이때 2개의 수정란이 완전히 분리되지 않으면 드물게 일란성 샴쌍둥이가 된다. 일란성 쌍둥이는 모든 유전자가 동일하지만 처음부터 2개의 난자가 수정되어 태어나는 이란성 쌍둥이는 유전자의 절반 정도만 공유한다. 《이상한 나라의 앨리스*Alice in Wonderland*》에 나오는 트위들덤Tweedledum과 트위들디Tweedledee처럼 일란성 쌍둥이는 외모가 똑같고 행동이 비슷할 뿐 아니라 종종 사고방식까지 닮는다. 텔레파시로 서로의 마음을 읽는다는 속설도 있다.

쌍둥이 연구는 아동 발달 과정에서 유전자와 환경의 영향을 밝히는 데 중요한 역할을 한다. 데이지, 바이올렛 자매와 달리 쌍둥이가 서로 다른 가정으로 입양되어 자라기도 한다. 같은 가정과 다른 가정에서 성장한 일란성 쌍둥이와 이란성 쌍둥이를 비교함으로써 유사점과 차이점을 파악하고, 유전자와 환경의 상대적인 기여도를 알아낼 수 있다.

입양 연구 결과, 따로 떨어져 자란 일란성 쌍둥이가 같은 조건에서 자란 이란성 쌍둥이보다 더 유사했다. 이는 성격과 지능이 유전된다는 사실을 증명한다. 그러나 일란성 쌍둥이일지라도 완전히 똑같지는 않았다. 일란성 샴쌍둥이인 데이지와 바이올렛조차 성격이 두드러지게 달랐고, 심지어 성적 취향도 달랐다. 둘은 아주 다른 사람 같았다.[38] 유전은 성격과 지능의 전체 유사성 중 많아야 절반밖에 설명하지 못한다. 이것이 주디스 리치 해리스Judith Rich Harris가 저서《개성의 탄생*No Two Alike*》에서 사람들에게 전하려던 핵심이다.[39] 우리는 일란성 쌍둥이가 닮았다는 사실에 너무 익숙해져서 이들이 얼마나 다를 수 있는지를 깨닫지 못한다. 그러나 생각해 보면 데이지와 바이올렛은 유전자가 같을 뿐 아니라 말 그대로 성장 환경도 같았다. 그렇다면 데이지와 바이올렛은 어떻게 그렇게 다른 사람이 되었을까?

사람들은 보통 개개인이 서로 다른 가장 큰 원인을 '성장 배경'으로 본다. 세상은 아이들을 잘 키우기 위한 갖가지 육아법으로 가득하고, 서점에도 육아서 코너가 따로 있을 정도다. 이는 인간의 발육과 발달에 영향을 주는 어떤 힘에 대한 뿌리 깊은 믿음과 자식을 잘 돌보고

싫고 자식에게 최선의 출발점을 주고자 하는 부모의 마음에서 온다. 사람마다 다양한 가정에서 각기 다른 경험을 하며 자랐고, 자기가 자라온 방식이 지금의 자신을 만들었다는 일반적인 가정을 한다. 그래서 사람들은 비행 아동을 탓할 때 대개 그 부모부터 살핀다. 그러나 해리스는 오랫동안 발달심리학을 연구한 결과 유전자나 가정환경만 보고서는 지능, 성격 같은 심리적 결과물이 어떻게 변할지 예측할 수 없다고 결론지었다.

많은 부모가 이런 결론을 달가워하지 않겠지만 아이러니하게도 부모들이야말로 해리스의 말에 가장 먼저 동의해야 한다. 아이들을 키워본 사람이라면 자식들을 아무리 똑같이 키운다 해도 결국 아주 다른 사람이 된다는 사실을 잘 알 것이다. 아마 같은 가정에서 자란 2명의 자녀가 동일 인구 집단에서 무작위로 뽑아낸 동갑내기 2명보다도 더 서로 닮지 않았을 것이다. 많은 부모의 믿음과 각종 육아법의 주장과 달리 가정환경은 아동 발달에 생각보다 영향을 덜 미친다.

그럼 가정환경도, 유전자도 인간에게 결정적인 영향을 주지 않는다면 대체 무엇으로 개성을 설명할 수 있을까? 해리스는 또래집단인 다른 아이들이 지능과 성격을 결정하는 주요 요인이라고 주장한다. 아이는 집에서 부모의 기대에 따라 행동하기도 하지만 놀이터나 쇼핑몰에서는 전혀 다른 얼굴을 한다. 아이들은 상황에 따라, 또 누구와 함께 있느냐에 따라 완전히 다르게 행동하고 반응한다. 그래서 이민자의 자녀가 영어를 배울 때 부모가 아닌 이웃 아이들의 사투리와 억양을 배우는 것이다.

해리스의 논문은 현대 육아학의 흐름을 거스르는 내용이라 논란이 많다. 해리스는 극한 환경이 장기적으로 아동 발달에 영향을 미친다고 보여준 루마니아 보육원 연구와 우울장애를 앓고 있는 엄마의 사례를 배제한다. 게다가 자녀의 이웃과 학교를 결정하는 주체 역시 부모이므로 결국 부모는 아이가 노출될 또래집단에 간접적으로 영향을 미친다. 하지만 오늘날 페이스북Facebook이나 트위터Twitter 같은 SNS가 10대에게 미치는 영향을 생각하면 상황은 곧 다시 바뀔 것 같다. 그러나 집 밖의 광범위한 네트워크가 아이들의 성장과 발육에 더 큰 영향을 끼친다고 해도 왜 같은 유전자, 같은 환경, 같은 친구를 공유한 데이지와 바이올렛이 서로 다른지는 여전히 설명할 수 없다. 어쩌면 사람들이 둘을 구별하기 위해 쌍둥이를 서로 다르게 대했기 때문일 수도 있다. 자, 여기에 불가능해 보이면서도 좀 더 가능성 있는 해석법이 있다. 바로 '후성유전학'이라는 연구 분야로, 발달 과정 중에 무작위로 일어난 사건의 영향력을 설명하는 학문이다.

## 감기, 성전환, 후성유전학

흰동가리Clownfish 물고기의 성별과 감기의 확산, 이 둘 사이에 공통점이 있을까? 이상한 질문처럼 들리겠지만 둘 다 사회적 행동으로 촉발된 후성유전 현상의 예다. 흰동가리의 성별은 생물학적 상호 작용에, 감기의 확산 여부는 다른 사람들에 의해 좌우된다. 후성유전학은 환경과 유전자가 상호 작용하는 메커니즘, 즉 '본성'과 '양육'이 함께 작용하는 방식에 대한 연구다.

후성유전학은 우리가 자신에게 흔히 하는 질문에 답을 준다. 우리는 날 때부터 정신 나간, 악한, 또는 슬픈 사람이었나? 삶에서 일어난 사건들이 나의 개성을 결정하는가? 자식을 모두 똑같이 대하는데 왜 아이들은 하나같이 다른가? 이런 질문들은 우리가 살고 싶은 사회를 만드는 데 최선의 방법을 찾기 위해 매우 중요하다. 이 사회는 대개 정부의 정책이나 법에 따라 형성되고 통제된다. 이러한 질문에 사람들이 말하고 싶어 하는 대답은 극히 개인적인 견해이며, 대개 사회가 개인에게 주입한 정치적 의도가 녹아 있다. 그러나 후성유전학은 인간의 생물학적 조건과 경험을 결합해 인간의 발달 과정에 대한 새로운 관점을 제시한다.

앞에서 언급한 것처럼 유전자는 살아 있는 모든 세포에서 발견되는 DNA 가닥으로, 세포에게 무엇이 되고 또 어떤 일을 할지 지시한다. 이 지시는 곧 탄소, 수소, 산소, 질소로 조합된 아미노산을 가지고 특정한 단백질을 만드는 방식이다. 몸속의 모든 세포에는 수천 개의 단백질이 있고, DNA는 단백질의 생성을 조절해 세포의 유형과 기능을 결정한다. 유전자는 단백질을 만드는 데 필요한 정보가 들어 있는 도서관의 책으로 비유할 수 있다. 이 정보는 복사해서 읽어야 한다. 단백질은 어떤 세포에게는 머리카락의 모낭이 되라고 하고, 또 어떤 세포에게는 뉴런이 되라고 지시한다. 이것은 아주 단순하게 표현한 것이고 실제로 유전자가 작동하는 방식은 훨씬 복잡하다. 그러나 이 책에서는 '유전자란 생물의 몸을 만들고 작동시키는 설명서를 적은 세포 속 코드와 같다'라는 정도로만 이해해도 충분하다.

유전자는 인간을 만든다. 인간은 아주 복잡한 동물이다. 인간의 몸은 수조 개의 세포로 이루어져 있다. 그래서 처음에 과학자들은 인간의 몸속에 있는 모든 종류의 세포를 코드화하기 위해서는 아주 많은 수의 유전자가 있어야 한다고 추측했다. 1990년에 인간게놈프로젝트Human Genome Project에 참여한 과학자들은 인간의 유전자 전체 염기서열을 지도로 나타내기 시작했다. 컴퓨터로 염기서열을 읽어 유전자 수를 추정했더니 최초로 추산한 10만이라는 수가 보기 좋게 빗나갔다. 프로젝트는 여전히 진행 중이지만 마지막 계산에 따르면 인간은 불과 2만 500개의 유전자를 가지고 있다. 2만도 결코 작은 수는 아니다. 하지만 일개 초파리가 1만 5,000개의 유전자를 가지고 있다는 것을 감안하면 인간은 유전자 수가 확실히 많은 편이 아니다. 바나나나 회충처럼 아주 단순한 생물도 인간보다 많은 유전자를 가졌다. 또한 공교롭게도 가장 많은 수와 가장 적은 수의 유전자를 가진 생물체는 모두 성병을 일으키는 생물이다. '질편모충'이라고도 하는 트리코모나스균*Trichomonas vaginalis*은 약 6만 개, 마이코플라스마 제니탈륨*Mycoplasma genitalium*은 517개의 유전자를 가지고 있다.

따라서 유전자 수만 보아서는 한 동물의 복잡한 정도를 판단할 수 없다. 애초에 인간의 유전자 수를 과도하게 추정한 이유는 후성유전의 역할이 충분히 알려지지 않았기 때문이다. 게다가 일부 유전자에는 실제 사용되는 것보다 훨씬 많은 정보가 새겨진 것으로 드러났다.

실제 단백질을 만드는 데 관여하는 유전자는 2%에 불과하다. 이 정보는 유전자가 발현(해당 유전자의 정보를 이용해 단백질을 만듦–옮긴이)될 때만 활성화되며, 이제 유전학자들은 세포에 따라 유전자의 일부만 발현된다는 사실을 알게 되었다. 사실 유전자 발현은 '예외'이지 '규칙'이 아니다. 유전자는 경험에 의해 활성화되는 '만약 ○○이라면 그때는 이렇게IF-THEN' 형식의 지시들이 모인 것이기 때문이다. 이 경험들은 수많은 메커니즘을 통해 작용하지만 그중에서도 DNA 메틸화DNA Methylation는 유전자가 발현하지 못하게 하는 전형적인 방식이며, 발달 과정에서 일어나는 장기적인 변화에 주요 역할을 한다고 여겨진다. 게놈을 도서관으로, 유전자를 도서관의 책으로 본다면 세포는 유전자에 적힌 제조법을 읽어 단백질을 만들고, 메틸화는 세포가 제조법을 읽지 못하게 책을 치우거나 책 앞에 가구를 놓아 접근을 차단하는 행위로 볼 수 있다.

DNA는 세포에게 세포 자신을 생성하고 조직해 우리 몸을 만들라고 하는 일종의 '지시 사항'이지만, 이 지시 사항은 지시를 조절하는 환경 안에서 수행된다. 예를 들어 아프리카 나비 종인 바이시클루스 아니나나*Bicyclus anynana*는 유충의 부화 시기(우기 또는 건기)에 따라 화려하거나 칙칙한 색깔로 우화한다. 유전자는 그저 명령어가 적힌 코드일 뿐, 스위치를 켜서 지시 사항을 실행하는 것은 환경이다.

사회적인 속성을 가진 스위치도 있다. 사회 환경은 많은 물고기의 유전자 작동 방식에 근본적으로 영향을 주고, 심지어 성별까지 바꾼다. 흰동가리는 우두머리 암컷이 사회집단을 이끄는 물고기 종인데,

애니메이션 〈니모를 찾아서*Finding Nemo*〉는 관객에게 흰동가리가 성전환 능력을 보유했다는 사실을 말해주지 않았다. 흰동가리 무리에서 우두머리 암컷이 죽으면 가장 힘이 센 수컷이 암컷으로 성별을 전환해 그 자리를 물려받는다. 이번에는 메뚜기를 생각해 보자. 메뚜기는 집단 내 수가 과도하게 늘어 밀도가 높아지면 몸 색깔이 달라지고, 몸집이 커지며, 군집성을 띠고, 다른 메뚜기에게 사회적으로 민감하게 군다. 이러한 변화는 단순히 다른 메뚜기와의 신체적 접촉 정도에 따라 촉발된다.[40]

사회 환경은 수많은 생물 종을 변화시킨다. 인간의 유전자도 비슷한 방식으로 조절된다는 증거는 없을까? 이 문제를 설명하는 데 '감기'가 도움을 준다. 사회 환경은 우리가 감기에 더 잘 걸리게 만들기도 하지만 감기와 싸우는 방식에도 영향을 준다. 감기는 겨울철에 더 유행하는데 일반적인 생각처럼 기온이 낮아져서가 아니라 이 시기에 사람들 사이에서 바이러스가 더 잘 확산하기 때문이다. 추운 밤이 될수록 사람들은 더 가까이 모이고, 그러면서 쉽게 바이러스를 전달한다. 바이러스는 10~100개의 유전자로 된 작은 DNA 주머니로, 세포에 침입한 다음 단백질 생산 공장을 가로채 자신을 복제한다. 바이러스에 감염된 세포가 늘어나면 세포의 정상 기능이 마비되고, 결국 몸 전체가 공격받는다. 그러나 바이러스가 우리 몸을 빌려 DNA를 발현하고 복제하는 능력은 인체의 사회적 스트레스 반응도에 따라 달라진다.

사회적 스트레스와 고립은 바이러스성 감염에 영향을 끼친다고 오래전부터 알려져 왔다. 그래서 '감기는 닭고기수프과 사랑하는 이의 보살핌으로 낫는 병'이라고들 한다.[41] 이 민간요법은 사회적 요인이 질병 치료에 미치는 영향을 반영한다. 고독한 성인의 백혈구 DNA를 분석했더니 외롭지 않은 성인과 비교했을 때 유전자 발현 수치가 다르게 나타났다.[42] 구체적으로 말하면 항체를 생산하는 유전자 발현이 낮아져 면역계의 반응성이 저하된 것이다. 이는 외로운 성인이 더 질병에 걸리기 쉽다는 뜻일 수도 있다. 이러한 유전자 발현의 차이는 스스로 외롭다고 생각하는 사람들에게서 나타나며 실제 사회적 접촉 수와는 상관이 없었다. 인기가 아주 많은 사람들조차 군중 속에서 외로움을 느낀다. 중요한 건 실제 사회생활의 범위가 아니라 본인이 어떻게 느끼는가이기 때문이다.

사회적 요인이 바이러스 유전자 발현을 조절할 수 있다면 대략 2만 개에 이르는 유전자 전체가 사회적 요인에 의해 생물학적으로 조절될 확률도 높다.[43] 생물학적 요소뿐 아니라 심리적 요소 역시 우리가 질병에 맞서는 방법에 영향을 미친다.

## 라마르크의 어리석은 발상

인간에게서 찾을 수 있는 후성유전의 증거는 무엇인가? 인간은 우두머리 암컷이 무리를 떠난다고 해서 저절로 성별을 바꾸지는 않지만 어떤 중요한 사건으로 인해 유전자 작동 방식에 변화가 생기고, 때로는 그 결과로 인한 행동의 변화가 다음 세대에 이어질 수도 있다. 이는 놀라운 발상이지만 새롭지는 않다. 19세기 초 프랑스의 몰락한 귀족 출신인 장 바티스트 라마르크Jean-Baptiste Lamarck는 생물체가 살면서 획득한 형질이 다음 세대에 전달될 수 있다고 주장했다. 그는 대장장이의 아들이 가업을 물려받기 전부터 방직공의 아들보다 팔근육이 발달했다는 것을 증거로 삼았고, 이는 부모에게서 물려받은 형질이라고 해석했다. 또 다른 예로 기린은 높은 곳에 달린 나뭇잎을 먹기 위해 목을 계속 뻗었고, 그 과정에서 목이 길어졌으며, 그 신체적 형질을 새끼에게 물려주었다고 말했다.

이러한 라마르크의 주장을 다윈의 자연선택과 비교해 보자. 다윈의 이론에 따르면 생물에게서 변화를 만들어 내는 2가지 메커니즘이 있다. 첫째는 집단 구성원들 사이에서 형질의 변이를 생성하는 '자발적 돌연변이'다. 오늘날 우리는 이 돌연변이가 유전자 복제 과정에서 일어난다는 사실을 안다. 둘째는 환경이 선택압으로 작용하여 다양한 돌연변이들 가운데 경쟁력 있는 개체가 살아남아 번식하고 후대에 그 변이를 물려주는 것이다. 변형된 형질은 세대에서 세대로 이어지면서 개체군에서 안정적으로 자리 잡는다. 기린의 긴 목을 자연선택으로 설명하자면 유전자 돌연변이로 우연히 긴 목을 가지게 된 개체가 더 성공적으로 번식한 것뿐이다. 자손에게 물려준 것은 잎에 닿기 위해 애쓴 노력과 경험이 아니라 우연히 목의 길이를 늘인 유전자였다.

다윈은 더 많은 잎에 닿을 수 있었기 때문에 기린의 목이 길게 진화했다고 주장했지만 이는 몇 가지 다른 방식으로도 설명할 수 있는 것으로 드러났다.[44] 현재 우리는 유전 메커니즘이 라마르크의 방식을 따르지 않는다고 알고 있다. 기린의 긴 목은 유전자 돌연변이로 인해 우연히 나타나 다음 세대에 전달된 반면 짧은 목을 가진 기린은 어떤 이유로 번식할 기회를 얻지 못한 것뿐이다. 학계에서 라마르크의 이론은 어불성설이라며 크게 비난받아왔지만 후성유전학은 그의 발상을 새롭게 조명하고 있다. 후성유전학에 따르면 우리가 살면서 경험한 것이 다음 세대의 생물학적 조건에 영향을 줄 수 있는 것 같다.

라마르크가 제시한 증거에는 너무나 많은 문제와 오류가 있어서 이 개념은 아주 쉽게 엉터리로 치부될 수 있다. 게다가 다윈의 자연선택에 의한 진화론은 각종 데이터를 설명하고 예측하는 데에도 더 좋다. 그러나 후성유전학이 등장하면서 라마르크의 어리석은 발상이 부활했다.

사람의 일생에서 일어난 사건은 다음 세대에 영향을 줄 수 있다. 후성유전학은 어떻게 환경 신호가 DNA 염기서열을 바꾸지 않으면서 유전자의 작동 스위치를 켜고 끄는지를 설명한다. 자연선택은 궁극적으로 환경에 의한 모든 후성유전적 영향력을 교정할 것이다. 반대로, 그 효과는 후성유전적 과정에 의해 켜지고 꺼지는 스위치와 관련이 있다. 따라서 라마르크는 작은 전투에서 이겼을지 모르지만 다윈은 형질이 세대에서 세대로 전달되는 과정을 설명하는 전쟁에서 승리했다. 후성유전학자들은 어려서 정신적 충격을 받은 인간이 왜 평생 지워지지 않는 감정적 유산을 가진 채 성장하는지 설명할 수 있다. 다음에 볼 실험 쥐를 대상으로 한 사육 방식에 대한 연구는 인생의 초기 경험이 어떻게 모녀간의 유대를 형성하게 하는지 보여준다.

## 핥기의 힘

쥐를 핥는 것보다 더러운 일이 있을까? 쥐는 많은 이에게 가난, 질병, 죽음을 연상시키는 혐오스러운 동물이다. 하지만 이런 평판에는 다소 억울한 면이 있는데 암컷 들쥐는 새끼를 향한 애정이 강하고, 지적이며, 사회적인 동물이기 때문이다. 암컷 들쥐는 새끼를 공들여 핥고 털을 손질해 준다. 어떤 어미 쥐는 성실해서 새끼를 자주 핥아주는 반면 어떤 쥐는 새끼를 덜 핥아주는데, 이 습성은 어미의 자매가 공유한다.[45]

놀라운 점은 잘 핥아주지 않는 어미에게서 태어난 새끼를 데려다가 많이 핥아주는 어미에게 키우게 하면 새끼는 이 자상한 형질을 얻게 된다는 것이다. 반대로 잘 핥아주는 어미의 새끼를 그렇지 않은 쥐가 키우면 반대 결과가 나온다.[46] 이 들쥐 이야기는 단순히 당신에게 자녀를 어떻게 키우라며 알려주는 사례에 불과할까? 여기에는 그보다 많은 정보가 담겨 있다. 털을 손질하고 핥아주는 행위는 새끼 쥐의 스트레스반응을 조절한다. 자주 핥아주는 어미는 스트레스를 훨씬 잘 다루는 새끼를 낳는다. 새끼 쥐는 회복력이 높은 쥐로 성장하고, 암컷이라면 이 행동을 다음 세대에 물려준다.[47] 또한 이들은 더 잘 번식하도록 적응했다.

인간이 직접 새끼 쥐를 키우면서 초반의 접촉 정도를 달리하면 이와 비슷한 결과를 만들어 낼 수 있다. 이런 활동은 스트레스반응을 바꾸어 새끼 쥐의 시상하부뇌하수체부신축 반응을 변화시킨다. 털 손질과 핥기는 기분을 좋게 만드는 신경전달물질인 세로토닌을 방출하는데, 이것은 해마에서 글루코코르티코이드수용체를 제어하는 유전자를 조절한다. 어미로부터 자극을 받지 않은 새끼는 이 유전자의 스위치가 꺼져 있어 발현되지 않았지만 많이 핥아주는 어미의 새끼에게서는 거의 메틸화되지 않았다. 그러면 해마에서 발현되는 높은 수치의 글루코코르티코이드수용체와 함께 쥐는 시상하부뇌하수체부신축을 더 효과적으로 조절한다. DNA 메틸화 패턴은 안정적으로 유지되는 편이지만 만약 임계기에 잘 핥아주는 어미와 그렇지 않은 어미가 서로 새끼를 바꿔서 입양하면 해마에서 유전자 메틸화 수준을 뒤바꿀 수 있다. 요약하면 초기의 털 손질이 글루코코르티코이드수용체 제어 유전자를 켜거나 끌 수 있다는 말이다.[48]

인간은 어떨까? 어릴 적 경험이 자라서까지 생물학적으로 남아 있다는 증거가 있는가? 자살 사망자를 사후 검시한 결과 해마에서 글루코코르티코이드수용체의 발현이 감소한 것으로 나타났다.[49] 이 발견이 더 믿기 어려운 이유는 이 유전적 변화의 원인이 자살의 동기였던 '근래의 사건'이 아니라 애초에 이 유전자를 침묵시킨 '어린 시절의 사건'이었기 때문이다.

단지 유전자 하나에 책임을 물을 수는 없다. 개인에게는 갖가지 스트레스가 있다는 점을 유념해야 한다. 여기, 자녀를 양육하는 동안 스트레스를 받았다고 보고한 부모들이 있다. 그들의 10대 자녀에 대한 최근 연구에서[50] 환경적 스트레스 유전자의 메틸화를 조사했다. 엄마가 받은 스트레스는 영아에게만 영향을 미쳤다. 아빠도 스트레스 관련 유전자의 메틸화를 유발했지만 아이들이 조금 더 커서 유치원에 다니는 기간에만 유효했다. 더 흥미로운 것은 아빠의 스트레스는 여자아이들에게만 영향을 미쳤다는 점이다. 자식을 돌보지 않는 아빠가 아들보다 딸에게 더 많은 영향을 끼친다는 것이 한동안 보고되었다. 이 연구는 그 원인을 후성유전에서 찾은 최초의 증거 중 하나가 되었다.

## 전사 유전자

2006년 10월 16일, 브래들리 월드루프Bradley Waldroup는 술에 잔뜩 취한 채로 트럭에 앉아 있다. 그는 별거 중인 아내를 기다리며 《성경》을 읽고 있었다. 그의 아내는 4명의 아이와 주말을 보내기 위해 왔다. 아내가 친구와 함께 나타나자 월드루프는 미친 듯이 화를 냈다. 그는 아내의 친구에게 총을 8발이나 쏘았고, 아내를 쫓아가 칼로 난도질했다. 테네시 경찰은 이를 두고 역사상 최악의 범죄 현장이라고 보고했다. 범인의 잔혹함과는 별개로 이 사건이 세간의 이목을 끈 이유는 변호인들이 피고의 유전적 조건을 무죄의 근거로 제시하고, 이것이 받아들여진 최초의 사례였기 때문이다. 변호인들은 월드루프가 '전사 유전자Warrior Gene'를 가졌다고 주장했다. 즉 월드루프가 생물학적으로 극단적인 폭력 기질을 타고났다는 것이다.

전사 유전자는 1993년 네덜란드의 한스 브루너Hans Brunner라는 유전학자가 발견했다. 어느 여성 집단이 가계에 전해 내려오는 남성들의 폭력 성향(방화, 강간 미수, 살인 등을 포함한 범죄 행위)을 염려하여 브루너에게 연구를 의뢰했다.[51] 그들은 자기 가족의 이런 성향을 생물학적으로 설명할 수 있는지 알고 싶어 했다. 연구 결과 브루너는 이들의 X 염색체에 있는 모노아민산화효소Monoamine Oxidase A, MAOA 유전자가 다른 사람과 다르다는 점을 알아냈다. 이듬해에 공격성과 저활성 모노아민산화효소의 연관성을 뒷받침하는 증거가 발견되었다. 칼럼니스트 앤 기번스Ann Gibbons는 이 유전자를 '전사 유전자'라고 불렀다.[52] 이 감성적인 이름은 사실 잘못된 명칭인데, 이 돌연변이 유전자는 신경전달물질의 활성을 분해하는 본업을 수행하지 못했으므로 사실 전사가 아닌 게으름뱅이 유전자에 더 가깝기 때문이다.

전사 유전자가 발견된 이후 사람들은 사회의 최하위 계급에서 이 생물학적 표지를 찾으려고 했다. 남성 갱단은 전사 유전자를 가질 확률이 높았고, 그중에서도 칼을 소지할 확률은 4배나 높았다. 전사의 후예로 유명한 뉴질랜드 마오리Maori 원주민 중에서 극히 소수의 남성을 대상으로 조사한 유난히 선동적인 한 보고서에서는 이들이 전사 유전자를 가졌다고 밝혔다.[53] 당연히 이 보고서는 대중의 격한 항의를 불러일으켰다.

이런 종류의 연구가 가지는 문제점 중 하나는 비교적 신뢰성이 떨어지는 자기 보고식 설문(응답자가 질문을 주관적으로 판단하여 대답하는 방식의 조사 – 옮긴이)에 기반한다는 것이다. 이를 보완하고자 한 연구 팀은 기발한 방법으로 전사 유전자와 공격적 행동의 상관관계를 테스트했다.[54] 연구 팀은 남성들에게 온라인 게임을 하게 했는데 피험자들은 다른 익명의 참가자에게 벌칙으로 칠리소스를 줄 수 있었다. 사실 피험자들은 아무리 애를 써도 이길 수 없는 컴퓨터를 상대로 게임을 하고 있었다. 이 상황에서 모노아민산화효소의 활성도가 낮은 사람들은 게임 상대에게 복수하기를 원했고 벌칙을 내릴 확률이 더 높았다.

전사 유전자는 공격적인 행동과 연관되어 있을지 모르지만 여기에서는 과학 작가 에드 용Ed Yong의 글을 인용하고 싶다.

> 모노아민산화효소 유전자가 우리의 행동에 영향을 줄 수는 있지만 이 유전자가 꼭두각시의 조종자는 아니다.[55]

브래들리 월드루프가 저지른 잔인한 폭력 행위를 정당화하기 가장 어려운 이유는 유럽 혈통을 가진 사람 3명 중 1명이 이 유전자를 지녔기 때문이다. 이 집단에서 살인율은 상대적으로 매우 낮다. 이 유전자를 가진 다른 사람들은 왜 유혈 사태를 일으키지 않는가?

그 대답은 후성유전에서 찾을 수 있다. 유전자는 환경의 영향을 받아 작동한다. 저활성 모노아민산화효소 유전자를 가지고 있고 어린 시절 학대당한 경험이 있으면 반사회적 문제를 일으킬 확률이 더 높다. 연구자들이 저활성 모노아민산화효소 유전자를 가진 뉴질랜드 남성 440명을 조사했더니 결함 있는 유전자를 가진 10명 중 8명이 반사회적 행동을 보였지만 이는 학대 환경에서 성장한 경우에만 해당했다.[56] 평범한 환경에서 자란 경우에는 저활성 모노아민산화효소 유전자를 가지고 있어도 10명 중 2명만이 반사회적 행동을 보였다. 이것은 왜 모든 학대 피해자가 다른 이들을 희생양으로 삼지 않는지를 설명한다. 이 사람들을 반사회적으로 만드는 데 결정적인 역할을 한 것은 환경이었다.

그렇다면 브래들리 월드루프가 관대한 처우를 받는 것이 옳은가? 그는 유년기에 학대당한 경험이 있지만 테네시의 트레일러 공원에 있는 다른 가난한 남성들보다 심하지는 않았을 듯하다. 게다가 이들 중 1/3이 전사 유전자를 가졌으리라고 추정된다. 당시 월드루프는 술에 취해 있었고, 우리는 알코올이 대뇌변연계에서 일어나는 분노 조절력을 저하시킨다는 사실을 알고 있다. 그렇다고 그에게 책임이 없을까?

배심원들은 유전자와 환경 간 상호 작용의 본질을 충분히 이해하지 못했지만 '전사 유전자'라는 증거에 흔들려 월드루프의 손을 들어주었다. 이 재판 이후로 전사 유전자와 학대받은 유년 경험을 제시하는 것이 법정에서 유리한 방어 전략이 되리라고 생각할 수도 있다. 그러나 이 사례를 다른 관점에서 볼 수도 있다. 우리는 유전적으로 폭력 성향을 가진 사람들을 오히려 더 엄하게 처벌해야 한다고 주장할 수 있다. 이들이 다시 폭력을 행사할 확률이 높으니 한층 강하게 구속하자는 것이다. 전사 유전자의 소유 여부와 어린 시절의 학대 경험은 폭력성을 높이는 위험 요소이지만 처벌과 보복은 범죄 확률을 낮추는 요인이다. 우리가 살아가면서 내리는 모든 결정은 생물학적 조건, 환경, 무작위적인 사건의 상호 작용을 반영한다. 무엇이 더 중요한지는 법과 정책을 통해 사회가 결정할 일이지만 그 해답이 간단하다고 생각하는 것은 옳지 않다.

## 수로 위에 놓인 공

진부한 표현일지도 모르지만 우리는 종종 "인생사 새옹지마"라고 말한다. 자신이 지금 이 순간까지 어떻게 살아왔는지 생각해 보자. 10년 전 오늘, 당신은 지금 자신이 어디에 있을지 알고 있었는가? 인생에서 어떤 일들은 반드시 일어나고, 어떤 일들은 일어날 확률이 매우 높다. 하지만 실제로 많은 사건이 예측 불가능하다. 그리고 어떤 일들은 우리에게 오랫동안 남아 영향을 미친다.

인간이 단순한 세포 덩어리에서 수조 개의 세포로 이루어진 동물로 발달할 때는 자연선택에 의해 선별되고, 진화를 거치며, 형성된 유전자의 암호화된 지시사항을 따랐다. 그러나 게놈은 최종적인 청사진이 아니라 발달 과정에서 일어나는 사건에 따라 얼마든지 달라질 수 있는 대본이다. 이것은 자궁 밖에서 일어나는 사건뿐 아니라 몸이 만들어지는 단계에서도 일어나므로 일란성 쌍둥이가 같은 유전자를 공유했어도 서로 다른 사람이 되는 이유를 설명한다. 이들은 동일한 게놈을 가지고 출발했지만 몸이 만들어질 때 뜻하지 않게 일어난 사건들 때문에 다른 경로로 변해간다. 이것이 일란성 쌍둥이가 나이가 들수록 유전자의 메틸화 정도가 점차 차이 나는 이유다. 같은 실험실의 통제된 환경에서 키운 복제 초파리라면 둘은 완전히 똑같겠지만 그런 경우가 아니라면 뇌의 배선에 차이가 생긴다. 신경망의 복잡성과 구골($10^{100}$) 단위로 연결되는 시냅스를 고려하면 어떤 뇌도 똑같을 수 없다는 것은 명백한 사실이다.

발달 과정 중 뇌가 불가피하게 다양해짐에도 불구하고 진화 덕에 인류는 여전히 남보다 부모를 더 많이 닮은 자손을 생산한다. 유전 정보는 그 내용을 안전하게 보존하는 동시에 발달 과정에서 일어나는 사건으로 형성된 개개인의 변이를 허용할 정도로 충분히 유연해야 한다. 삶이라는 여정을 유전자와 환경의 영향을 고려하여 생각해 보자.

1940년, 영국의 콘래드 와딩턴Conrad Waddington은 유전자와 환경의 관계를 '깊이가 다양한 수로들이 놓인 지형을 따라 굴러 내려가는 공'에 비유했다. 다음 페이지의 그림은 일란성 쌍둥이처럼 같은 유전형으로 시작하는 A와 B라는 두 사람의 개인 발달 경로를 나타낸다. 이들은 유전형이 동일하므로 특정 표현형(유전자가 발현하여 한 사람의 평생에 걸쳐 나타나는 특징)이 나타날 확률 역시 동일하다. 그러나 (특히 임계점에서 발생하는) 우연한 사건과 환경의 영향으로 마

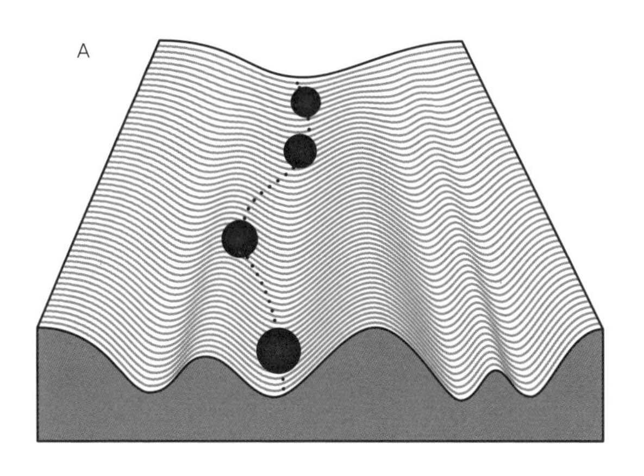


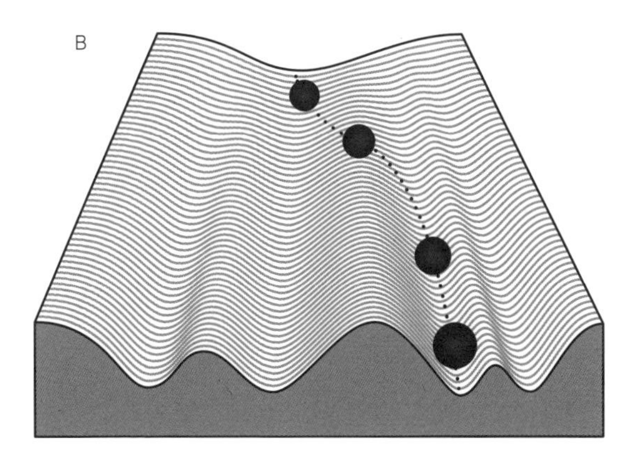


와딩턴의 후성유전적 풍경
(Kevin Mitchell, PL.S Bristol © 2007)

지막에 도달하는 지점, 즉 실제적인 최종 표현형은 달라질 것이다. 각 분기점에서 수로의 깊이에 따라 발달 경로는 유지될 수도 있고 아닐 수도 있다. 어떤 수로는 너무 깊어서 공이 어쩔 수 없이 그 궤도를 따라가야 하고, 경로를 바꾸려면 대격변이 필요하다. 이것은 변이를 거의 만들어 내지 않는 유전적 경로들이다. 얕은 수로에서는 약간의 동요에도 공이 다른 경로로 쉽게 옮겨간다. 이것은 발달 과정 중 유전적 영향도 받지만 환경적 사건에 의해 결과가 쉽게 달라지는 양상을 의미한다.

와딩턴의 수로화Canalization 비유는 우리가 발달 과정을 결정론적 과정이 아닌 확률론적 과정으로 보게 돕는다. 우리는 대부분 팔다리를 각각 2개씩 가지고 태어나지만 반드시 그런 것은 아니다. 1960년대에는 임신부의 입덧을 막기 위해 탈리도마이드Thalidomide(수면제 중 하나로 임신부가 복용하면 기형아를 출산한다는 부작용이 있다-옮긴이)를 처방했는데 이처럼 태아가 발달하는 중에 심각한 사건이 발생하면 팔다리가 없는 아이를 낳을 수도 있다. 또 어떤 개별적 차이들은 무작위적으로 일어나는 사건들에 훨씬 민감해 삶의 경로를 바꿀 수 있다. 이것은 어렸을 때 우연히 바이러스에 감염되는 것부터 학대 가정에서 성장하는 일까지 모든 단계에서 일어날 수 있다.

인간이 발달하는 과정이 이토록 복잡한 이유를 찾기는 어렵고, 생물학적 조건과 환경이 서로 영향을 미친다는 것 또한 어디까지나 가능성의 문제일 뿐 확실한 것은 없다. 과학자들은 어느 누구의 발달 과정도 정확하게 예측해 낼 수 없다. 카드를 쌓는 방법은 상상을 초월할 정도로 많다. 그리고 어느 격언처럼 살다 보면 이런 일도 있고 저런 일도 있지 않은가. 이는 발달 과정에서 일어나는 무작위적 사건이 예측할 수 없는 방향으로 우리를 이끌 수 있다는 사실을 아주 간결하면서 과학적으로도 틀리지 않게 표현한 말이다.

THE DOMESTICATED BRAIN

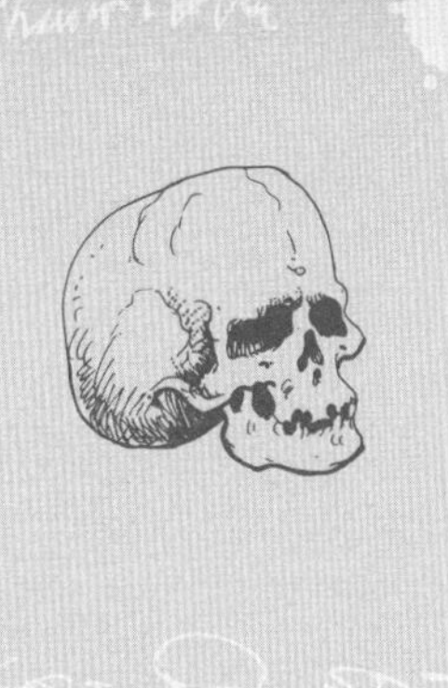

4장

# 내 생각과 행동의 주인은 누구인가

하루는 전갈과 개구리가 강둑에서 만났다. 전갈은 개구리에게 자신이 수영을 못하니 등에 업고 물을 건너달라고 부탁했다. 개구리가 말했다. “잠깐만. 네가 나를 쏘지 않을 거라고 어떻게 믿어?” 전갈이 대답했다. “내가 미쳤니? 너를 쏘면 우리 둘 다 죽을 텐데.” 개구리는 안심하여 전갈을 등에 태우고 강을 건너기로 했다. 반쯤 갔을까, 개구리는 전갈의 침이 날카롭게 몸을 파고드는 것을 느꼈다. “왜 그런 거야? 이제 다 죽게 생겼잖아.” 온몸에 독이 퍼진 개구리가 외쳤다. 전갈이 대답했다. “그렇게 타고난 것을 난들 어쩌겠어.”

이 전갈과 개구리의 우화는 수천 년 동안 반복해서 전해져 왔다. 이 이야기는 인간의 행동을 장악해 이익까지 저버리게 만드는 욕구와 충동에 관한 것이다. 우리는 모두 자신을 잘 제어한다고 믿고 싶지만 때로 타고난 생물학적 조건이 앞길을 가로막는다. 추론 능력을 갖춘 동물로서 우리는 세상을 탐색하며 얻은 정보를 바탕으로 스스로 의사를 결정한다고 생각한다. 그러나 우리가 내리는 많은 결정은 의식하지 않은 어떤 과정의 통제를 받는다. 설사 의식한다고 하더라도 마찬가지다. 우리 안에는 자유의지를 넘어서는 무언가가 있다.

'충동'은 우리가 번식할 때까지 살아남기 위해 진화시킨 4F 뒤에 숨은 일종의 추진력이다. 그러나 충동Impulse과 욕동Drive이 언제나 적절한 것은 아니다. 다른 사람의 이익과 충돌할 때는 더욱 그렇다. 결국 모든 일에는 때와 장소가 있다. 인류의 진화 초기에는 충동과 욕동이 큰 도움이 되었으나 우리가 점차 사회에 길들자 현대에 와서는 골칫거리가 되었다. 인간이 길들여졌다는 것에는 교양 있는 집단에 속하기 위해 사회 규칙을 따르는 행위가 포함된다. 인간은 전갈보다 융통성 있는, 고도로 진화한 동물이지만 통제하지 않는 한 자기 패배로 이어질 수 있는 무의식적인 충동도 가지고 있다.

많은 욕동이 자기 패배를 부추긴다. 어떤 이들은 건강이 나빠진다는 경고에도 불구하고 너무 많이 먹는 반면 먹지 않아 목숨을 잃는 사람도 있다. 또 분을 참지 못하고 싸우는 바람에 곤경에 빠지기도 한다. 입장을 고수해야 할 때 도망치는 것은 최선책이 아니다. 상대가 원치 않을 때 들이대거나 공공장소에서 성행위를 하는 것은 점잖은 사회에서 용납되지 않는다. 약물 중독자들은 남들보다 일찍 무덤에 들어갈 줄 알면서도 합법, 불법 물질을 남용한다. 도박꾼들은 가족의 미래를 날려버리면서도 여전히 한탕을 노린다. 공공장소에서 모두의 눈살을 찌푸리게 하는 저속한 말을 내뱉는 사람들도 있다. 이러한 욕구를 억누를 수 없다면 우리는 행동을 통제하지 못하는 것이다.

우리는 모두 욕구와 충동의 노예가 될 수 있고, 실제로 이것들을 통제하지 못할 때도 있다. 얼마나 많은 사람이 운전대 앞에서 이성을 잃어 속으로만 해야 할 말을 밖으로 내뱉고, 생각지 못한 방식으로 행동하는가? 차분히 앉아서 고민하면 어떻게 생각하고, 말하고, 행하는 게 옳은지 너무나 잘 알지만 흥분하면 순간적으로 욕구와 충동에 지고 만다.

우화 속 전갈은 고집 세고 융통성 없는 동물이었을지 몰라도 인간은 사고와 행동을 조절하는 뇌 회로를 진화시켰기 때문에 욕구를 더 잘 조절할 수 있다. 길들이기에 의해 형성되고 강화된 자기 통제 메커니즘은 사회 환경에서 행동을 규제하기 위해 필요하다. 자기 통제력이 없으면 집단에서 따돌림을 당할지도 모르기 때문이다.

## 뇌 속의 중역실

자기 통제력은 전두엽을 가로지르는 신경 메커니즘의 지원을 받는다. 인류가 진화하는 동안 뇌가 커졌고, 그에 따라 전두엽도 확장되었다. 전두엽은 대뇌피질의 1/3을 차지한다.[1] 사람의 전두엽은 다른 유인원보다 크지만 뇌에서 차지하는 상대적인 비율로 따지면 그렇지 않다.[2] 그러나 이 책의 서문에서 언급했듯 두뇌의 처리 능력에서 중요한 것은 전반적인 크기가 아니라 전두엽의 미세 회로가 조직되는 방식이다.

사람의 뇌를 잘라 단면을 살펴보면 다른 유인원에 비해 신경세포가 위치한 피질 표면에 홈과 주름이 깊게 잘 발달했음을 알 수 있다. 이 주름을 펴면 인간의 뇌는 회색질Grey Matter의 표면적이 훨씬 넓어지므로 전두엽에서 신경세포들이 더 많이 연결될 수 있다.[3] 그러나 인간을 다른 영장류 사촌과는 전혀 다른 존재로 만드는 것은 신경세포의 연결량이 아닌 경험에 따라 회색질에서 신경세포들의 연결에 의해 일어나는 변화다.[4]

성인의 뇌에서 전두엽은 뇌의 다른 부분들과 대량으로 연결되어 있으며, 그 크기는 대개 회색질 아래에 있는 백질White Matter을 구성하는 신경섬유의 양으로 결정된다. 이러한 연결성은 전두엽과 뇌의 다른 부분에 배선이 놓이면서 증가한다. 뇌의 다른 부위와 비교했을 때 전두엽은 발달 기간이 가장 길고, 유년기에는 다른 영역보다 2배나 확장된다.[5] 우리가 2장에서 설명한 시냅스 증가가 일찍 정점에 도달하는 유인원과 원숭이를 비교했을 때 인간은 시냅스 형성을 조절하는 유전자가 시냅스 연결의 절정기를 만 5세까지로 늦추는데 이는 왜 전두엽의 배선이 가장 늦게 시작되는지를 설명한다.[6]

배선 프로그램에서 이처럼 시냅스 증가의 절정기가 지연되는 이유는 행동의 변화와 상당한 연관이 있을 수 있다. 인간은 만 3, 4세 사이에 전두엽의 활성도가 눈에 띄게 변하는데 이때 생각과 행동을 계획하고 통제하는 능력이 크게 향상된다.[7] 그러면서 아이들은 덜 충동적으로 행동하게 된다. 뇌의 연결성 변화가 행동 조절에 도움을 주

었기 때문이다.[8]

또 전두엽은 인간에게 미래를 상상하게 하는 능력을 준다. 인간은 마음속으로 시간을 여행하고 미래를 위한 계획을 짠다.[9] 인간은 미래를 생각할 수 있는 유일한 동물일 것이다.[10] 햄스터나 청설모 같은 많은 동물이 나중을 위해 먹이를 비축하지만 이것은 생각 없이 반사적으로 이루어지는 행동일 수 있다. 보노보는 먹이를 꺼내는 데 필요한 도구를 최장 14시간까지 들고 다니는데, 이는 이 동물이 적어도 한나절 동안은 미래를 예상한다는 뜻이다.[11]

그러나 이런 행동이 이듬해에 추수를 하기 위한 계획과 같을 수는 없다. 카푸친원숭이Cebus Monkey에게 하루에 한 번씩 규칙적으로 먹이를 주면서 관찰했더니 원숭이는 매번 배가 부를 때까지 가능한 많은 양을 먹어 치웠다. 또 언제나 그 자리에서 먹을 수 있는 것보다 더 많이 먹이를 주었는데 원숭이는 일단 배를 채우고 나면 다음 날을 위해 먹이를 저장하는 대신 음식을 던지면서 노는 아이들처럼 우리 밖으로 내던졌다.[12]

반면 인간은 미래에 일어날 온갖 사건을 계획한다. 우리는 미래를 준비하기 위해 일상 중 상당 부분을 할애한다. 학교와 직장에서의 일과는 수년 뒤 큰 이익을 얻기 위한 활동이다. 심지어 우리는 몇십 년 전부터 은퇴를 계획한다. 다른 동물과 달리 '만일'을 대비하는 것이다. 이런 수준의 선견지명은 온전한 전두엽을 필요로 하기 때문에 만 3세짜리 아이 3명 중 1명만이 다음 날 무엇을 할지 아는 반면 내일 할 일을 아는 만 4세 아동은 2배에 이른다.[13] 만약 전두엽이 미성숙하거나 망가지면 앞으로 일이 어떻게 될지 신경 쓰지 않고 오늘만을 위해 살게 된다.

## 조용한 관리자

전두엽은 신경과학의 역사에서 높은 자리를 차지한다.[14] 18세기에 스웨덴 과학자 에마누엘 스베덴보리Emanuel Swedenborg는 전두엽을 두고 '인간의 지능이 자리한 곳'이라고 최초로 주장했다. 19세기에 들어서는 골상학자 프란츠 갈Franz Gall이 이 주장을 지지했다. 그러나 전두엽은 놀라울 정도로 조사하기가 어려웠다. 1940년, 캐나다의 신경외과의사 와일더 펜필드Wilder Penfield는 환자가 깨어 있는 상태에서 최초로 뇌 수술을 시도했다. 그는 뇌의 다양한 구역에 전기 자극을 주어 신체 중 어떤 부위가 어떻게 반응하는지 확인했다. 그런데 전두엽을 자극했을 때는 아무 반응도 일어나지 않았다.

대체 전두엽은 무슨 일을 할까? 사실은 '전두엽이 하지 않는 일이 무엇이냐'라는 질문이 더 맞을 것 같다. 전두엽은 각종 공항이나 역, 그 밖의 대형 통신 허브처럼 정보를 송수신하고, 뇌 전체에 퍼져 있는 감각계·운동계·감정 및 기억 담당 영역을 하나로 묶는다. 이처럼 다른 뇌 영역과 엄청나게 상호 작용한다는 사실은 전두엽이 인간의 사고와 행동의 모든 측면에 관여하고 있다는 것을 암시한다(복잡한 활동들이 전두엽 내 어느 한곳에 몰아서 배치되어 있다기보다는 신경의 접속 배선함처럼 이 영역 전체에 통합되어 있다[15]).

계획, 조정, 통제를 필요로 하는 모든 행동은 전두엽의 활동을 요구한다. 심지어 중뇌 깊은 곳에서 조절되는 '욕구'와 '충동' 같은 무의식적인 활동조차 전두엽의 지배를 받는 다른 행동의 범주에 통합되어야 우리를 곤경에 빠뜨리지 않는다. 전두엽의 기능은 대기업의 고위 경영진이 하는 역할에 빗대어 생각할 수 있다. 사업에 성공하려면 회사는 시간과 자원을 경제적으로 운영해야 한다. 시장을 조사하고, 수요를 예측하고, 자원을 관리하여 계획해 둔 전략을 실행할 수 있어야 한다. 또한 경제 변화를 예측하고 미래 계획도 세워야 한다. 부서 간 더 많은 자원을 확보하기 위해 경쟁이 일어날 수도 있다. 회사를 성공적으로 운영하기 위해서는 이것들도 조율해야 한다. 즉 회사를 경쟁적이고 효율적으로 운영하고, 다양한 사업을 관리하려면 고위 경영진이 필요하다. 경영진은 우리의 생각과 행동을 감시, 조절, 계획한다. 계획, 기억, 억제, 주의는 전전두피질Prefrontal Cortex, PFC이라고 부르는 전두엽 앞쪽 영역에서 작동하는 4가지 '실행 기능Executive Function, EF'이다.

## 뜨거운 실행 기능과 차가운 실행 기능

우리는 실행 기능을 '뜨거운(또는 정서적) 실행 기능', '차가운(또는 인지적) 실행 기능'으로 나눌 수 있다.[16] 뜨거운 실행 기능은 충동과 욕구를 포함하는데, 이 둘은 우리의 사고와 행동을 통제하는 생물학적 필수 요소이자 감정적인 욕동이다. 반면 차가운 실행 기능은 합리적으로 풀어야 하는 문제를 눈앞에 두었을 때 논리적으로 선택하는 과정을 말한다. 우리는 전화번호나 쇼핑 리스트를 기억해야 할 때 차가운 실행 기능을 사용한다. 대부분은 정보를 반복적으로 되뇌어 머릿속에서 생생하게 지키려고 할 것이다. 그런데 목록이 너무 길면 끝까지 되뇌기도 전에 앞의 것을 잊어버린다. 2종류의 수를 외우거나 막 집중했을 때 누군가 말을 걸면 더 어려워진다. 차가운 실행 기능은 우리를 문제에 집중하게 한다. 반면 뜨거운 실행 기능은 처리 중인 사건을 방해하고 우선순위를 바꾼다. 위험이 감지되면 자신을 보호하기 위해 뜨거운 실행 기능이 작동한다.

발달신경과학자 유코 무나카타Yuko Munakata는 전전두피질이 뜨거운 실행 기능과 차가운 실행 기능을 조절할 때 2가지 방식으로 작동한다고 주장했다.[17] 우선 뜨거운 실행 기능을 수행하는 메커니즘의 활성을 차단해 직접적으로 욕동과 충동을 억제하는 방식이 있다. 반면 평범한 일상을 구성하는 차가운 실행 기능은 간접적으로 억제한다. 차가운 실행 기능은 뜨거운 실행 기능처럼 완전히 행동하지 못하게 막을 필요는 없다. 무나카타는 일시적으로 다른 피질 부위의 활성을 높이는 것으로도 간접 억제가 가능하다고 주장한다. 전전두피질은 어떤 결정을 내려야 하는 상황에서 가능한 모든 옵션을 지원하는데, 이 경쟁에서 활성도가 가장 높은 부위의 옵션이 다른 옵션을 억누르기 때문에 옵션 간의 상대적 강도에 따라 결정이 내려진다. 여기에서 억제는 어떤 구체적인 행동을 대상으로 직접 이루어지는 것이 아니라 다른 옵션을 부각할 때 부수적인 효과로 발생한다.

## '초록'을 '초록'이라고 말하기

정원에서 '부활절 달걀 찾기'에 나섰다고 상상해 보자. 이 놀이의 목표는 맛있는 초콜릿이 담긴 달걀이 어디에 있는지 찾는 것이다. 달걀을 찾기 위해 이쪽 수풀과 저쪽 나무를 확인한다. 그러나 자기가 어디를 수색했는지 기억하지 못한다면 어떻게 될까? 당연히 이미 확인한 장소에 다시 가게 될 것이다.

우리 연구실에서는 '부활절 달걀 찾기'의 기계 버전을 사용해 아이들의 탐색 방식을 조사했다. 아이들에게는 바닥의 불빛을 모두 눌러 색깔이 변하는지 확인하라고 지시했다. 아이들이 불빛을 누른 순서는 컴퓨터에 모두 기록되었는데 만 6세 이하의 어린이들은 불빛이 보이는 대로 마구 누르고, 이미 확인한 곳이라도 수시로 돌아와 다시 눌렀다. 아이들의 전전두피질을 담당한 관리자는 아이들의 행동을 조정하고 추적하는 데 실패했다. 이 아이들이 체계적으로 전략을 세워 움직이는 경우는 드물었다.[18]

'부활절 달걀 찾기'는 현대에 유행하는 놀이지만, 선사시대의 채집 활동과 크게 다르지 않다. 우리 선조들은 아프리카 사바나에서 사냥만 한 게 아니라 견과류와 열매를 찾아다녔다. 그저 빈둥거리며 사방에 널려 있는 나뭇잎에 손을 뻗어 먹기만 하면 되는 고함원숭이보다 먹을 것을 찾아 돌아다녀야 하는 거미원숭이가 더 큰 뇌를 필요로 한다는 내용을 기억하는가? 거미원숭이의 뇌에서 추가된 조직들은 이미 지나간 곳의 위치를 기억해서 그곳에 되돌아오지 않기 위한 필요성과 연관이 있다. 사냥할 때에도 자신이 어디에 있었는지 기억해야 이미 확인을 마친 장소에 다시 돌아가지 않는다.

무언가를 효율적으로 수색하려면 전에 갔던 곳에 다시 가지 않아야 한다. 그러려면 그곳에 돌아가려는 유혹을 억제할 필요가 있다. 어떤 일을 하지 않도록 조절하는 융통성은 전두엽의 중요한 역할로, 전두엽 기능에 문제가 생긴 경우 관련 증상이 눈에 띄게 나타난다. 성인의 경우 전두엽이 손상되더라도 트럼프 카드를 도형이나 색깔별로 쉽게 분류할 수 있다. 그러나 카드를 색깔별로 분류하라고 시킨 다음 한창 작업 중에 갑자기 모양별로 분류하라고 하면 사람들은 곤란해한다. 어쩔 줄 몰라 하거나 원래 하던 방식으로 작업을 계속한다. 새로운 규칙을 적용해야 한다는 것을 알면서도 멈추지 못하는 것이다. 전두엽이 손상된 이들에게는 바뀐 정보를 처리하는 능력이 부족하다.[19]

다시 말하지만 융통성 부족은 정상적인 발달 과정에서 보이는 패턴이다. 어린아이들은 평상시 하던 일인데도 종종 푹 빠져서 하고, 실제로도 반복을 좋아하는 것 같다. 아이들이 익숙함을 즐기기 때문일 수도 있고, 또는 바뀐 정보를 처리하는 융통성이 부족해서일 수도 있다. 이러한 융통성 부족은 미성숙한 전전두피질과 관련이 있는데, 전전두피질은 생각을 마음속에 간직하게 할 뿐 아니라 적절하지 않은 특정한 일을 하지 못하게도 만든다. 그래서 아기들이 투명한 플라스틱 상자 안에 들어 있는 장난감을 향해 계속해서 손을 뻗지만 상자에 손이 가로막히고 나서야 장난감을 잡을 수 없다는 사실을 깨닫는 것이다.[20] 심지어 이 투명한 상자의 반대쪽이 열려 있어서 방향만 바꾸면 장난감을 잡을 수 있는데도 눈앞에 보이는 장난감에서 눈을 떼지 못하고 계속해서 손을 뻗는다. 상자를 천으로 덮어 보이지 않게 해야 그만둔다. 마치 중독자들에게 그들이 절실히 원하는 것을 보여줄 때와 같다. 아기들은 유혹을 이길 수 없다.

정신적으로 문제가 없는 어른 역시 머릿속에서 가장 먼저 떠오른 일을 하지 않고 넘어가기는 힘들다. 억제 조절의 이러한 문제를 증명해주는 간단한 방법으로 스트룹 테스트Stroop Test가 있다. 스트룹 테스트는 경쟁이나 간섭이 존재하는 상황에서 가능한 빨리 질문에 대답하면 되는 아주 간단한 과제다.[21]

수많은 두뇌 훈련 게임 중 가장 친숙한 테스트는 단어의 색깔을 말하는 것이다. '빨강'이라는 단어가 빨간색으로 적혀 있다면 답하기 쉽다. 하지만 '초록'이라는 단어가 빨간색으로 적혀 있을 때는 선뜻 대답이 나오지 않는다. 글자 색을 말하는 것과 무의식적으로 글자를 읽는 습관이 충돌하기 때문이다. 이 외에도 아마 당신이 처음 보았을 법한 스트룹 테스트가 있다. 다음 그림을 보고 가능한 빨리 각 줄에 숫자가 몇 개나 있는지 세어보자.

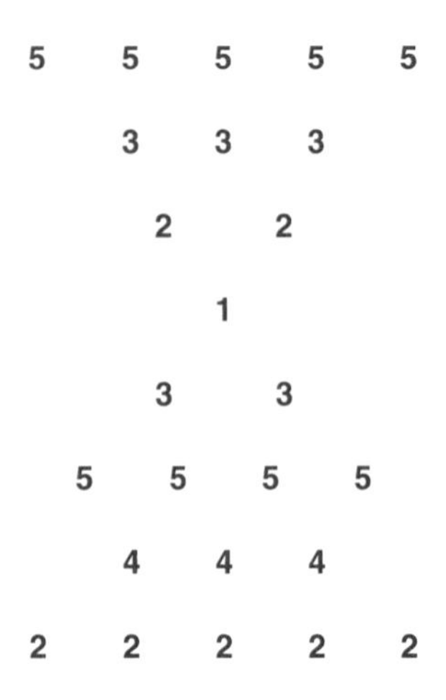


최대한 빨리 대답해 보자. 처음 4줄은 매우 쉬웠지만 다음 4줄은 훨씬 어렵지 않았는가? 실수를 했거나 적어도 윗줄보다는 느리게 답변했을 것이다. 아이가 원하는 눈앞의 장난감처럼 숫자는 우리에게 읽어야 한다는 충동을 불러일으킨다. '수'가 그 줄에 있는 '숫자의 개수'와 충돌할 때 답을 맞히기 위해서는 '수'가 억제되어야 한다.

어떤 복잡한 과제를 수행할 때 해야 할 일의 목록을 적어보면 왜 억제가 그렇게 중요한지 쉽게 알 수 있다. 어떤 작업은 순서대로 진행되어야만 한다. 그래서 내가 모형 비행기 조립을 잘 못하는 것이다. 나는 마음이 너무 앞서는 편이다. 조립이 끝나기도 전에 언제나 색칠부터 하고 싶어 한 것을 보면 어려서부터 그랬던 것 같다. 그런 취미에 적합한 인내심이 부족했다. 목표를 달성하기 위해서는 억제가 필요하다. 목표 달성에 방해가 되는 생각이나 행동을 하지 않음으로써 앞으로의 행동을 계획하고 제어해야 한다. 우리는 이것을 어느 정도까지는 직접 경험한다. 그리고 나이를 먹으며 자신의 방식에 갇혀버린다. 유연하게 사고하는 법을 잃고 더 충동적으로 변하는 것이다. 고집과 충동은 정상적인 노화 과정의 일부인 전두엽의 활동 감소와 연관이 있다. 행동을 조절하는 전전두피질의 연결성은 나이를 먹을수록 다른 뇌 영역보다 빨리 나빠진다.[22] 인생의 시작과 끝에는 전두엽이 제공하는 융통성이 부족하다.

## 오늘만 사는 사람

실행 기능은 추론뿐 아니라 다른 사람들이 바라는 바에 맞추어 생각하고 행동하는 '길들이기'에도 중요한 역할을 한다. 이것들은 우리의 행동 방식에 반영되어 성격에도 영향을 준다. 이처럼 행동 방식을 형성하는 데 중심 역할을 하는 것으로 보아 전전두피질이 조금이라도 손상되면 사람의 성격이 이내 달라지리라고 생각할지 모르지만, 전두엽이 손상된 성인에게서 언제나 장애가 발견되는 것은 아니다. 이들은 대체로 온전한 언어 능력을 갖추고 있으며, 지능 지수 또한 평균 범위 안에 있다. 그러나 전두엽 손상은 보다 근본적으로 사람을 변화시킨다. 환자는 매사에 의욕이 없고, 둔하며, 무미건조해진다. 또 어떤 환자는 반사회적인 성향을 두드러지게 보이며 다른 사람들이 용납하지 못하는 행동을 하는데, 이는 자기 행동의 결과를 더는 신경 쓰지 않기 때문이다.[23]

전두엽이 손상되었다는 것은 곧 '지금만을 위해서 산다'라는 뜻이기도 하다. 하지만 이것이 말처럼 근사하지만은 않다. 당신이 더는 성공한 삶을 꿈꾸지 않고, 다른 사람들이 당신의 행동을 어떤 시선으로 보든 개의치 않는다고 상상해 보자. 미래를 계획하지 않고, 곤경에 빠질 만한 행동을 서슴지 않을 것이다. 또 돈과 사람을 신중하게 대하지 않고, 결과에 상관없이 당장 하고 싶은 일을 한다. 그런 사람은 신뢰할 수 없다. 전두엽이 손상된 환자는 겉으로 멀쩡해 보일지 몰라도 종종 무책임하고, 적절한 감정을 표현하지 못하며, 미래를 염두에 두지 않는다. 좌절감을 참지 못하고 다른 사람이라면 가벼이 넘길 작은 일에도 충동적으로 반응한다.

전두엽 손상으로 인한 성격 변화의 가장 유명한 사례가 있다. 피니어스 게이지Phineas Gage는 러틀랜드 & 벌링턴철도회사Rutland & Burlington Railway Company에 근무했던 25세 현장 감독으로, 1848년 9월 13일 철로 건설을 위한 폭파 작업 중 사고를 당했다. 바위를 폭파하려면 바위에 구멍을 뚫고 그 안에 화약을 채운 다음 모래를 덮고 쇠막대로 다져야 하는데, 그 운명의 날에 게이지는 순간적으로 딴생각을 했고 실수로 쇠막대를 화약에 직접 떨어뜨리는 바람에 폭발이 일어났다. 1.8m짜리 쇠막대가 그의 눈 밑에서 왼쪽 광대뼈를 뚫고 두개골 위로 빠져나가 전두엽 대부분을 망가뜨리고는 180m 떨어진 지점에 떨어졌다.

놀랍게도 게이지는 죽지 않았다. 하지만 성격이 눈에 띄게 달라졌다. 주치의에 따르면 게이지는 사고 전에 '강하고, 활동적이며, 활기 넘치고, 부하 직원들이 좋아하는 상사이자 대단히 능률적이고 능력 있는 현장 감독'이었다고 한다. 그러나 사고 이후 게이지는 주치의가 '철도회사가 그를 재고용해서는 안 된다'라는 내용의 보고서를 작성할 정도로 변했다. 보고서에 따르면 게이지는 일에 집중하지 못하고, 불손하며, 불경하고, 동료를 전혀 존중하지 않았다. 또한 자신의 욕구와 어긋나는 규제나 조언을 참지 못했다. 그는 거칠고 무례하고 싸우기 좋아하는, 친구와 지인의 말을 빌리면 '더는 게이지가 아닌' 사람이 되고 말았다.

뇌 가소성 덕분에 게이지는 마침내 마부 일을 할 정도로는 회복했지만 예전처럼 호감을 주는 성격으로 되돌아왔는지는 확실치 않다. 당시 기록이 잘 보존되지 않아 게이지의 성격이 영구적으로 변했는지를 비롯해 상당한 논쟁이 있었다.[24] 이 유명한 이야기는 시간이 지나면서 살이 붙어 일종의 신화가 되었다. 하지만 비슷한 사례인 알렉산더 랭Alexander Laing의 경우는 확실한 기록이 있다. 이 현대판 피니어스 게이지는 전직 영국육군항공대British Army Air Corp 포병이었다.[25] 랭은 2000년에 스키 사고를 당했다. 그는 전두엽이 손상되어 몸이 마비되고 말을 할 수 없었다. 다행히 회복은 빨랐지만 랭은 집에 돌아가자마자 아주 반사회적, 공격적으로 행동했고 특히 성적 충동을 억제하지 못하게 되었다. 그는 발가벗은 채로 부모님 집 주위를 돌아다니고, 공공장소에서 여성에게 부적절한 행동을 했다. 당시 그의 새어머니는 "비록 전문가들도 확신하지는 못하지만, 아무래도 전두엽이 손상된 탓에 아들의 행동이 과해진 것 같다. 누구에게나 충동은 있지만 아들의 뇌는 그것을 억누르는 힘이 약해져서 이렇게 자신을 제어하지 못하게 되었다고 생각한다"라고 말했다. 10년 뒤, 랭은 사고 당시를 이렇게 회상했다. "전두엽 손상은 나를 최악의 상태로 몰아갔다. 나는 자신을 제어하지 못하고 어리석은 짓을 했다. 마치 영원히 술독에 빠진 것 같았다. 이후 곤란한 상황에 여러 번 처했고 심지어 2번이나 체포되었다. 정말 끔찍한 시간이었다."

오늘날 랭은 자선 마라톤에 참가할 정도로 충동을 잘 제어하고 있는 것 같다. 비록 부상 전의 성격으로 완전히 돌아가지는 못할 것 같지만 말이다. 2011년 런던마라톤대회에서 그는 37km 지점을 달리던 중 갑자기 멈추더니 주자들을 격려하기 위해 길가에서 공연 중인 교회 합창단 앞으로 가 즉흥적으로 춤을 추기 시작했다. 주최 측이 의료진을 보내 그를 설득하고 나서야 랭은 춤을 멈추고 마라톤 코스로 복귀했다. 그는 종교가 자신을 바른길로 인도했다고 믿는다. 랭의 사례는 사회가 격려하고 지원해 준다면 전두엽 손상 환자들도 상당 부분 회복할 수 있다는 사실을 보여준다. 오늘날 우리가 전두엽의 충동 제어 기능을 잘 이해하고 있다는 것도 도움이 된다. 이 사례는 전두엽 손상 시 성인의 사회적 행동에 어떤 변화가 생기는지를 보여준다. 실행 기능과 전두엽의 관계를 이해한다면 왜 어린아이들이 주위 사람들을 의식하지 않는 행동으로 부모를 당황하게 만드는지를 알게 될 것이다. 아이들의 전두엽은 아직 길들이기 과정을 통해 공공장소에서 올바로 행동하도록 조율되지 않았기 때문이다.

## 미운 3살

"아빠, 지금, 지금 당장 해달란 말이야!" 로알드 달Roald Dahl이 쓴 《찰리와 초콜릿 공장*Charlie and the Chocolate Factory*》에는 원하는 것을 모두 가지고 싶어 하는 응석받이 베루카 솔트Veruca Salt가 등장한다. 누가 이 아이를 잊겠는가? 베루카는 정말 고약한 아이이긴 했지만 사실 많은 아이가 제 마음대로 할 수 없을 때 베루카처럼 행동한다. 유아기가 끝날 무렵, 아이들은 이른바 '미운 3살(만 2세)'이라고 부르는 시기에 돌입한다. 이 나이의 아이들은 자기가 원하는 것을 표현할 능력을 갖추고 있지만 "안 돼"라는 대답은 받아들이지 못한다. 이 시기가 부모에게 유난히 힘든 이유는 원하는 대로 해주지 않으면 아이가 생떼를 부리기 때문이다. 특히 쇼핑몰이나 극장처럼 모두가 보는 앞에서 말이다. 이때 아이 앞에서 잘잘못을 따져봐야 소용없다. 아이들은 원하는 것을 당장 가지지 못하는 게 왜 자신에게 더 좋은지 이해하지 못한다. 이것은 전전두피질의 조용한 관리자가 나서야 할 일이다.

전전두피질은 어느 특정한 기술을 지원하기보다 인간의 사고와 행동의 모든 측면에 관여한다. 나이가 들면서 우리는 사고, 행동, 관심사가 변한다. 일정 수준의 조정과 통합이 필요한 상황에서는 전두엽의 실행 기능이 작동해야 하는데 전두엽은 사춘기 후반까지도 완성되지 않는다.[26] 뇌 영상 연구에서 본 것처럼 자기가 옳다고 믿는 것과 상충하는 새로운 정보를 배울 때 성인의 뇌에서는 전전두피질이 크게 활성화된다. 한 해석에 따르면 성인은 단지 집중력이 조금 더 뛰어나기 때문에 실행 기능을 더 활성화하는 것뿐이다. 활성화 자체는 새로운 정보가 원래의 신념과 모순되는지의 여부에 달려 있다. 이런 상황에서 전전두피질이 활성화되는 것은 과거에 고수하던 지식을 금지하고 억제함으로써 양립할 수 없는 생각을 중재하는 과정으로 볼 수 있다.[27] 따라서 아이들의 전두엽 능력이 제한된 이유는 전전두피질이 미성숙해서가 아니라 변화하는 사고와 행동이 아직 개인의 레퍼토리에 완전히 통합되지 않았기 때문이라고 보는 편이 더 정확할 것이다. 아이들은 여전히 다른 사람처럼 되는 법을 배우고 있는 중이다.

많은 사회적 상황에서 어린아이들은 대부분 자신만을 생각하기 때문에 일방적으로 행동할 수밖에 없다. 어떤 사람들은 커서도 이런 행동 방식에서 벗어나지 못하는데 이들이 바로 자기만 생각하는 이기적인 사람들이다. 이들에게는 자신의 욕구와 의견이 세상에서 가장 중요하며, 남이 무슨 생각을 하고 어떤 행동을 하는지는 일체 신경 쓰지 않는다. 균형 잡힌 사회관계를 형성하는 데 필요한 인내심과 이해가 부족하다.

자기 통제력이 부족한 아이들이 어른이 되면 어떻게 될까? 테리 모피트Terrie Moffitt와 연구 팀은 1972~1973년에 뉴질랜드 항구도시더니든에서 태어난 1,000명의 아이를 출생 시부터 32세까지 추적 연구했다.[28] 만 3세 때부터는 아이들의 부모, 교사, 연구원 그리고 아이들 본인의 보고를 토대로 각 아동의 자기 통제력을 평가했다. 결과는 놀라웠다. 자기 통제력이 높은 아이들은 더 건강하고, 행복하며, 부유하고, 범죄를 저지를 확률이 낮았다. 이 결과는 지능과 사회적 배경을 고려해도 마찬가지였다. 그러나 이것은 관찰 연구였으므로 자기 통제의 어떤 측면이 원인으로 작용했는지는 정확히 알 수 없었다. 아이들이 사회로 진입할 때 4F 중 어떤 실행 기능이 중요한 역할을 할까? 이 질문에 답하려면 마시멜로 1개, 아니 2개가 필요하다.

## 마시멜로의 유혹

중세 독일에서는 아이가 학교에 가도 될지를 판단하기 위해 아이에게 사과와 동전을 보여주고 둘 중 하나를 선택하게 하는 전통이 있었다.[29] 사과를 선택한 아이는 부모 밑에서 조금 더 커야 하지만 동전을 선택한 아이는 검술을 가르칠 나이가 되었다고 판단했다. 이 시험은 사과를 고른 아이는 사과를 먹고 싶다는 당장의 욕구에 졌지만 동전을 고른 아이는 동전이 나중에 가져다줄 더 큰 보상을 위해 사과가 주는 당장의 만족을 포기한다는 논리에 기반한다.

이와 비슷한 '마시멜로 테스트Marshmallow Test'에서 현재의 만족을 뒤로 미루는 힘은 아이의 자기 통제력을 측정하는 유명한 척도가 되었다.[30] 이 테스트에는 다양한 버전이 있지만 공통적으로 아이에게 유혹적인 보상을 제공한다. 마시멜로 버전 테스트에서 실험자는 아이에게 "탁자 위에 마시멜로가 1개 있어. 지금 이 마시멜로를 먹어도 좋지만 내가 돌아올 때까지 기다린다면 마시멜로를 2개 줄게"라고 말한 뒤 방을 떠난다. 마시멜로를 2개 받는 쪽을 선택하는 게 훨씬 좋겠지만 그러려면 아이는 당장 마시멜로를 먹어서 얻을 수 있는 만족을 미뤄야 한다. 이 테스트는 2011년 영국의 한 과자 회사가 비슷한 콘셉트로 자사 상품이 얼마나 유혹적인지를 보여주는 광고를 제작하면서 대중문화에까지 파고들었다.

스탠퍼드대학교Stanford University의 심리학자 월터 미셸Walter Mischel은 1960년대에 아이들이 몇 분 만에 마시멜로의 유혹에 굴복하는지를 측정했다. 만 4세 아이들 중 75%가 실험자를 기다리지 못하고 결국 마시멜로를 먹었고, 평균 지연 시간은 6분이었다. 가장 충동적인 아이는 실험자가 나가자마자 마시멜로를 먹어버렸다. 하지만 조금 더 자제력이 있는 아이들은 잘 버텼다. 이 측정치는 현재의 자기 통제력은 물론이고 10대가 되었을 때 급우들과 얼마나 잘 어울리는지, 학업을 얼마나 잘 따라가는지를 예측했고, 남자아이의 경우 커서 약물 문제를 일으킬지까지 미리 알 수 있었다.[31]

학업 성취, 사람들과의 원만한 관계, 약물 기피 등 이 모든 성과는 자기 통제력을 필요로 하는 사회적 길들이기의 구성 요소다. 공부는 지루하지만 재미있는 다른 일을 찾기는 대단히 쉽다. 사람들과 잘 지낸다는 것은 덜 이기적으로 행동하고, 자기의 시간과 자원을 남과 더 기꺼이 공유한다는 뜻이다. 약물 기피는 아주 복잡한 행동인데, 마음 속으로 자신에게 '안 돼'라고 말할 수 있는 능력이 필요하다.

마시멜로 테스트는 인간의 본능적인 충동을 자극한다. 자기 통제력은 유혹에 저항하는 두뇌 메커니즘과 전적으로 연관되어 있다고 생각할지 모르지만 가족 또한 중요한 역할을 한다. 유아의 자기 조절 행동과 관련된 다른 육아 전략이 밝혀졌는데, 유명한 아동심리학자 에릭 에릭슨Erik Erikson은 1963년 '점진적으로 길러진 자율 선택 능력은 자기 통제력 향상에 기여하는 반면 부모에 의한 과잉 통제는 반대 효과를 낳게 될 것'이라고 썼다.[32] 이후 몇십 년간 유아 연구자들은 이 관점을 지지했다. 아이에게 가지고 놀던 장난감을 정리하라고 할 때 엄마가 화, 비판, 체벌 등을 이용해 과잉 통제할 경우 아이는 반항하기 쉽다.[33]

엄격한 부모 밑에서 자란 아이는 스스로 자신을 규제해 볼 기회 자체가 없으므로 자기 통제력이 떨어진다는 가설이 있다. 자신을 규제하는 행동은 상황에 대처하는 능력을 내면화하는 데 필요하다. 길들이기 과정은 단순히 사회의 규칙이 무엇인지, 언제 어떻게 그것을 적용할지를 배우는 것이 아니다. 이 해석은 '처벌'이라는 위협은 단기적으로 효과가 있을지 모르지만 잠재적 위협이 더는 존재하지 않을 때는 '설득'이 조금 더 효과적이라는 고전 연구와도 일치한다. 마찬가지로 적극적으로 설득하는 부모의 아이들이 더 나은 자기 통제력을 보여준다. 왜냐하면 자기 규제력을 키우지 않으면 지나치게 충동적인 행동을 하고, 그 결과 뼈아픈 책임을 져야 했기 때문이다. '매를 아끼면 아이를 망친다'라는 옛 속담과 달리, 실은 훈육을 덜 하는 편이 아이의 적응력을 키워준다. 그러나 베루카 솔트의 부모처럼 지나치게 관대한 부모의 아이들도 적절한 자기 통제력을 갖추지 못하는 것으로 보아 아이가 제멋대로 날뛰는 모습을 두고 보는 것 역시 좋은 전략은 아닌 듯하다.

물론 이 전략은 키우는 아이의 수에 따라서 달라진다. 형제자매는 서로 경쟁하므로 외동아이를 키우는 상황과 자녀가 2인 이상인 상황은 완전히 다르다. 형제자매가 있는 가정에서 자란 아이와 외동아이의 차이는 논쟁의 여지가 있는 주제이지만, 1979년에 한자녀정책을 도입한 이후 중국의 조부모, 교사, 고용주 들은 외동으로 자란 아이는 부모가 지나치게 관대하게 키웠기 때문에 버릇없고 이기적이고 게으르다고 믿었다. 2013년, 이 '작은 황제'들을 연구한 결과가 저명한 과학 저널 〈사이언스*Science*〉에 발표되었는데, 한자녀정책 직후에 태어난 아이들은 정책 직전에 태어난 아이들보다 조금 더 이기적으로 성장했다고 밝혔다.[34] 또한 이들은 남을 잘 믿지 않고, 남에게 도움을 주지도 않았다.

'신뢰'는 즉각적인 보상을 지연할지 말지를 결정하는 중요한 요인이다. 누군가가 눈앞의 보상을 거절하고 기다린다면 미래에 보상을 얻을 것이라는 약속이 있기 때문일 것이다. 그러나 만약 아이가 제 물건이나 음식을 빼앗기는 등 제대로 감독하는 사람이 없는 예측 불가능한 환경에서 자랐다면 어떨까? '약속이란 지켜지지 않는 것'이라고 인식한다면 아이들은 위험을 감수할 이유가 없다. 이러한 상황에서 마냥 기다리는 것은 어리석은 일이다. 만족 지연 연구 결과에 대한 이 재해석을 신뢰에 관한 연구가 뒷받침해 준다. 실험자가 만 4세 아이들에게 그림을 그리면 스티커를 주겠다고 약속하고 지키지 않는다. 그러면 뒤이어 참여한 마시멜로 테스트에서 아이들의 만족 지연 비율이 떨어진다.[35] 아이들만 이렇게 행동하는 게 아니다. 어른 역시 믿을 만한 사람이 하는 약속이라면 당장의 경제적 보상을 포기할 것이다. 우리는 차라리 상대방에 대해 아무것도 모를 때 더 신뢰하는 경향이 있다. 약속 상대가 믿을 만하지 못하다는 이야기를 들은 순간 우리는 미래의 보상을 포기하고 당장 제공된 모든 것을 취한다. 우리가 상대를 어떻게 생각하느냐에 따라 의사 결정 방향은 크게 달라진다.

이러한 사실은 어른에게도 적용되지만 위험에 처한 아이들의 자기 통제력과 사회성의 관계를 이해하는 데에도 도움이 된다. 심리학자 로라 마이클슨Laura Michaelson은 아이일 때 자기를 통제하지 못하는 것과 어른이 되었을 때 비행 및 범죄를 저지르는 것 사이에는 당장의 만족을 지연하게 한 생물학적 요인 못지않게 어린 시절에 신뢰를 경험하지 못하게 한 환경도 영향을 미친다고 주장한다.[36] 결핍된 가정에서 자란 아이들은 무언가를 지원해 주는 환경에서 자란 아이들에 비해 타인을 신뢰하지 않는다. 이들이 당장 눈에 보이는 무언가를 가지려는 것은 전혀 이상하지 않다. 이들에게는 손에 쥔 새 1마리가 덤불 속의 2마리보다 가치 있기 때문이다.

길들이기가 어린 시절에 겪은 경험을 전전두피질의 신경회로에 '수반성'으로서 부호화하는 것이라면 경험에서 배우고 행동을 절제하는 능력은 최소한 자기 통제력과 생활 속 사건들이 함께 신뢰 능력을 형성한다는 사실을 암시한다. 신뢰할 수 있는 어른은 아이들의 자기 통제력을 더 높여준다. 만약 아이가 마시멜로 테스트 전에 "참을성이 많은 아이"라는 말을 듣는다면 이런 말을 듣지 않은 아이보다 훨씬 오래 인내한다.[37] 권위 있는 사람이 슬쩍 등을 밀어준다면 아이가 스스로 결의를 다지는 데 도움이 될 것이다.[38]

자기 통제의 또 다른 방법으로 어떤 아이들은 자신의 행동을 규제하기 위해 전혀 다른 일을 한다. 과제를 가장 잘 수행한 아이들은 2개의 마시멜로를 얻기 위해 무조건 자제심을 발휘하는 대신 유혹을 몰아낼 방법을 찾았다. 많은 아이가 아예 마시멜로를 보지 않거나 노래를 부르는 등 주의를 다른 데로 돌리려고 했다. 이들은 '자기 구속'이라는 전략을 사용했다. 이는 미래에 더 나은 보상을 얻기 위해 취하는 행동으로, 그리스 신화에서 율리시스Ulysses는 세이렌Sirens의 노래를 들어보고 싶었지만 이 노랫소리가 선원을 유혹해 죽음으로 이끈다는 사실을 알았다. 그래서 그는 선원들의 귀에 밀랍을 부어 소리가 들리지 않게 한 다음 자신을 돛대에 결박해 배에서 뛰어내리지 않게 했다. 주의를 다른 곳으로 돌리는 일은 충동을 제어하는 것보다 더 나은 방법이라는 사실이 밝혀졌는데, 유혹에 직접 맞서서 반항하거나 생각을 멈추려는 생각과 행동이 실제로는 심리적 반발 효과에 의해 반대되는 결과를 낳을 수 있기 때문이다.

## 귀벌레와 흰곰

반발 효과는 가장 예상치 않은 순간에 일어나며 매우 거슬린다. 머릿속에서 어떤 곡조가 떠나지 않아 짜증 난 적이 있는가? 심지어 아주 싫어하는 선율인데도 말이다. 아무리 노력해도 사라지지 않고, 무시하려고 하면 할수록 노래는 더 강력해진다.

이것을 소위 '귀벌레Earworm'라고 한다. 귀벌레는 '아무리 애써도 머릿속에서 떠나지 않는 음'으로 유행가 후렴구이거나 광고의 CM송일 수도 있다. 대체로 자신이 싫어하는 곡조지만 머릿속에서 절대 사라지지 않는다. 초대받지 않은 손님처럼 의식 속에 끼어들고, 일단 들어오면 오래 머무르며, 환영받지 못한다.

10명 중 9명은 귀벌레를 경험한 적이 있고, 일지 연구(자료수집 방식 중 하나로 참가자들에게 몇 주에서 몇 달간 일지를 작성하게 한 다음 이를 분석한다 – 옮긴이)에 따르면 귀벌레는 많은 사람에게 일주일에 적어도 1회 이상 찾아온다.[39] 사람들은 보통 귀벌레를 싫어하지만 아무리 노력해도 귀벌레는 사라지라는 명령을 듣지 않는다. 이렇게 우리의 머릿속에 박히는 것은 곡조만이 아니다. 심상 역시 마음속에 박힐 수 있다.

다음 검사로 자신의 심상 억제력을 시험해 보자. 지금부터 5분 동안 머릿속에 떠오르는 생각 또는 이미지를 소리 내어 말해보라. 어떤 단어든 말할 수 있지만 흰곰만은 생각하면 안 된다. 그것만 기억하라. 흰곰만 빼고 다 된다. 자, 이제 시작해 보라.

당장 북극곰의 모습이 머릿속에 떠올랐는가? 내 동료인 하버드대학교의 대니얼 웨그너Daniel Wegner가 이 간단한 실험을 시작했을 때 참가자들은 흰곰 생각을 떨쳐버릴 수 없었고, 생각을 억누를수록 더 흰곰이 생각난다는 사실을 발견했다.[40] 이러한 결과가 나타난 이유는 흰곰을 생각하지 않으려고 시도할 때 우리의 정신은 적극적으로 흰곰을 찾아 감시하고 흰곰이 자각 속으로 들어가는 것을 막으려고 하는데, 이 감시 자체가 흰곰을 의식 속으로 불러들이기 때문이다.

사람들이 원치 않는 생각을 억누르려고 할 때 그 생각은 더 강하게 의식 속에 들어온다. 이러한 자기 통제 실패는 길들이기에 영향을 미칠 수 있다. 부적절한 성적 생각이나 인종차별적인 고정관념을 애써 떠올리지 않으려고 하지만 그럴수록 마음속에서 더 선명해진다. 한 연구에서 성인 참가자들에게 머리를 삭발한 사람Skinhead의 사진을 보여주고 사진 속 사람이 어떤 하루를 보낼지 짧은 글을 쓰라고 했다. 단, 참가자 중 절반에게는 글에 어떤 고정관념도 넣지 말라고 지시했다. 글을 다 쓴 참가자는 8개의 의자가 일렬로 놓인 방으로 안내받았고, 곧 사진 속 남성을 만날 것이며 마지막 의자 위에 놓인 재킷이 그 사람의 것이라는 말을 듣는다. 이때 고정관념을 의도적으로 억누른 사람들은 그렇지 않은 사람보다 남성의 자리라고 생각한 곳에서 더 멀리 떨어진 의자에 앉았다. 바로 반발 효과가 작용한 결과다. 고정관념을 발휘하지 않았음에도 불구하고 적극적으로 생각을 억제한 것이 오히려 편견에 찬 행동을 하게 만든 것이다.[41]

때때로 우리는 자신을 어찌할 수 없다. 특히 자기 통제력이 저하되었을 때가 그렇다. 영국 정통 시트콤 〈폴티 타워스*Fawlty Towers*〉에서 호텔 사장으로 나오는 바질 폴티Basil Fawlty는 뇌진탕을 일으킨 후 맞이한 독일 관광객들에게 전쟁에 관해 언급하지 않으려고 피나는 노력을 했다. 그러나 안타깝게도 '전쟁'이란 말을 하지 않으려고 할수록 대화 중에 자꾸 그 단어가 튀어나왔다. 어른에게는 남들이 자신을 어떻게 생각할지 몰라 남들 앞에서 굳이 드러내지 않으려는 생각과 행동이 있다. 바로 이것이 어른들의 마시멜로다. '길들이기'란 사회가 용납하고 자신을 통제한 행동을 하는 것이다. 어린아이에게는 그러한 자기 통제가 당연히 쉽지 않고, 실행 기능이 손상되거나 질병 및 약물에 의해 약화된 사람들도 어려움을 겪는다.

## 불결함, 해로움, 욕정 그리고 예수

어떤 사람들은 거슬리는 생각과 행동 때문에 사회적 상황에서 적절히 행동하기가 힘들다. 충동조절장애Impulse Control Disorder, ICD는 질병과 상해로 발생한 다양한 증상은 물론이고 발달 과정에서 일어난 증상까지 두루 포함한다. 피니어스 게이지와 알렉산더 랭은 전두엽 손상으로 충동조절장애를 얻었고, 그 외에는 전두엽 뇌질환으로 부적절한 행동을 하게 되는 다양한 형태의 치매가 있다. 그러나 사회적 행동을 방해하는 충동조절장애를 애초에 가지고 태어나는 사람들도 있다.

프랑스 신경학자 조르주 질 드 라 투레트Georges Gilles de la Tourette의 이름을 따서 '투레트증후군Tourette Syndrome'이라고 부르는 발달장애가 있다. 투레트증후군의 특징은 '의지와 무관하게 생각과 행동이 일어난다'는 것이다. 증상으로는 신체 경련이나 음성 틱Tic이 있는데, 음성 틱의 경우 단순한 소리부터 공공장소에서 저속한 말을 하는 외설증까지 나타날 수 있다. 이런 행동은 종종 다른 이들의 이목을 끈다. 이들이 충동을 조절할 수 없다는 사실을 모르기 때문이다. 상대가 투레트증후군을 앓고 있다는 사실을 모르면 이들의 행동은 대단히 무례해 보일 수 있으므로 투레트증후군 환자는 사회적으로 어려움을 겪는다.

투레트증후군은 학령기 전후에 처음 나타나는 스펙트럼 장애Spectrum Disorder(단일 증상이나 병증으로 나타나는 것이 아닌 여러 방면에서 다양한 증상이 스펙트럼을 이루며 나타나는 질병 - 옮긴이)로 사춘기 이전에 증가하지만 대부분 성인기가 되면서 감소하기 시작한다. 100명 중 1명꼴로 발생하고, 여성보다 남성에게 흔하며, 가계에 대물림되는 것으로 보아 유전자에 기반하는 발달성 신경 장애임을 알 수 있다. 충동을 조절하지 못하는 것이 전형적인 증상인데, 이는 충동조절장애가 어떤 식으로든 전전두피질과 연관되어 있음을 뒷받침하며, 뇌 영상 연구를 통해 실제 투레트증후군 환자에게서 전전두피질과 기저핵Basal Ganglia이라는 뇌의 행동 조절 영역의 연결성이 변형된 것이 확인되었다.[42]

투레트증후군을 앓고 있는 사람들은 특히 공공장소에서 틱을 억제하기 위해 자신과 끊임없이 투쟁하지만 바질 폴티의 에피소드처럼 그럴수록 증상은 더 심해진다. 사회에서 정상적으로 행동해야 한다는 압박이 커질수록 틱에 대한 충동이 쌓여 마침내 재채기처럼 손쓸 수 없는 상태가 되고 틱을 내뱉어야만 긴장이 풀린다. "너무 참다 보면 참아야 한다는 것과 틱을 내뱉는 것 말고는 다른 생각이 들지 않아요." 투레트증후군을 앓는 재스퍼Jasper라는 소년은 HBO 텔레비전 스페셜에서 이렇게 말했다.[43]

이와 유사한 침투적 사고Intrusive Thought(의도하지 않는데 자꾸 떠오르는 생각 – 옮긴이)는 강박장애Obsessive-Compulsive Disorder, OCD 환자에게서도 보고된다. 강박장애는 서양에서 성인 100명 중 2명이 가진 다른 형태의 충동조절장애다.[44] '강박'은 괴로움을 주는 생각이고, '충동'은 그 강박을 해소하기 위해 해야 하는 행동이다. 불결함에 대한 강박이 있다면 끊임없이 손을 씻고 싶은 충동이 들 것이다.

영국의 정신과의사인 오브리 루이스 경Sir Aubrey Lewis은 강박장애를 '불결함을 기피하는 결벽증', '자신이나 타인에게 해로운 일이 발생할지도 모른다는 의심증', '성적 강박증', '신성 모독의 충동', 이렇게 4가지 범주로 나누었다. 이 범주들은 모두 사회적 수용과 관련 있는데, 이것들이 모두 사회적 길들이기를 필요로 하는 행동과 연관이 있기 때문이다. 부적절하고 과도한 불결함, 해로움, 욕정, 불경함은 사람들의 눈살을 찌푸리게 할 것이고 그래서 이러한 생각과 행동을 억제해야 한다. 현재 투레트증후군의 원인으로 알려진 전전두피질과 기저핵의 억제 회로는 강박장애의 유력한 원인이기도 하다.[45] 투레트증후군처럼 강박장애도 유전되고, 이란성 쌍둥이보다 일란성 쌍둥이에게서 더 흔하다. 투레트증후군을 앓는 사람들 절반이 강박 행동을 보인다는 사실은 놀랍지 않다.

많은 이가 때때로 침투적 사고를 하거나 특정 습관을 고집한다. 그 습관이란 아침마다 욕실에서 하는 행동일 수도 있고, 매일 같은 카페에서 같은 시간에 커피를 마시는 일일 수도 있다. 습관과 루틴은 정상적인 생활의 일부지만 필요하다면 어렵지 않게 바꾸거나 멈출 수 있고 삶을 방해하지 않는다. 그러나 충동조절장애를 가진 사람들은 사회 집단에서 배척될 수 있다. 많은 충동조절장애 환자가 겪어야 할 최악의 경험은 자신의 생각과 행동을 억제하지 못하는 것이 아니라 대중 앞에서 느끼는 수치심과 당혹감일 것이다.

## 내가 아니라 술이 그랬다고요

사람들은 때로 자제력을 잃기도 하고, 또 남들과 어울리다 보면 가끔 풀어진 모습을 보여야 할 때도 있다. 우리의 삶은 너무 빡빡하고 경직되고 억제되어 있기 때문이다. 그래서 사람들은 술을 마신다. 많은 사람이 잘못 알고 있는 사실이 있다. 알코올은 사람을 파티광으로 만드는 자극제가 아니라 전두엽의 억제 능력을 약하게 만들어 거칠고 길들여지지 않은 마음속 짐승을 풀어주는 저하제에 가깝다. 그래서 술에 취하면 닥치는 대로 먹어대고, 싸우고, 이성을 잃고, 성적으로 변하는 것이다. 많은 사람이 술이 깬 후 전날 밤의 실수에 관해 "그땐 제가 아니었어요" 또는 "제가 아니라 술이 말한 거예요"라고 주장한다. 물론 술은 말을 하지 않는다. 그리고 자기가 자신이 아니었다면 누구였단 말인가?

다른 사람들과 잘 지내도록 진화한 길들여진 종으로서 우리는 집단의 다른 구성원을 모욕하거나 심기를 불편하게 하지 않기 위해 조심해야 한다. 그러나 사람들은 마음속에 불손한 생각과 태도를 감춰두고 있다. 타인이 자신을 어떻게 생각하는지 신경 쓴다면 모든 고정관념, 편견, 욕동, 틀린 믿음들을 꼭꼭 잘 숨겨야 한다. 사회가 이것들을 용납하지 않는다는 사실을 알기 때문이다. 심지어 잘못이라는 것을 알지만 여전히 우리의 무의식 속에 오래도록 남아 있는 생각들도 있다. 우리가 억누르려고 할수록 그것들은 흰곰과 귀벌레처럼 더 심하게 반발할 수도 있다.

원치 않는 생각을 억누를 수 있든 없든 간에 그것은 우리의 진정한 본성이 무엇인지를 생각하게 한다. 진정한 본성이란 마음속에 감추고 자물쇠를 채워둔 내면의 비밀인가, 아니면 세상과 공유하는 공적인 모습인가? 사람들 대다수가 남의 비밀을 알고 싶어 한다. 사람들이 진짜 자신을 솔직하게 내보이지 않는다고 생각하기 때문이다. 누군가는 사람들이 불쾌해할 만한 면들을 평소에 잘 억제하고 있을지 모르지만 항상 자신을 통제하는 것은 아니기 때문에 언제나 위험할 수 있다.

## 통제의 대가

너무 긴장한 나머지 시험이나 면접이 끝나면 아이스크림 1통을 다 먹어치워버리겠다고 생각한 적이 있는가? 눈물 쏙 빼는 영화를 보고 진이 빠진 적은? 왜 긴장된 순간을 버텨낸 사람들은 독한 술을 마시거나 지방과 당분이 아낌없이 들어간 추억의 음식을 찾아 냉장고를 뒤지는가? 우리가 이러한 유혹에 굴복하는 이유는 '자아 고갈Ego Depletion을 경험하기 때문'이라는 흥미로운 발상이 있다.

'자아 고갈'은 미국 심리학자 로이 바우마이스터Roy Baumeister가 맨 처음 사용한 말이다. 그는 '스트레스를 견디는 일은 그간 피하고 싶었던 유혹에 굴복하게 할 정도로 의지력을 소진시킨다'라고 믿는다.[46] 바우마이스터는 한 연구에서 배고픈 학생들을 2개 그룹으로 나누어 각각 쓴 무와 맛있는 초콜릿쿠키를 먹게 했다.[47] 평소 샐러드에 들어 있는 무를 즐겨 먹는 사람에게도 이 과제는 쉽지 않았을 것이다. 바우마이스터는 학생들의 식습관이 아니라 이들이 답이 없는 기하학 문제를 얼마나 오래 붙잡고 있을 것인가에 주목했다. 초콜릿쿠키를 먹은 학생은 평균 20분 정도 문제에 매달린 반면 억제로 무를 먹어야 했던 학생들은 8분 만에 포기했다. 그들은 쓴 무를 강제로 먹느라 의지력을 써버린 나머지 어려운 문제를 풀어야 하는 상황에 대처할 힘이 부족했다.

이렇듯 의지력을 써야 하는 과제는 똑같이 힘들다는 점을 빼고는 전혀 상관 없는 후속 상황에 보이지 않게 영향을 미칠 수 있다. 이런 이유로 바우마이스터는 의지력을 '소진될 수 있는 정신의 근육'이라고 말했다. 우리는 유혹을 피하기 위해 꽤 많은 시간을 들인다. 독일 성인을 대상으로 2시간마다 스마트폰에 질문을 보내 지금 무슨 생각을 하는지 물은 결과, 사람들이 깨어 있는 동안 유혹과 욕망을 피하는 데만 평균 3, 4시간을 사용한다는 사실을 알게 되었다.[48]

침착함을 유지하려고 노력하는 것만으로도 자아가 고갈될 수 있다. 코미디 프로그램을 보면서 웃으면 안 되고, 직원을 해고해야 하고, 인파 속에서 사람들을 견디는 것 모두 자아 고갈로 이어질 수 있는 상황이다. 사람들은 하루를 마무리할 무렵 더 자아 고갈 상태가 된다. 따라서 직장에서 힘든 하루를 보내고 집에 오면 배우자나 연인과 더 쉽게 다툰다. 덜 관대해지고, 직장에서 있었던 일을 핑계로 배우자를 탓하게 된다.

자아 고갈을 경험할 때 우리는 즉석식품을 먹고, 술을 마시고, 또 전반적으로 자제력을 잃는다. 유혹에 굴복할 뿐 아니라 금단의 열매를 향한 욕망도 커진다.

## 아무도 자신을 통제하지 못한다

대부분의 사람은 자신을 잘 통제한다고 믿는다. 결정을 빨리 내리지 못하고 주저하는 일은 있어도 여전히 선택권은 자신에게 있다고 생각한다. 자신이 행동의 주체이자 생각의 주인이라고 생각하는 것이다. 그래서 가끔 자신답지 않은 일을 할 때면 놀란다. 마치 내면의 전갈이 시키는 대로 행동하겠다고 결심이라도 한 것처럼 말이다.

우리는 이 짐승들을 멀리해야 한다. 사회에 수용되려면 자신을 통제하고 언제 어디서 어떤 행동이 적절한지를 배워야 한다. 자기 통제력은 욕동과 욕구를 조절하는 능력이다. 이 능력은 어린 시절에 발달하며 전전두피질의 실행 통제 작용이 이를 돕는다. 아이들은 다른 사람들을 관찰함으로써 무엇이 부적절한지 배우고, 자기를 통제하는 법을 터득한다. 이 통제 메커니즘이 손상되면 사람은 자기도 모르게 일어나는 생각과 행동에 휩쓸린다. 게다가 행동의 결과를 개의치 않고 순간의 만족에 이끌려 충동적으로 행동한다.

만약 생물학적 조건과 환경이 상호 작용한 결과로 충동이 조절되는 것이라면 아이들에게는 사회에서 용납되는 것이 무엇인지 지침을 제공하되 강제하지 않는 것이 현명해 보인다. 단, 아이를 방치하거나 무언가에 탐닉하게 해서는 안 된다. 하나의 잣대를 모두에게 적용할 수는 없고 아이를 길들이는 전략은 아이에 따라, 부모에 따라, 속해 있는 문화에 따라 달라진다. 이러한 충동성의 차이는 개인의 타고난 기질은 물론이고 개인의 생각과 행동을 만들고 수정하려는 사회 환경의 영향을 받는다. 성공적인 대인관계를 원한다면 사람들 앞에서 통제력을 유지해야 하지만 거기에는 대가가 따른다. 다른 사람을 모욕하거나 불쾌하게 하지 않기 위해 부적절하게 행동하려는 유혹에 저항할 때도 마찬가지다. 반발 효과와 자아 고갈이야말로 체면을 유지하기 위해 치러야 하는 대가이다. 그리고 질병, 상해, 약물로 인해 자기 통제력이 약해지면 애써 유지해 온 일관된 모습이 흐트러지면서 무의식적인 생각과 행동에 휩쓸리게 된다. 누구라도 자제력을 잃으면 사회가 우리를 길들이기 위해 세워놓은 도덕률과 법을 어기게 되므로 결국 곤경에 빠진다. 그렇다고 해서 규칙이 없다면 어떻게 될까? 규칙 없이도 함께 사는 법을 배울 수 있을까? 아니면 세상이 아수라장이 되고 말까?

THE DOMESTICATED BRAIN

# 5장

# 우리는 원래 악하게 태어났나

"괴물을 죽여라! 그의 목을 따라! 피를 흘려라! 그를 죽여라!" 이 오싹한 구호는 윌리엄 골딩William Golding이 쓴 《파리대왕*Lord of the Flies*》의 한 장면에서 나온다. 사막에 고립된 영국 남학생들은 피의 광란을 일으키며 결백한 소년 사이먼Simon을 죽을 때까지 때린다.[1] 골딩은 인간이 문명의 테두리에서 멀리 벗어나면 아이들조차 야만적으로 변할 수 있다는 관점에서 인류에 내재한 악을 그려냈다. 그는 제2차세계대전에서 인간의 잔혹성을 목격한 후 '인간의 진정한 본성은 무엇인가'라는 주제로 이 책을 썼다. 전쟁을 겪기 전에 골딩은 인간이 선하게 태어난다고 믿었으나 이후 한탄하면서 이렇게 말했다.

> 그 세월을 거치면서도 인간이 벌이 꿀을 만들 듯 악을 생산한다는 사실을 알아채지 못했다면 눈이 멀었거나 머리가 잘못된 것이 틀림없다.[2]

인간의 진정한 본성은 무엇인가. 이 질문은 수 세기 동안 사상가들을 사로잡았다. 17세기 영국 철학자 토머스 홉스Thomas Hobbes는 아이들은 이기적으로 태어났으므로 사회의 유용한 구성원으로 만들기 위해 훈육해야 한다고 믿었다. 아이들을 무법자로 보는 이런 시선은 지난 100년 전까지도 서양에 만연했다. 사람들은 혹독한 학교 교육만이 아이들에게 사회에서 올바로 행동하는 법을 가르치는 최선의 양육법이라고 여겼다. 이 견해에 따르면 아이들은 도덕적 나침반이 없으므로 그대로 내버려 두면 맹렬하게 날뛰면서 골딩이 묘사한 잔인한 장면에서처럼 생존을 위해 야수처럼 싸울 것이다.

이와 대조적으로 18세기 프랑스 철학자 장 자크 루소Jean-Jacques Rousseau는 인간이 선한 기질을 타고난다고 생각했다. 자연 상태에서 인간은 '고상한 야만인Noble Savage'이고, 사회가 개인을 타락시킨다는 것이다. 모두에게 동등한 기회가 주어진다면 사회는 타락하거나 독재적으로 움직이지 않을 터이다. 이는 이후 프랑스혁명의 정당성을 뒷받침하는 도덕적 견해가 되었다.

20세기에는 루소의 시각에 따라 아이들을 덜 잔인하게 대하게 되었지만, 오늘날에도 많은 어른은 아이들에게 옳고 그름을 가르치려면 체벌이 필요하다고 믿는다. 이는 거리가 도덕 개념이 없는 젊은이들로 가득 찬 정글이 되는 것을 보고 도덕이 땅에 떨어진다고 확대 보도하는 언론이 부채질한 세계관이다.[3] 실제 범죄 통계를 보면 아이들을 덜 가혹하게 대해도 사회가 인간적으로 변해갈수록 세상은 더 나아졌다.[4] 체벌을 덜 한다고 해서 세상이 아이들로 인해 더 무법천지가 된다는 증거는 없다.

홉스와 루소의 극단적인 입장은 앞서 개성의 생물학을 이야기할 때 언급한 '본성과 양육 논쟁'을 떠올리게 한다. 사람은 원래 악하게 태어났는가, 아니면 경험을 통해 그렇게 되는가? 이 장에서 우리는 도덕성을 논의하면서 타고난 생물학적 요소와 경험은 언제나 동시에 작용하지만 종종 상식을 벗어나는 놀라운 방식으로 작동한다는 일반적인 결론에 도달할 것이다. 폭력성과 공격성은 인간이 길들여야 할 가장 중요한 요소이지만 이 책에서는 다루지 않는다. 인간의 공격성에 관한 실험적 연구가 드물고 윤리적인 염려 때문에 아동을 대상으로 한 연구는 더 부족하기 때문이다. 대신 여기에서는 나눔, 도움, 정직 그리고 그 밖에 '자신과 비슷한 사람들 앞에서 어떻게 행동하는가'와 같이 문화적으로 다양한 도덕적 관습에 주목할 것이다. 다른 사람들에게 받아들여지려면 우리는 어느 정도까지 학습해야 하고, 어느 정도까지는 생물학적 욕동에 이끌려도 되는가?

## 도덕 본능

사회 구성원이라면 누구나 무엇이 옳고 그른지를 알아야 한다. 일반적으로 우리의 도덕 원칙은 '남에게 대접받고자 하는 대로 남을 대접하라'라는 황금률에 근거한다. 도덕은 우리의 행동 방식을 지배하며, 집단 내에서 다른 사람들과 동등한 권리와 기회를 누리고자 한다면 모두 이 규칙을 준수해야 한다. 어떤 규칙은 법제화되어 지키지 않을 경우 처벌 대상이 되지만 나머지는 사회에서 점잖게 살아가는 법을 알려주는 행동 규범이 된다. 다른 이를 잔인하게 대하는 것은 법을 어기지 않는 한 불법이 아니지만 그럼에도 도덕적으로 옳지 않다. 법을 통해서든 사회 규범을 통해서든 자신이 살고 있는 사회의 도덕률을 지키는 것은 길들이기에서 대단히 중요하다. 그런데 이 규칙들은 어디에서 왔고 아이들은 이것을 어떻게 배울까?

세상에는 '가족을 죽이거나 무고한 사람을 해치면 안 된다'같이 몇몇 보편적인 도덕률이 있다. 그러나 그 밖의 모든 관습은 문화에 따라 옳고 그름의 차이가 심하다. 이러한 차이는 서로 다른 도덕적 잣대를 가진 집단이 문화적으로 충돌할 때 가장 명백하게 드러난다. 또한 여기에는 보통 종교적 견해차가 따른다. 예를 들어 이슬람에는 여성의 머리와 어깨를 가리는 '히잡Hijab'과 온몸을 완전히 가리는 '부르카Burka'까지 여성을 대상으로 한 다양한 관습이 있다. 이는 이슬람의 종교적인 도덕규범의 일부지만 그 해석과 실행에는 집단마다 커다란 차이가 있다. 아이러니하게도 2011년 프랑스에서는 '자유 침해'라는 이유로 공공장소에서 부르카 착용을 불법이라고 지정했지만 정작 많은 이슬람 여성은 이 금지법을 종교 박해라고 여겼다.[5]

많은 종교 단체나 보수 단체가 현대 서구 사회의 동성 결혼, 매춘의 합법화, 포르노와 마약 남용 등을 타락의 증거로 여기지만 도덕적 가치는 시간이 지나면서 변하기도 한다. 1967년에 법이 바뀔 때까지 동성애는 영국에서 불법이었다. 이후로 많은 집단의 격렬한 반대에도 불구하고 평등권을 제공함으로써 차별을 없애려는 점진적인 개정이 있루어졌다.

시간에 따라 달라지고 다양한 집단 사이에 나타나는 이러한 문화의 변이들은 도덕이란 불변의 것이 아니며, 사람들에게 역사와 도덕적 가치를 강제함으로써 정체성을 유지하는 다양한 집단 간의 미묘한 차이가 반영되어 있다는 사실을 보여준다. 또한 홉스의 주장을 이어받아 도덕성은 학습되는 것임을 암시할 수도 있다. 그러나 아기가 나고 자란 곳의 언어를 습득하도록 타고난 것처럼 우리 뇌는 소속된 사회집단이 지지하는 도덕률을 선택하도록 미리 구성되어 있는 것 같다.[6]

도덕성에 대한 이러한 사전 준비는 영아들이 다른 사람의 행동을 해석하는 방식에도 영향을 미친다. 아기는 어른의 지침을 받아들이기 전부터 이미 옳은 것과 잘못된 것을 구분할 수 있다. 앞에서 본 바대로 12개월짜리 아기도 물체가 상대를 돕는 동작에서 방해하는 동작으로 바뀔 때 더 오래 바라보는 것으로 보아 움직이는 도형이 목적과 의도를 가지고 있다고 해석하는 듯하다.[7] 아기들은 착한 사람과 나쁜 사람을 구분한다. 이 최초의 발견에서 더 나아가 브리티시컬럼비아대학교University of British Columbia의 영아심리학자 카일리 햄린Kiley Hamlin은 이러한 구분이 상대를 향한 실제 선호도에도 반영되는지 알고 싶었다. 햄린은 생후 12개월 된 아기들에게 남을 돕는 듯한 행동을 하는 인형과 방해하는 듯한 행동을 하는 인형을 보여준 다음 한 인형과 놀 기회를 주었다. 5명 중 4명이 남을 돕는 인형을 골랐다.[8]

또 어떤 실험에서는 다른 인형이 떨어뜨린 공이 앞으로 굴러갔는데, 한 인형은 공을 주워 주인에게 돌려주었고 다른 인형은 공을 가지고 달아났다. 이번에도 아이들은 공을 돌려준 인형과 더 놀고 싶어 했다. 아기들은 이 인형극에서 행동의 차이를 구분하기만 한 것이 아니라 도움을 주는 인형과 함께하기를 선호했다.

아기들은 단순히 특정 상대를 선호하는 것에 그치지 않고 처벌도 했다. 이번에는 아까 공을 훔쳐 갔던 인형이 상자를 열지 못해 애를 쓰고 있었다. 이때 다른 인형들이 다가오더니 한 인형은 상자를 여는 것을 도와주었고 다른 인형은 상자 위로 올라가 뚜껑을 닫아버렸다. 생후 9개월 된 아기들은 상자를 못 열도록 방해한 인형과 더 놀고 싶어 했다. 아기들은 정당한 보복을 선호할 뿐 아니라 더 나아가 반사회적인 인형에게 몸소 처벌을 내리기까지 했다. 인형에게 간식을 나누어 주게 했을 때 만 2세 아기들은 공을 가져간 도둑 인형에게 간식을 적게 주거나 아예 주지 않는 방식으로 벌을 주었고, 공을 돌려준 착한 인형에게는 상을 주었다.[9] 이러한 선호도를 실제 사람들과의 상호 관계에도 적용해 설명할 수 있을까? 이번에는 2명의 배우가 21개월 된 아기에게 장난감을 돌려주었다. 한 배우는 아기가 장난감을 받기 직전에 실수로 떨어뜨렸고 다른 배우는 아기가 장난감을 잡으려는 순간 다시 빼앗았다. 이제 아기들에게 아까의 친절한 어른과 짓궂은 어른 중 1명에게 장난감을 선물할 기회를 주었다. 아기들 4명 중 3명이 미소를 지으며 친절하게 말했으나 심술궂게 행동한 어른보다 비록 실패하긴 했지만 도움을 주려던 배우에게 장난감을 건넸다.[10] 이 결과는 아기들도 '도움을 주려는 행동'을 개인의 기질이나 특성으로 여긴다는 사실을 보여준다. 즉 이 행동을 기준 삼아 다음번에 그 사람이 어떻게 행동할지 예측한다는 말이다. 아기는 앞으로도 자기를 도와줄 가능성이 높기 때문에 친해질 가치가 있는 '좋은 사람'이 있다는 점을 알고 있다.[11]

이러한 발견을 근거로 예일대학교Yale University에 있는 동료 폴 블룸Paul Bloom은 아기들이 도덕적 싹을 가지고 태어난다고 주장했다.[12] 비록 '범죄와 처벌'이라는 어른들의 도덕 세계를 이해하지는 못하지만 아기들 역시 기본적인 선악의 차이를 안다. 놀이 집단이라는 사회적 세계에 발을 들여놓기 한참 전부터 아이들은 가는 정이 있으면 오는 정이 있다는 것과, 얻어먹기만 하는 나쁜 사람들은 벌을 받아야 한다는 상호이타주의를 인지한다.

## 재산 본능과 확장된 자아

어린아이들은 대개 '소유권' 때문에 다른 아이들과 부딪친다. 아이들이 또래와 벌이는 말다툼의 약 75%가 소유에 관한 것이다.[13] 어떤 장난감이 다른 아이의 소유가 되는 순간 유치원생들은 그것을 가지고 싶어 한다.[14] 물건을 소유한다는 것은 '지위'와 연관된다. 어릴 적 이런 싸움은 어른이 되었을 때 겪어야 할 현실에 대한 맛보기 같은 것이다. 많은 사회, 특히 서구 문화에서 '소유'는 '자기 정체성의 지표'이고 이는 목숨을 걸 정도의 가치를 가지고 있다. 차량 절도범들이 차를 훔쳐 가는 것을 막으려고 앞을 가로막고, 달리는 차의 보닛에 매달렸다가 중상을 입거나 사망하는 사람들이 있다. 제정신이라면 절대 생각조차 하지 않을 행동들이다.[15] 소유는 인간을 비이성적으로 행동하게 한다. 미국 철학자 윌리엄 제임스는 자아의 반영으로서 소유의 중요성을 처음으로 인식한 사람 중 하나다.

> 한 사람의 자아는 그 사람의 신체와 정신적 능력은 물론이고, 옷, 집, 배우자, 아이들, 조상, 친구, 명성, 직장, 땅, 말, 요트, 은행 계좌 등 제 것이라고 부를 수 있는 전부를 합친 것이다.[16]

이후에 마케팅 교수 러셀 벨크Russell Belk는 사람들이 소유물을 통해 다른 이들에게 자신의 정체성을 알리려 한다는 측면에서 이런 물질주의적 관점을 '확장된 자아Extended Self'라고 불렀다.[17] 이는 광고주들이 잘 알고 있는 부분이다. 이들은 긍정적인 롤 모델과 제품을 결합하는 것이 판매의 성공 비결이라는 점을 안다. 자기가 소유한 것이 곧 자기 자신이라는 생각은 소유물이 도난, 분실, 파손되었을 때 사람들이 보이는 심정적 과잉 반응을 잘 설명한다. 이런 침해를 개인의 비극 또는 모욕으로 느끼기 때문이다.

인간은 소유물을 얻기 위해 엄청난 시간, 노력, 자원을 소비하는 생물 종이며, 자기 물건을 빼앗기면 무척 억울해한다. 어떤 이들은 이를 인간의 뇌에 배선된 '재산 본능Property Instinct'이라고까지 부른다.[18]

이처럼 소유권의 힘과 소유에 따르는 규칙을 이해하는 것은 사회적 길들이기의 핵심이다. 우리는 조화롭게 살기 위해 소유권을 존중하는 법을 배워야 한다. 어떤 물건을 소유하게 되면 그것은 '내 것'이 된다. 내 컵, 내 전화. 소유권은 길들이기에 중요한 역할을 하는데 사회가 수용하고 수용하지 않는 행동을 구분하는 방법이기 때문이다. 도둑질은 다른 이의 재산을 침해한 것이므로 확실히 나쁜 행동이다.

생후 14개월 된 아기들도 소유한다는 것이 무슨 뜻인지 안다.[19] 그리고 만 2세쯤 되면 많은 아이에게는 이미 애착을 보이는 소유물이 있다.[20] 이 시기에 유아는 '내 거' 또는 '네 거' 같은 소유대명사를 사용한다. 처음에 아이들은 자기 소유물에 관한 재산권만 생각한다. 따라서 만 2세 아이들은 자기 물건을 빼앗기면 항의한다.[21] 그리고 만 3세가 되면 다른 사람의 모자를 훔치려는 인형에게 "하지 마"라고 말함으로써 타인을 대신해 개입한다.[22]

소유권 규칙이 언제나 명확한 것은 아니어서 문제가 복잡해지기도 한다. 워털루대학교University of Waterloo의 오리 프리드먼Ori Friedman이 지적했듯이 공공 해변에서 조개껍데기를 줍는 행위는 허용되지만 가게에서 파는 조개껍데기를 그냥 가져가는 것은 도둑질이다.[23] 조개껍데기에 주인 이름이 적혀 있지 않아도 우리는 규칙과 관습에 따라 판단한다. 많은 국립공원에서 조개껍데기 채취를 금하고 있으므로 현지 규정을 알지 못하면 누구나 쉽게 법을 어길 수 있다. 또한 낯선 관습도 있다. 매년 많은 여행객이 하와이에서 수집한 용암을 도로 가져다 놓는다. 용암을 가져가는 행위는 불법이 아니지만 이 섬에서 바위를 없애는 사람에게 닥친다는 저주 이야기를 듣고도 위험을 자처하지는 않기 때문이다.

황당하고 모호한 소유권 분쟁도 있다. 한 소년이 나무에서 코코넛을 떨어뜨리려고 애를 쓴다. 여러 번 돌멩이를 던져 겨우 코코넛을 1개를 떨어뜨렸는데 마침 지나가던 다른 소년의 발치에 떨어졌고 소년은 그것을 집어 들었다. 누구에게 정당한 소유권이 있는가? 코코넛을 떨어뜨렸지만 손에 들지는 못한 사람인가, 아니면 마지막에 코코넛을 손에 넣은 사람인가? 2012년 5월, 영국 여왕의 즉위 60주년을 기념하기 위해 런던 북부 중고품 상점 외벽에 화가 뱅크시Banksy가 그린 그라피티Graffiti 작품에 관한 실제 사례를 보자. 이 미스터리한 예술가는 도시의 어느 평범한 담벼락에 그림을 그려놓았는데, 건물주는 며칠 만에 이 그림을 벽째로 떼어다가 경매에 올려 110만 달러에 팔았다. 공공 예술작품을 판매해서는 안 된다는 주민들의 반대에도 아랑곳하지 않았다.[24] 건물주는 벽이 자기 것이므로 작품도 자기 것이라고 주장했다.

아마 만 3세 아이들에게 물어봤다면 주민들과 같은 대답을 했을 것이다. 물질과 노동 간의 균형 문제에서 취학 전 아이들은 실제 일을 하고 아이디어를 낸 사람에게 소유권을 귀속시킬 확률이 높은 반면 성인 대부분은(런던 시민이 아니라면) 물질을 소유한 자의 손을 들어줄 것이다.[25] 지적 재산도 마찬가지다. 아이들에게 이야기를 지어내게 한 다음 한 실험자는 그 이야기를 다른 사람에게 전하면서 아이가 지은 것이라고 말했고, 다른 실험자는 자기가 지어냈다고 말했다. 만 5세

아이들은 자신의 아이디어를 훔쳐 공을 차지한 사람을 싫어했다.[26]

소유권에는 극히 개인적인 무언가가 있다. 흥미롭게도 어떤 물건의 소유권이 자신에게 넘어오면 신경 활동이 강화되어 뇌에 등록된다.[27] 특히 'P300'으로 알려진 뇌파가 활성화되는데, 이 뇌파는 뇌에 어떤 중요한 자극이 들어오고 0.3초 후에 폭발하는 뇌파로 뇌에 일종의 경종을 울린다. 어떤 사물이 내 것이 되면 사람들은 동일한 다른 물체보다 자기 것에 더 많은 주의를 기울인다. 기억력 검사를 한다고 미리 알려주지 않았어도 다른 사람의 카트보다 내 카트에 실린 물품을 더 많이 기억하는 이유가 여기에 있다.[28] 이들의 P300 뇌파는 뇌가 이 물건을 자신의 소유물로 등록하고, 이런 이유로 주의를 집중했기 때문에 이 물건에 관한 기억력이 향상되었다는 것을 보여준다.

왜 우리는 자신의 소유물에 더 관심을 가지고, 기억해야 하는가? 확장된 자아 개념에 따르면 '나는 누구인가'라는 개념은 우리가 축적하는 물건에 의해 일부 구성되는데 그것이 자신의 정체성을 상기시키는 영구적인 신호로 남아 있기 때문에 무엇이 제 것인지 기억하는 게 중요하다. 또 길들여진 뇌의 관점에서 보면 다른 사람의 소유권과 충돌하지 않기 위해서라도 제 것을 기억해야 한다.

소유물과 확장된 자아와 관련된 관심의 변화는 한 독특한 소비자 행동을 설명할 수 있다. 경제학자 리처드 세일러Richard Thaler는 한 유명한 실험을 했다. 세일러는 학생들에게 머그잔을 나누어 주고 다른 학생에게 팔게 했다.[29] 부동산 중개업자들이라면 잘 알겠지만 학생들은 평균적으로 구매자들이 기꺼이 지불하려는 값보다 훨씬 비싼 가격을 불렀다. '보유 효과Endowment Effect'는 자기 소유가 된 물건의 가치를 높게 평가하는 경향이다. 경매에서 입찰에 참여할 때처럼 어떤 물건을 소유하게 될지도 모른다는 전망은 생각보다 더 많은 소비를 유발한다. 경매 과정에서 일시적으로나마 가장 유력한 입찰자가 되면 이미 심리적으로 그 물건을 소유했으므로 더 높은 가격을 매길 용의가 생긴다.[30] 가게에서 상품을 만지는 행위는 그 물건을 더 기꺼이 사겠다는 의미다.[31] 그래서 능수능란한 판매원은 고객에게 옷을 한번 입어보라거나 자동차를 직접 몰아보도록 부추긴다.

보유 효과는 일반적으로 '손실 혐오'를 반영하는데, 이는 손실에 관한 전망이 획득에 관한 전망을 능가해 사람들의 태도를 결정한다는 것이다.[32] 세상에는 얻을 수 있는 물건은 무한하지만 잃을 수 있는 물건은 한정되어 있다. 물건을 교환할 때 찍은 성인의 뇌 영상에 따르면 물건을 싼 가격에 살 때는 뇌의 보상 중추가 켜지지만[33] 자기가 소유한 물건의 가격을 다른 사람이 낮게 매기면 고통 중추가 활성화될 정도로 부정적인 감정을 느꼈다. 자기 생각보다 낮은 가격에 물건을 팔아야 한다는 것이 기분 나빴고, 그것이 바로 보유 효과다. 드물지만 보유 효과가 극단적으로 발현되면 물건을 버리지 못하고 쌓아두는 저장 강박증으로 나타난다.

보유 효과는 만 5세 정도 아동에게서 발견되지만[34] 더 일찍 나타나기도 하는지, 보편적인 현상인지는 확실치 않다. 어떤 사회에서는 보유 효과가 약하게 나타나는데[35] 특히 현재까지 명맥을 유지하는 수렵·채집 유목 부족에서는 보유 효과가 존재하지 않는 것으로 보고되었다. 이들은 수시로 이주하면서 되도록 개인 소유물을 적게 가지고 다니는 습성이 있다.[36] 우리 실험실에서는 훨씬 어린 아이들을 대상으로 보유 효과를 시험했으나 찾지 못했다. 아이들이 기본적으로 소유권을 이해하고 있고, 장난감을 두고 싸우는 점을 고려하면 놀라운 결과다. 분명한 사실은, 보유 효과는 아이들이 다른 아이들과 어울리기 시작할 때, 즉 타인에 의해 자의식이 형성될 때 나타난다는 것이다. 어린아이는 자아 정체성의 표시로 소유물을 축적하면서 그것을 과대평가하기 시작한다. 그러나 이 단순한 성향도 다른 사람들과 어울려 지내도록 균형을 맞추어야 한다. 아이들은 소유물을 공유하고 합리적으로 행동하는 법을 배워야 한다. 이기적으로 산다면 집단에서 배척될 위험이 있기 때문이다.

## 나누어 쓰는 자와 그렇지 않은 자

어린아이들은 무언가를 나누어야 할 때 대단히 이기적으로 행동한다. 유치원생들은 자발적으로 타인의 감정에 공감하는 능력이 있지만 특별히 부탁하지 않는 한 점심시간에 자기 음식을 기꺼이 나누어 주지 않는다.[37] 또한 남의 물건을 가질 수 없다는 것을 알고, 반대로 제 물건 역시 자발적으로 다른 아이들과 공유하지 않으려는 경향이 있다.[38] 부모들은 잘 알겠지만 아이들에게는 “같이 써라”라는 말을 일일이 해주어야 한다.

연구자들은 자신과 타인에게 나누어 줄 사탕의 개수를 선택하는 놀이로 아이들의 공유 의지를 시험했다.[39] 아래 표와 같이 아이들에게 게임을 3번 하게 하고 각 옵션 중 1개를 고르게 했다.

첫 번째 게임에서 아이들은 자신은 사탕을 1개 받고 상대는 아무것도 받지 못하는 전략 옵션과, 자신과 상대 모두 사탕을 1개씩 받는 평등 옵션 중 하나를 선택해야 한다. 두 번째 게임에서는 자신은 사탕을 1개 받고 상대는 사탕을 2개 받는 전략 옵션과, 자신과 상대 모두 사탕을 1개씩 받는 평등 옵션이 있다. 세 번째 게임에서는 자신은 사탕을 2개 받고 상대는 사탕을 전혀 받지 못하는 옵션과, 자신과 상대 모두 사탕을 1개씩 받는 옵션을 선택할 수 있다.

첫 번째 게임에서 어른이라면 타고난 심보가 고약하지 않은 한 평등 옵션을 선택한다. 두 옵션 모두 자신에게는 차이가 없기 때문이다. 두 번째 게임에서는 어떤 옵션을 선택하든 자신에게는 차이가 없지만 전략 옵션을 선택하면 상대의 부를 늘려주게 된다. 세 번째 게임에서는 혼자서 사탕을 다 가지거나 자신의 몫을 반으로 나눌 수 있다.

| | 전략 옵션 | | 평등 옵션 | |
|---|---|---|---|---|
| 게임 | 나 | 상대 | 나 | 상대 |
| 1 | 1 | 0 | 1 | 1 |
| 2 | 1 | 2 | 1 | 1 |
| 3 | 2 | 0 | 1 | 1 |

이러한 선택권을 제시했을 때 만 3, 4세 아이들은 언제나 제 몫만을 늘리는 가장 이기적인 행동을 보였다. 10명 중 1명만이 제 몫을 나누거나 상대의 이익을 늘려주었다. 반면 만 7, 8세 아이들의 절반은(단 1건의 예외를 제외하면) 3번의 게임에서 모두 평등 옵션을 선택했다. 만약 자신과 사탕을 나눌 익명의 상대가 같은 학교 학생이라는 말을 들으면 그들은 두 번째 게임에서 상대에게 큰 보상을 줄 확률이 더 높았다. 이들은 일종의 의리를 보여주려고 애썼다.

도움이나 협동이 필요한 경우 이러한 태도는 중요하다. 협동해야 하는 상황에서는 어린아이들도 '공유'의 의미를 아는 것 같다. 한 팀이 된 만 3세짜리 아이 2명에게 밧줄 2줄을 동시에 잡아당겨야 원하는 구슬이 나온다고 설명했다.[40] 하지만 이 장치는 공동의 노력에도 불구하고 1명에게만 더 많은 보상을 주도록 조작되었는데 이때 보상을 더 많이 받은 아이는 자신의 몫을 다른 아이와 나누었다. 2명이 협업하지 않은 상황에서 장치가 1명에게만 보상을 주었다면 아이는 자신의 몫을 나누지 않았을 것이다. 그러나 이처럼 협동하는 경우에는 훨씬 어린 아이들도 큰 아이들처럼 기꺼이 자신의 몫을 나누었다. 반대로 침팬지는 자신의 몫을 거의 나누지 않는다. 위의 실험과 같은 상황에서 음식을 보상으로 주었을 때 침팬지는 상대에게 도움을 주었든 받았든 제 몫을 지켰다.

협동 상황에서 아이들은 바로 노동의 결실을 나누었지만 그냥 갑자기 생긴 간식은 만 5세가 넘어야 자연스럽게 나눌 것이다. 아이들은 사회적으로 조금 더 길들여지면서 삶이 주는 불평등에 민감해지고, 더 이타적으로 행동하게 된다.[41] 나이를 먹을수록 아이들이 조금 더 관대해지는 이유에는 여러 가지가 있다. 나이가 들면서 삶의 불평등을 이해하고 인식함에 따라 조금 더 친절해지는 것이 인간의 본성이므로 점차 덜 이기적으로, 더 사교적으로 행동할 수 있지만 이것은 고상한 해석이다. 아이들은 경험을 통해 오늘의 나눔이 미래에 자기에게 되돌아온다는 사실을 알게 될 것이고, 나눔이 곧 사회 규범이라는 점을 배운다.

마키아벨리적 관점에서는 이를 더 부정적으로 설명한다. 사람들이 타인과 나누고 후하게 행동하는 이유는 자신의 평판을 좋게 만들기 위해서라는 것이다. 이 숨은 동기는 자신이 기부한 사실을 봐줄 사람이 없거나[42] 기부 금액이 밝혀지지 않을 때 사람들이 인색해진다는 관찰 결과에서 확인할 수 있다.[43]

결국 '관대하다'라는 고상한 행동은 남이 아닌 자신을 도우려는 의도에서 비롯한 것 같다. 아이들도 마찬가지다. 만 5세 아이들에게 스티커를 나누어 쓸 기회를 주었을 때 스티커를 받는 사람이 명확하지 않거나 나누어 주는 스티커 개수가 공개되지 않으면 아이들은 인색하게 행동했다.[44]

물론 숨은 동기가 있다고 해서 우리 모두가 그런 식으로 행동한다는 의미는 아니다. 자선단체에 익명으로 많은 돈과 재산이 기부된다는 사실은 위의 졸렬한 이야기를 무색하게 한다. 그러나 이런 형태의 이타주의는 심리적 차원에서 작용한다. 즉, 이러한 기부 행위가 자신을 더 좋은 사람으로 느끼게 하기 때문이다. 이런 이타적인 행동을 이해하려면 왜 남을 돕는 것이 자신을 기분 좋게 만들고, 돕지 않으면 찜찜해지는지 알아야 한다.

## 낯선 이의 친절

우리는 종종 자신에게 당장의 이익이 없거나 미래에 보상을 기대할 수 없는 상황에서도 다른 사람들을 돕는다. 심지어 낯선 사람도 기꺼이 돕는다. 아이들도 꽤 어렸을 때부터 낯선 사람을 돕는다. 생후 18개월 된 아기는 특별한 지시나 보상 없이도 자발적으로 실험자를 도와 떨어진 물건을 줍거나, 문이나 상자를 열어준다.[45] 이때 대가를 주면 오히려 아이들은 덜 이타적으로 행동한다. 우리는 이익을 얻기 위해 친절하게 행동했다는 식으로 자신의 행동이 폄하되는 것을 좋아하지 않기 때문이다.[46] 아이들은 남을 돕도록 훈련받아서가 아니라 그것이 인간의 본성이기 때문에 다른 사람을 돕는다.[47] 동물도 동종 집단 내 일원을 도울 수 있지만 비인간 영장류에게서 관찰되는 이타적 행위는 산발적이고 또 여러 해석이 가능하므로 학계에서 의견이 분분하다. 선의로써 남을 돕는다는 기본 원칙은 인간에게서만 볼 수 있는 고유한 행동이라고 주장하는 사람도 있다.[48]

침팬지는 사람의 손이 닿지 않는 물건을 대신 가져다주지만 그 행위는 사육되었기 때문에 형성되었을 수 있다. 우리는 가축이나 길든 동물이 자연환경에서는 관찰되지 않은 행동을 보일 때 그 능력이 원래 탑재된 것인지, 아니면 학습과 기대의 힘을 보여주는 것인지 의심해야 한다. 어쨌거나 이 책은 길들이기가 뇌와 행동을 변화시킨다고 주장한다. 반半 야생 상태의 침팬지[49]와 그 외의 비인간 영장류[50]도 서로 협력하는 것처럼 보이지만 그들은 사심 없이 서로를 돕지 않는다. 서로 협력하는 동물의 사례도 많이 보고된 바 있지만 궁극적으로는 자신에게 이익이 돌아오게 하려는 전략이었다.

예로 침팬지는 동료가 음식을 얻도록 도울 수 있지만 그 대가로 자기 것을 포기해야 한다면 돕지 않는다. 침팬지의 이기심은 동료는 물론이고 어미와 새끼 사이에도 적용된다. 새끼가 먹을 것을 달라고 사정할 때 어미는 먹을 것을 아주 조금 주는데, 대개는 그마저도 마지못해 주거나, 주더라도 양분이 적거나 맛없는 부분을 준다.[51] 물론 침팬지 어미도 새끼를 보호하려는 본능이 있지만 먹을 것을 포기하는 데까지는 확장되지 않은 것 같다. 인간 세상에서 아기의 부모가 그렇게 하는 것을 상상이나 할 수 있을까?

인간이 남을 돕는 행위는 모두 감정과 관련되어 있다. 사람은 마음에서 우러나오는 선의로 남을 돕는다. 에이브러햄 링컨Abraham Lincoln은 "착한 일을 하면 기분이 좋아진다. 나쁜 일을 하면 기분이 나빠진다. 그게 내 종교다"라고 말했다. 낯선 이가 친절을 베푸는 모습을 보면 인간은 명백한 보상 없이도 기꺼이 남을 돕는 이타적인 종임을 떠올릴 수 있다. 그것이 옳다고 느끼기 때문이기도 하지만 남을 도움으로써 자신을 더 좋은 사람이라고 느끼고, 그렇게 하지 않으면 나쁜 사람이 되는 것 같기 때문이다. 다른 사람을 도울 때 우리는 '따뜻한 빛'

을 얻는데 이는 뇌의 쾌락 중추에 등록되는 경험이다.[52]

남을 돕지 않을 때 다른 사람들로부터 받을 비난에 대한 두려움이 이타주의를 부추기기도 한다. 스위스의 경제학자 에른스트 페르Ernst Fehr와 시몬 개흐터Simon Gächter는 집단을 돕는 사람들의 동기를 시험하기 위해 기발한 게임을 개발했다.[53] 성인에게 팀을 이루어 게임을 하게 하고 그 대가로 토큰을 나누어 주었다. 토큰은 각자 가지고 있거나 수집함에 넣게 했는데, 수집함에 있는 토큰은 일종의 투자금으로 각자 얼마를 넣었든(심지어 넣지 않았더라도) 모두에게 지급된다. 모두가 수집함에 토큰을 넣는 것이 가장 이상적 전략이지만 토큰을 독식하려는 사람은 자신의 토큰은 하나도 넣지 않고 다른 사람들이 모은 재산을 추가로 얻으려고 할 것이다. 게임은 익명으로 진행되지만 매회가 끝날 때마다 누가 얼마를 넣었는지가 밝혀졌다. 그리고 수집함에 토큰을 넣지 않은 이들에게 벌금을 물게 할 기회를 주었다. 단, 타인에게 벌금을 물게 하는 사람 역시 토큰을 돌려받지 못했다. 벌금을 물리는 특권에 대한 비용을 지불하는 셈이다.

연구가 진행되면서 재밌는 일이 일어났다. 사람들은 빈대 같은 사람들을 처벌하기 위해 기꺼이 제 몫을 포기했다. 그러자 회차가 거듭되면서 무임승차자들이 수집함에 토큰을 더 넣기 시작했다. 익명의 처벌이 그들의 행동을 바꾸기 시작한 것이다. 사람들은 비용을 지불하더라도 위반자를 처벌하길 선호했고, 그것이 결국 이기적인 사람들을 변화시켰다.

## 차가운 복수가 가장 무서운 법

어떤 사람들은 자신의 원수에게 더 큰 대가를 치르게 할 수만 있다면 자신도 대가를 치르는 편을 택한다. 그리고 "잘못인 줄은 알지만 상대가 대가를 치를 때 그 낯짝을 구경하는 것만으로도 가치가 있다"라고 말한다. 복수를 위해 자신도 대가를 치르는 것이다. 왜 그렇게 할까? 다음 시나리오를 생각해 보자. 당신에게 아무것도 안 하는 대신 10만 원을 준다면 받겠는가? 조건은 없다. 그렇다면 누구라도 덥석 승낙할 것이다. 이번에는 다른 사람에게 100만 원을 주고 상대가 알아서 당신과 돈을 나누게 한다. 단, 상대에게 100만 원을 줄지 안 줄지는 당신이 결정한다. 그가 당신에게 10만 원만 주고 자기는 90만 원을 가지려 한다면 어떨까? 당신은 차라리 이 제안을 거절하고 자신과 상대 모두 빈손으로 돌아가는 편을 택할 것이다. 왜 그럴까? 첫 번째 경우와 마찬가지로 당신은 손 하나 까딱하지 않고 10만 원을 버는데 말이다. 이런 상황에서 대부분의 사람은 20% 이하의 보상을 불공평하다고 생각한다. 겨우 그만큼 받느니 상대 역시 아무것도 받지 못하는 쪽을 선호한다.[54]

'최후 통첩 게임Ultimatum Game'이라고 알려진 이 각본은 인간에게 공정심이 있다는 것을 보여준다. 공정심은 사회적 길들이기의 결과인데, 여기에는 사회에 존재하는 행동 규범처럼 암묵적 규칙이 있다. 사람들 대다수가 남이 자기보다 훨씬 잘되는 것을 보며 고통받느니 차라리 자신을 희생하는 쪽을 선택한다. 이 순간이 바로 우리가 악의를 가지고 행동할 때이다. 우리에게는 페어플레이 정신이 있으므로 다른 이가 부당하게 이익을 얻는다는 생각이 들면 균형을 바로잡을 방법을 모색하기 때문이다. 그러려면 자신에게 돌아올 잠재적인 보상을 포기하거나 거절해야 한다. 이는 마치 지금 마시멜로를 먹지 않음으로써 일을 더 공정하게 돌아가게 하고, 그 결과 이익을 얻은 상황과 비슷하다. 이때는 돈을 가지고 싶다는 충동을 억제해야 한다. 실제로 최후 통첩 게임을 하는 성인의 전전두피질은 10만 원이라는 말도 안 되는 제안을 거절할 때 활성화되었다.[55] 또한 자기장 자극 기술을 이용해 전전두피질의 활동을 일시적으로 방해하면 이들은 10만 원이 터무니없는 제안이라는 것을 알면서도 거부하지 않는다.[56]

침팬지에게는 이와 같은 공정심이 없기 때문에 협동하여 먹이를 얻었을 때도 동료와 음식을 나누지 않는다. 또 이런 이유로 침팬지 버전의 최후 통첩 게임에서 아무것도 먹지 못하느니 조금이라도 기꺼이 받아들인다.[57] 그러나 영장류학자 프란스 드 발은 비인간 영장류에게 공정심이 없다는 주장에 반대하면서 사회적인 동물들 역시 페어플레이 정신을 가지고 있다고 말했다. 그는 돌과 오이를 교환하도록 훈련받은 카푸친원숭이의 영상을 제시했고, 이것은 그의 주장을 뒷받침해주는 가장 좋은 예다.[58] 오이는 별로 맛이 없는 음식이지만 원숭이는 기쁘게 거래에 응했을 것이다. 그러나 옆 우리에 있는 다른 원숭이가 맛없는 오이 대신 포도를 받는 장면을 보는 순간 상황은 달라진다. 카푸친원숭이는 불공정한 상황에 짜증을 냈고 분노를 이기지 못해 철창을 붙잡고 흔들며 실험자에게 오이를 던지기까지 했다. 하지만 이 상황을 보고 원숭이에게 공정심이 있다고 판단하기는 어렵다. 카푸친원숭이나 침팬지는 교환으로 이득을 보는 다른 동물이 없을 때도 분노를 보였기 때문이다.[59] 이들은 옆의 동료가 자신보다 좋은 거래를 하는지 아닌지는 상관없이 오직 자신이 그것을 얻지 못한다는 사실에만 주목한다.

부당함을 지각했을 때 나타나는 또 다른 부정적인 감정이 있다. 바로 '시기'다. 시기는 사회 발전을 좀먹는 감정이며, 성인이 될 때까지 사라지지 않는다. 우리가 이 감정에서 쉽게 벗어나지 못하는 이유는 이것이 우리가 세상에서 정의를 인식하는 방식을 형성하기 때문이다. 대부분의 산업 분쟁은 다른 이들의 근로 조건이나 월급 때문에 일어난다. 우리는 상대적인 비교 의식을 통해 결정을 내린다.[60] 회사에서 누군가가 자신보다 월급을 많이 받는다는 사실을 알면 자신의 가치가 더 낮다고 받아들이기 때문에 분개한다.

만약 우리가 자신의 가치에 그렇게나 신경을 쓴다면 왜 우리는 남을 돕거나 해를 끼치기 위해 나서는 걸까? 최선의 전략은 자기가 가진 자원을 아예 소비하지 않는 것일 텐데 말이다. 이것은 프린스턴대학교Princeton University의 수학자 존 내시John Nash에 의해 유명해진 '게임 이론Game Theory'이라는 행동경제학 분야에서 연구되어 왔다. 내시는 수학을 이용해 협상 상황에서의 최적의 전략을 결정했다. '죄수의 딜레마Prisoner's Dilemma'라고 알려진 게임 이론 문제에서 내시는 협력하지 않는 것이 최고의 전략이라는 결론을 내렸다. 이 게임에서는 2명의 용의자가 각각 다른 방에서 심문을 받고 있다. 이들은 동료를 밀고할지 말지 결정해야 한다. 내가 밀고하면 동료는 감옥에서 6개월을 지내야 하고 자신은 거래의 대가로 풀려난다. 이것이 바로 죄수에게 주어진 딜레마다. 양쪽 모두 상대를 밀고할 경우 둘은 각각 3개월의 형을 받는다. 양쪽 다 침묵을 지키면 각자 1달씩만 감옥에서 살면 된다. 내시는 각종 옵션을 수없이 반복해 살핀 결과 죄수의 딜레마에 관한 수학적 모델을 세웠고, 최선의 전략은 언제나 상대를 버리거나 밀고하는 것이라는 결론을 내렸다.[61] 하지만 이 전략이 옳다면 우리는 왜 자연에서, 특히 인간 사회에서 협력을 목격하는가? 다윈은 이 문제로 괴로워했다.

이것은 언제나 협력의 곤혹스러운 단면이었다. 그러나 리처드 도킨스가 《이기적 유전자*The Selfish Gene*》에서 지적했듯이 보복이나 이타주의로 이익을 얻는 것은 개인이 아니라 이러한 사회적 행동을 형성한 유전자다.[62] 어떤 유전자가 개인을 집단의 이익을 위해 행동하게 만든다면 그것은 번식 면에서 최고의 전략이다. 비록 개인은 희생될지라도 유전자는 늘어날 것이기 때문이다.

또 다른 사실은 우리는 유전자를 싣고 다니는 생각 없는 그릇이 아니라는 점이다. 게임 이론에서는 '결정은 전적으로 독립적으로 이루어진다'라고 가정하지만 만약 죄수들이 서로 의사소통할 수 있다면 이기적으로 행동하는 것보다 협력이 가장 성공적인 전략으로 부상할 수도 있다.[63] 가장 중요한 것은 사회적 길들이기가 자신의 결정에 대한 '기분'을 형성한다는 점이다. 우리는 다른 사람을 돕거나 해치도록 부추기는 정신적이고 감정적인 상황들을 경험한다. 이런 상황들에 대한 반응은 우리가 무엇을 옳고 그르다고 해석하느냐에 따라 결정되는데, 이 해석은 우리가 문화에 참여하는 과정에서 형성된다.

## 감정에의 호소

'자선'은 인간의 인정에 달려 있지만 '돕고자 하는 의지'는 자신이 상대와 얼마나 연관되어 있다고 느끼는지에 따라 달라지는 것으로 나타났다. 아래의 두 자선 캠페인 문구를 읽고 어느 쪽에 기부하고 싶은지 생각해 보자.

A. 여러분이 기부하는 돈은 아프리카 말리에 사는 8세 소녀 로키아Rokia에게 갈 것입니다. 로키아는 매우 가난하고 굶주렸을 뿐 아니라 심지어 아사 위협에 시달리고 있습니다. 여러분의 선물로 로키아의 삶은 조금 더 나아질 것입니다. 여러분이 도와주시면 세이브더칠드런Save the Children은 로키아의 가족 및 지역 주민들과 협력하여 로키아를 먹이고 교육하며 기초적인 의료 서비스를 제공할 것입니다.

B. 말라위의 식량 부족으로 300만 명 이상의 아이들이 굶주리고 있습니다. 잠비아에서는 심각한 가뭄으로 2000년에 비해 옥수수 생산량이 42% 감소했습니다. 그 결과 약 300만 명의 잠비아인이 기아에 시달리고, 앙골라에서는 인구의 1/3인 400만 명이 집을 버리고 떠났습니다.

에티오피아에서는 1,100만 명 이상이 즉시 식량을 원조받아야 합니다.

정부 및 자선단체 자문가인 오리건대학교University of Oregon의 심리학자 폴 슬로빅Paul Slovic은 사람들이 수백만 명을 지원하는 조직보다 어린 로키아에게 기부할 확률이 2배나 높다고 말했다.[64] 기부액은 후원자가 느끼는 감정의 영향을 받고, 후원자의 지갑을 여는 가장 빠른 방법은 머리가 아니라 가슴을 여는 것이다.

자신과 관계있는 것들은 더 쉽게 감정을 건드린다. 왜냐하면 자신과 그들을 동일시하기 때문이다. '인식 가능한 피해자 효과Identifiable Victim Effect'라는 이 현상은 집단보다 개인에 집중해 캠페인을 하는 수많은 자선단체의 전략을 잘 보여준다. 언론 역시 인식 가능한 피해자 효과를 이용해 피해자의 얼굴과 신원을 공개함으로써 시청자들의 마음을 흔들고 뉴스의 파급력을 극대화한다. 대중은 알려지지 않은 다수의 피해자보다 신원이 밝혀진 1명의 희생자가 처한 어려움에 집중할 확률이 높다. 대중이 동일시할 수 있는 개인을 통해 지지를 호소하는 정치인의 미사여구에서도 같은 전략을 눈치챘을지 모른다. 사람들은 다수보다 1명의 곤경을 더 쉽게 공감하고 이해한다.

이용당한다는 것을 알면서도 인식 가능한 피해자 효과를 피하기는 어렵다. 그 이유 중 하나는 방대한 수의 사람들이 겪는 고통을 실감하기 힘들기 때문이다.[65] 이오시프 스탈린Iosif Stalin은 "러시아 병사 1명의 죽음은 비극이다. 100만 명의 죽음은 통계다"라고 말했다. 이처럼 아주 많은 사람이 목숨을 잃었다는 뉴스를 들으면 수 자체에 압도되어 상황이 잘 실감되지 않는다. 우리는 테레사 수녀Mother Teresa가 말한 것처럼 1명의 희생자를 위해 행동할 확률이 더 높다. 테레사 수녀는 이렇게 말했다. "많은 사람을 보게 된다면, 나는 나서지 않을 것이다. 1명을 보게 된다면, 나는 나설 것이다."

왜 우리가 다수보다 단 1명을 도울 확률이 더 높은지는 여러 가지로 설명할 수 있다. 우선 우리는 숫자에 민감하다. 우리는 100명 중 10명을 구하는 것이 100만 명 중 10명을 구하는 것보다 효율적이라고 생각한다. 큰 수를 다루기는 벅차고, 결국에는 실패할 것이다. 신원을 알 수 있는 1명의 희생자는 달성할 수 있는 구체적이고 제한된 목표다.

이 말이 사실이라면 우리는 다수보다 소수를 돕는 데 발 벗고 나설 것이다. 상대적인 수의 크기에 근거한 주장은 어딘가 공허하게 들린다. 인식 가능한 피해자 효과는 피해자 수가 1명에서 2명으로 늘어나는 순간 효과가 반감된다. 슬로빅은 로키아의 오빠 '무사Moussa'가 등장하는 순간 공감과 기부가 현저히 감소한다는 사실을 발견했다.[66] 이는 우리가 동일시하는 것이 바로 '개인'이라는 뜻이다. 우리는 1명의 고난에 공감하기가 더 쉽다. 우리의 결정은 언제나 집단에 좌우되지만 다수의 고통을 상상하는 것보다 1명의 처지를 더 쉽게 이입해 생각할 수 있다.

## 조작된 '본능적 반응'

우리는 자신이 옳다고 생각하는 것과 그르다고 생각하는 것에 대한 감정적 반응을 바탕으로 도덕적 판단을 내린다. 일반적으로 사람들은 비도덕적인 행위를 떠올리면 역겨움과 혐오를 느낀다. 사회적 길들이기는 이러한 본능적인 반응을 형성하여 도덕적 분노를 부추긴다. 예를 들어 동성애는 오늘날은 물론 과거에도 많은 사회에서 용인되었는데 이는 동성 관계에 대해 우리에게 내재된 선입견이 없다는 점을 보여준다. 그러나 동성애를 비난하는 사회에서 양육된 아이들은 집단이 투영한 도덕적 분노를 개인적인 혐오감으로 동화시킨다.

혐오감에 의존하는 태도는 타인의 특정 행동을 역겹다는 이유로 비난받아 마땅하다고 합리화하는 '혐오의 지혜Wisdom of Repugnance'로 일컬어져 왔다.[67] 도덕적 혐오감은 질문 대상에 따라 사람들이 역겹다고 생각하는 것이 달라지기 때문에 문제가 된다. 진화심리학자인 제시 베링Jesse Bering이 인간의 성생활을 폭로한 책《PERV, 조금 다른 섹스의 모든 것*Perv: The Sexual Deviant in All of Us*》에서 지적했듯 사람들이 '보편적인 성행위'라고 느끼는 부분에도 상당한 차이가 있다.[68] '혐오'는 특정 성행위를 잘못이라고 여기는 생각에 대한 빈약한 근거다. 아래 상황을 읽고 자신의 도덕적 입장과 혐오 정도를 생각해 보자. 성인 남매가 휴가 중에 하룻밤 잠자리를 하게 되었다고 상상해 보자. 둘 다 자발적으로 동의했고, 적절히 피임도 했으며, 아무에게도 말하지 않기로 했다. 어떠한 심리적, 육체적 상처도 없이 이 일을 즐겼는데 당신은 이들이 비도덕적으로 행동했다고 생각하는가? 대다수가 이 상황을 역겹다고 생각했지만 정작 이유를 말해보라고 하면 왜 이것이 잘못인지 충분한 이유를 대지 못했다. 심리학자 조너선 하이트Jonathan Haidt가 말한 것처럼[69] 사람들은 그저 '도덕적으로 할 말을 잃었을' 뿐이다.

하이트는 어떤 도덕적 가치는 학습하는 것이 아니라 무엇이 옳고 그른가에 대한 직관에서 비롯한다고 믿는다. 이는 영아에게서 관찰된 것과 같은 선악의 추론이다. 우리는 딱히 이유를 설명할 수 없는 감정적이고 본능적인 반응을 보일 때가 있다. '트롤리 문제Trolley Problem'라는 유명한 사고 실험에서 사람들은 원초적인 반응에 기반해 서로 다른 도덕적 판단을 내렸다.[70] 탈선한 객차(트롤리)가 선로에서 작업 중인 5명의 기술자를 향해 달리고 있다. 객차를 멈추지 않으면 모두 죽을 것이다. 하지만 그 전에 교차로의 스위치를 돌리면 선로의 방향을 틀 수 있다. 단, 그쪽에는 1명의 기술자가 일하고 있다. 이런 상황에서 당신은 어떻게 하겠는가? 아무것도 하지 않고 객차가 5명을 덮치게 둘 것인가, 또는 선로를 바꾸어 1명만 목숨을 잃게 할 것인가. 대부분은 기차를 우회시키는 것이 옳으며, 더 나아가 이 상황에서 스위치를 작동하지 않으면 도덕적으로 옳지 않다고까지 생각한다. 반대 선로에 있는 사람에게는 미안하지만 다수를 구하는 것이 옳다고 생각하기 때문이다.

이 시나리오의 다른 버전인 '인도교 문제Footbridge Problem'도 생각해 보자. 당신은 선로 위를 지나는 인도교 위에 서 있다. 이번에도 선로에는 5명의 기술자가 작업 중이고 탈선한 기차가 그들에게 달려들고 있다. 그러나 당신이 다리 가장자리에 앉아 있는 1명의 남성을 밀어서 떨어뜨리면 이들의 죽음을 막을 수 있다. 비록 남성은 죽겠지만 선로를 막아 5명의 목숨을 구하는 것이다. 5명을 살리는 것은 아까와 마찬가지지만 실제로 자신이 남자를 떠밀 수 있을 거라고 생각하는 사람은 극소수다. 왠지 모르지만 그건 옳지 않은 일 같기 때문이다.

이러한 의사 결정의 딜레마는 대다수의 사람이 '도덕적 직관론자' 임을 보여준다. 즉, 직감에 따라 옳고 그름을 판단한다는 것이다. 대부분은 인도교 위에서 남자를 밀지 않을 것이다. 감정적으로 너무 충격적인 행위이기 때문이다. 만약 직접 그를 밀지 않아도 된다면, 이를테면 그 남성이 선로로 곧장 떨어지도록 연결된 함정 위에 서 있다면 사람들은 조금 더 기꺼이 스위치를 눌러 그를 떨어뜨릴 것이다. 결과는 같지만 자신이 덜 개입하기 때문이다.

이러한 감정적 분리 효과는 왜 자신과 희생자 간 접촉이 적고 거리가 멀수록 다른 사람을 죽이기가 더 쉬운지 설명한다. 이는 기계로 적을 공격하는 현대의 기술 전쟁에서 제기된 문제점이다. 병사들이 총검을 사용해 적군의 내장을 꺼낼 때의 거부감을 극복하도록 훈련받던 시대는 지났다. 이제는 버튼만 누르면 원격 드론이 수천 km 떨어진 곳에서 임무를 수행한다.

우리가 선악을 생각할 때 뇌는 서로 다른 추론 체계를 사용한다. 하나는 빠르고 직관적이며, 다른 하나는 느리고 사색적이다. 그러나 우리가 신속하게 행동하고, 이후에 자신의 행동을 정당화할 때는 두 체계가 모두 개입한다. 사회신경과학자 조슈아 그린Joshua Greene은 피험자에게 인도교 문제를 제시하면서 뇌를 촬영했는데[71] 이때 후측대상피질Posterior Cingulated Cortex, 내측전전두피질Medial Prefrontal Cortex, MPFC 그리고 편도체가 관여하는 감정회로가 활성화되었다. 이는 참가자가 상황을 감정적으로 느끼고 있다는 뜻이다. 이와 달리 남자를 직접 밀지 않고 스위치만 돌리면 되는 트롤리 문제에서는 계산을 수행하는 전전두피질과 하두정소엽Inferior Parietal Lobe의 추리 영역이 먼저 활성화되었다.

신원을 아는 희생자를 도울 확률이 더 높은 것과 마찬가지로 자신과 동일시하는 누군가를 해칠 확률은 더 낮다. 인도교 위에서는 가족보다 낯선 이를, 낯선 이보다는 미워하는 누군가를 희생시킬 확률이 더 높다. 이는 인도교 문제에서 자신이 선로 위의 5명과 같은 사회집단에 소속되어 이들과 가깝다고 인식할 경우 자기 목숨을 기꺼이 희생시키려는 이유도 설명한다.[72] 그들은 남이 아닌 동료이기 때문이다.

왜 도덕성은 때때로 이성이 아닌 감정에 따라 움직이는 걸까? 그린은 인간이 빨리 결정하기 위해 감정과 직감에 기반하도록 진화했다고 주장했다. 위협적인 상황이 닥치면 무의식적으로 몸이 움직여 평소라면 상상조차 할 수 없는 일을 남을 위해 하기도 한다. 물론 느린 이성 체계를 사용해 다리에서 남자를 밀어도 정당하다는 결론을 내릴지도 모르나 이때는 뭔가 잘못되었다고 느낄 것이다. 이 감정의 정체는 바로 죄책감이다.[73]

## 거짓을 말하기 때문에 인간이다

'죄책감'은 인간을 사회에 순응하게 하는 강력한 동기이다. 우리는 옳지 않다고 생각하는 일을 했을 때 죄책감을 느낀다. 하지만 무엇이 옳고 그른지 어떻게 아는가? 아기에게도 남을 돕거나 방해하는 사람들을 보고 옳고 그름을 판단하는 직관적인 감각이 있을지 모르지만, 그 외의 규칙들은 유년기를 거치며 배워야 한다. 우리는 주위의 모든 사람이 길들이기의 일부로서 따르는 다양한 규칙을 익혀야 한다. 그중 일부는 도덕률('타인에게 폭력을 행사하지 않기' 등 타인의 권리를 보호하는 규율)이고, 또 다른 일부는 사회 규칙('복장' 등 사회의 가치를 반영하는 관습)이다. 아이들은 만 3, 4세쯤 되면 차츰 규칙 위반의 결과를 깨닫게 되며 죄책감을 통해 그것을 내면화한다.[74]

만 7, 8세 이하의 어린이 대부분이 법에 관한 한 드레드Dredd 판사 못지않다. 드레드 판사는 〈저지 드레드*Judge Dredd*〉라는 공상과학영화에 나오는 미래의 법 집행관으로 예외를 두지 않고 모든 일을 공명정대하게 판결한다. 만 7, 8세 이하의 아이들은 절대적으로 결과를 중요시한다. 의도적이었지만 피해가 적은 행위(컵 1개를 훔치려다가 떨어뜨려 깨뜨린 경우)보다 실수였지만 피해가 큰 행위(넘어지면서 컵 15개를 깨뜨린 경우)를 더 나쁘다고 판단한다. 어린아이들이 잘못을 판단하는 과정에는 흑과 백만 있을 뿐 예외는 없다. 한 남자가 죽어가는 아내를 구하기 위해 터무니없이 비싼 값에 약을 파는 약사로부터 신약을 훔쳤더라도 아이들은 사리를 챙기려는 약사보다 약을

훔친 남자가 잘못했다고 생각한다.[75]

나이가 들고 경험이 늘면서 아이들은 조금 더 신중하게 개별 상황을 판단한다. 이때 아이들이 경험하는 일반적인 도덕적 딜레마는 바로 '사실대로 말할 것인가 말하지 않을 것인가'이다. 처음에 아이들은 사소한 일이라도 사실대로 말하지 않는 것은 잘못이라고 배우지만 만 11세쯤 되면 거짓말도 도덕적으로 옳고 필요할 때가 있다는 점을 이해한다. 또 어린아이들은 속임수도 이해한다. 만 4세 아이들도 속임수를 이해해야 풀 수 있는 마음 이론 과제를 통과하지만 이들이 규칙에 더 얽매여 있다.

누구도 남이 자기에게 거짓말하는 것을 좋아하지 않는다. 하지만 모든 사람이 거짓말을 한다. 거짓말은 '상황을 조작하기 위해 거짓 믿음을 끌어내려는 의도적인 시도'다. 다른 사람의 생각과 행동을 통제하기 위해 중요한 정보를 말하지 않거나, 속임수를 써서 잘못된 정보를 준다. 만약 어떤 이가 자신은 거짓말을 하지 않는다고 말한다면 그는 거짓말이 뭔지 모르거나, 거짓말할 대상이 없거나, 거짓말을 하고 있는 것이다.

일주일에 걸쳐 진행된 일지 연구에 따르면 10명 중 단 1명만이 이 기간에 거짓말을 전혀 하지 않았다.[76] 많은 사람이 '이야기를 지어내는 것'을 거짓말이라고 생각하지만 '관련 정보를 모두 공개하지 않는 것' 역시 거짓말에 포함된다. 물론 거짓말을 하는 게 좋을 때도 있다. 살인자가 우리의 집에 와서 피해자가 숨은 곳을 말하라고 한다면 우리는 피해자의 행방을 알아도 거짓말을 해야 한다. 이것은 정당한 거짓말이다. 피해자의 행방을 밝히는 것이야말로 도덕적으로 잘못이다. 우리는 항상 진실만을 말할 수 없고 그래서도 안 된다.

거짓말을 한다는 것은 인간이 된다는 뜻이고, 거짓말을 전혀 하지 않는 것이 설사 가능하더라도 마냥 좋은 일은 아니다. 우리는 남의 기분을 상하지 않게 하려고 얼마나 자주 거짓말을 하는가? 항상 진실만을 말한다면 남에게 수치를 줄 수도 있고, 결국 관계가 깨지면서 사회의 결속력은 허물어질 것이다. 시트콤 〈빅뱅이론*The Big Bang Theory*〉의 천재 물리학자 셸던 쿠퍼Sheldon Cooper는 사람들을 대할 때마다 이 문제로 끊임없이 분투한다. 당신이 진실만을 말한다면 친구와 배우자를 빨리 잃게 될 것이다. 평화를 유지하려면 거짓말을 해야 한다.

사실 거짓말의 목표는 '스스로 자신을 좋은 사람이라고 느끼는 것'이 아니다. 우리는 타인이 나를 생각하는 방식에 영향을 주기 위해 거짓말을 2배나 많이 하기 때문이다.[77] 사람들은 타인의 자존감을 높여주기 위해, 또는 타인이 자기를 좋아하게 만들거나 존경을 받기 위해 거짓말을 한다. 벌을 받지 않기 위해서도 거짓말을 한다. 즉 이런 거짓말은 자신의 진정한 감정, 동기, 계획, 행동을 감추려고 하는데 진실을 밝혔다가는 다른 사람이 자신을 부정적으로 판단할 것이라고 믿기 때문이다.

거짓말은 들키기 때문에 문제가 된다. 거짓을 말했다는 행위 자체보다 기만당했다는 생각과 신뢰 상실이 우리를 가장 괴롭게 한다. '속임수가 드러나는 것을 막는다'는 것은 거짓말의 강력한 동기가 된다. 그래서 나를 속이는 상대를 찾아내고, 상대를 속이려는 투쟁이 끊임없이 일어난다. 길들이기는 원래 다른 사람과 잘 지내는 법을 가르친다. 하지만 때로는 거부당하거나 벌을 받지 않기 위해 남을 속이는 법을 배워야 할 때도 있다.

## 자신부터 속여라

거짓말을 들키지 않는 좋은 방법은 자기가 사실을 말하고 있다고 스스로 믿어버리는 것이다. 이것은 인간의 '자기기만Self-Deception' 능력이다.[78] 사회생물학자 로버트 트리버스Robert Trivers는 남을 더 쉽게 속이기 위해 자기기만 능력이 개발되었다고 주장한다.[79] 진실과 거짓을 동시에 유지해야 할 때는 이야기를 일관되게 이어 나가는 실행 기능이 요구된다. 거짓말의 정도에 따라 속이는 자는 타인을 위해 쳐둔 기만의 거미줄에 말려들기 쉽다. 따라서 아예 자신까지 속여버린다면 남을 더 잘 속일 수 있다.

자기기만에는 많은 장점과 함께 많은 기회가 주어진다. 자기기만은 남들에게 자신을 실제보다 더 나은 사람이라고 생각하게 하는 데 도움이 된다.[80] 우리는 자신이 부족하다고 느낄 때 남들이 자신에게 확신을 가져주기를 바란다. 타인의 확신은 우리 안에서 자신에게 한 최초의 거짓말을 영속시킨다. 연인에서 지도자에 이르기까지 우리는 자신감이 넘치는 사람을 선호하고 그들의 말을 더 기꺼이 믿고 따른다. 우리는 자기기만을 통해 자아상을 강화함으로써 자신이 상황을 통제하고 있다는 착각을 키우고, 그것이 선택의 불확실성을 줄이며 성과를 높인다. 또한 자신을 더 많이 속일수록 자신의 이야기를 더 믿게 된다. 회상이란 본질적으로 기억을 재구성하는 과정이기 때문이다. 또한 잘못된 기억의 문제도 있다. 단편영화를 보고 허구의 이야기를 지어내야 했던 참가자들은 2달 후 자신의 거짓말을 진실이라고 믿게 되었다. 더는 진실과 자기가 지어낸 허구를 구별할 수 없게 된 것이다. 요컨대 자기기만은 자기 곧 자기 실현적 예언(어떤 일을 예측하고 그렇게 될 것이라는 믿음에 맞추어 행동해 기대가 실현되는 현상－옮긴이)이 된다.

자기기만으로 가는 길은 쉽다. 많은 사람이 이미 외모, 재치, 지성 같은 사회적으로 중요한 특성 면에서 자신이 평균 이상이라고 믿는다. 일이 잘 풀릴 때는 공을 자신에게 돌리는 경우가 많다. 10명 중 8명은 자신이 하는 일은 결국 모두 잘될 거라고 가정한다. 서구에서 이혼율은 40%에 육박한다. 이는 5쌍 중 2쌍이 헤어진다는 뜻이다. 그러나 배우자와 헤어지게 될 거라고 생각하는 신혼부부는 없다.[81] 심지어 이혼에 관해 누구보다 잘 아는 이혼 전문 변호사조차 자신은 이혼하지 않을 것이라고 생각한다. 사람들은 말 그대로 조금 더 긍정적인 시각으로 자신을 바라본다.

사람들은 흔히 냉혹한 현실에서 자기를 보호하기 위한 방어 장치로써 자기기만이 작동한다고 생각한다. 그래서 많은 사람이 증상이 있어도 곧 나아질 거라고 믿고 의사에게 가지 않는다. 하지만 트리버스의 생각은 다르다. 그는 자기기만이 타인을 쉽게 조종하는 '범죄 메커니즘'이라고 생각한다. 남에게 좋은 인상을 주기 위해 자신을 속여 긍정적인 측면을 만드는 것이다. 게다가 자기기만에는 마지막 반전이 있는데, 사람들은 자기 자신마저 속였다는 사실을 인식하지 못하는 상대를 용서할 확률이 높았다. 우리는 자기기만의 함정에 빠진 이들을 용서한다. 마치 그들에게는 책임이 없는 것처럼 말이다.

## 미안하다는 말을 믿는 이유

길들이기에서 또 하나 중요한 요소는 '사과할 타이밍을 아는 것'이다. 미안하다고 말하는 행위는 상대에게 자신의 행동을 후회한다고 고백하는 것이다. 더 중요하게는 상대를 소중하게 생각한다는 뜻이기도 하다. 관심의 대상이 아닌 사람에게는 사과하지 않을 테니까 말이다. 그래서 사람들은 사과하는 사람을 용서한다. 그러나 이 말을 믿어야 할까? 미안하다고 말했을 때 용서받을 거라고 생각하면 얼마든지 쉽게 사과할 수 있지 않겠는가? 남을 속일 때는 상대가 나를 믿어줄 확률이 높지만 일단 거짓이 들통나면 보복은 훨씬 클 것이다.[82] 상대에게 해를 주려는 의도가 있었다는 사실이 밝혀지면 사과는 오히려 역효과를 불러일으킬 수 있다. 제 이익을 위해 고의로 속여 놓고 거짓 사과하는 사람을 쉽게 용서할 수 없다.

일반적으로는 거짓 사과라도 통하게 마련이다. 들은 대로 믿는 것이 인간의 본성이기 때문이다. 인간은 타인의 정보와 조언에 의존하는 동물이므로 당연히 남의 말을 믿는다. "그 사람이 나에게 정말로 매력적이라고 말했어", "나라면 안 먹을 텐데!"는 한 사람의 인생을 바꿀 수도 있는 두 종류의 말이다. 들은 대로 믿지 않는다면 오래 살아남지 못할 수도 있다. 타인을 신뢰하는 행위는 결국 자신에게 이익이 된다.

아이들은 들은 대로 믿는, 아주 잘 속는 생물로서 삶을 시작한다. 어른은 아이들을 쉽게 속이며 즐거워하고, 아이들은 보통 그 속임수를 재미있어한다. 환상, 마술, 농담, 예상치 못한 놀라움은 특히 아이들에게 잘 먹힌다. 왜냐하면 아이들은 어른이 진실을 말한다고 믿기 때문이다. 아이들은 순진하므로 그러는 것이 당연하다. 아이들은 자신이 들은 말의 진위를 확인할 수 있는 위치에 있지 않다. 당신이 하는 말을 전부 의심하는 사람에게 정보를 전달해야 한다고 생각해 보자. 아이들이 항상 의심한다면 학교 교육은 불가능할 것이다.

믿고자 하는 성향은 뇌 활동에서도 나타난다. 신경과학자 샘 해리스Sam Harris는 성인 피험자의 뇌를 촬영하면서 어떤 주장을 말해주고 피험자에게 이것이 진실인지 거짓인지 대답하라고 했다.[83] 참가자들이 그 주장에 찬성하는지 아닌지에 상관없이 진실 여부를 확신할 수 없거나 거짓이라고 생각할 때 전전두피질이 활성화되었다. 그러나 주장이 거짓이라고 대답할 때는 뇌에서 부정적인 감정과 연관된 전측대상회피질과 미상핵 등이 활성화되었다. 또한 주장이 거짓이라고 답할 때 시간이 더 오래 걸렸다. 이 결과는 깊이 숙고하는 행위 자체가 그것을 옳다고 느끼게 만들고, 사실이 아니라고 보기 어렵게 한다고 한

19세기 네덜란드 철학자 바뤼흐 스피노자Baruch Spinoza의 생각을 뒷받침한다. 우리는 자신이 들은 것을 믿고 싶어 한다. 인간은 신뢰하고 싶어 한다.

## 야누스 인간

인간은 선천적으로 남을 돕는 경향이 있다. 같은 집단에 있는 다른 사람에게 동의하지 않거나, 돕기를 거절하거나, 해를 끼치는 것은 우리의 본성에 위배된다. 그러나 우리는 길들이기를 통해 무엇이 적절한지를 배워야 한다. 남을 이용하려는 유혹은 언제나 존재하고 이 행위에는 위험이 따른다. 어떨 때는 위험을 무릅쓰고도 그렇게 하지만 소규모 집단에서 사기꾼이나 무임승차자로 낙인찍혀 배척되면 생존 자체가 어려워진다. 초기 인류를 규율이 지배하는 사회로 몰고 간 협동과 협업은 '눈에는 눈, 이에는 이'라는 상호주의 원칙에 기반해 진화했다. 하지만 생존을 위해 수렵과 채집을 할 필요가 없어졌으므로 혼자 살아가는 것이 가능한 오늘날에도 우리는 사회 친화적 행동의 감정적 결과로서 뇌 깊숙이 박힌 '의무'라는 짐을 지고 다닌다.

물론 생물학적 조건이나 유년기의 경험, 또는 이 2가지가 조합된 결과 이런 성향을 가지지 않은 소수의 사람들도 존재한다. 앞에서 우리는 유년기의 학대 경험이 어떻게 아이들의 뇌를 형성하고, 행동에 영향을 주는지 알아보았다. 안정적인 가정과 학대 환경에서 자란 아이들을 비교한 실험을 보면 학대 가정에서 자란 아이들은 단 1명만 이 고통받는 다른 아이를 돕거나 위로했고, 안정적인 가정에서 자란 아이들은 대부분 아파하는 아이들을 도와주었다.[84] 안정적으로 애착 관계가 형성된 아이들이 보호자에게서 쉽게 위안을 찾고 도움을 받아들였다는 점을 기억하라. 반대로 애착 관계가 불안정한 아이들은 타인에게서 위안을 찾거나 도움을 선뜻 받아들이지 않는다. 앞에서 '조력자와 훼방꾼' 영상을 보았을 때 불안정 애착 아동은 도움을 주던 도형이 상대를 버리고 가도 놀라지 않았다.[85] 이렇듯 길들이기는 무엇이 옳고 그른지에 관한 아이들의 기대를 형성하므로 중요하다.

한편 생물학적으로 친사회적인 성향이 있다고 해서 우리가 아무나, 닥치는 대로 돕는다는 뜻은 아니다. 현대 세계에는 여전히 영역, 자원, 사상을 둘러싼 집단 간의 갈등이 만연하다. 인간은 친사회적인 동물이지만 자신이 속한 집단 내에서만 친절을 베푼다. 이는 유전자를 공유하는 자들에게 호의를 베풀라는 진화적 명령 때문이지만 대개는 '상대에게 친절하면 상대도 나에게 친절할 것이다'라는 가정에 기댄 결과다. 현대 사회의 병폐를 생각하면 어쩐지 그 메시지는 사라진 것 같다. 어쨌든 이 혜택을 얻기 위해서는 집단에 속해 있어야 하며, 이 생각은 우리의 태도와 행동에 강력한 영향을 미친다. 이는 우리가 사회적 동물로서 얻을 수 있는 가장 강력한 인센티브다. 대다수의 사람이 사회에 수용되기를 원한다는 사실은 놀랍지 않지만 집단에 소속되기 위해 사람이 어디까지 할 수 있는지, 그리고 집단에서 배척되었을 때 행하는 끔찍한 보복에는 놀라지 않을 수 없다.

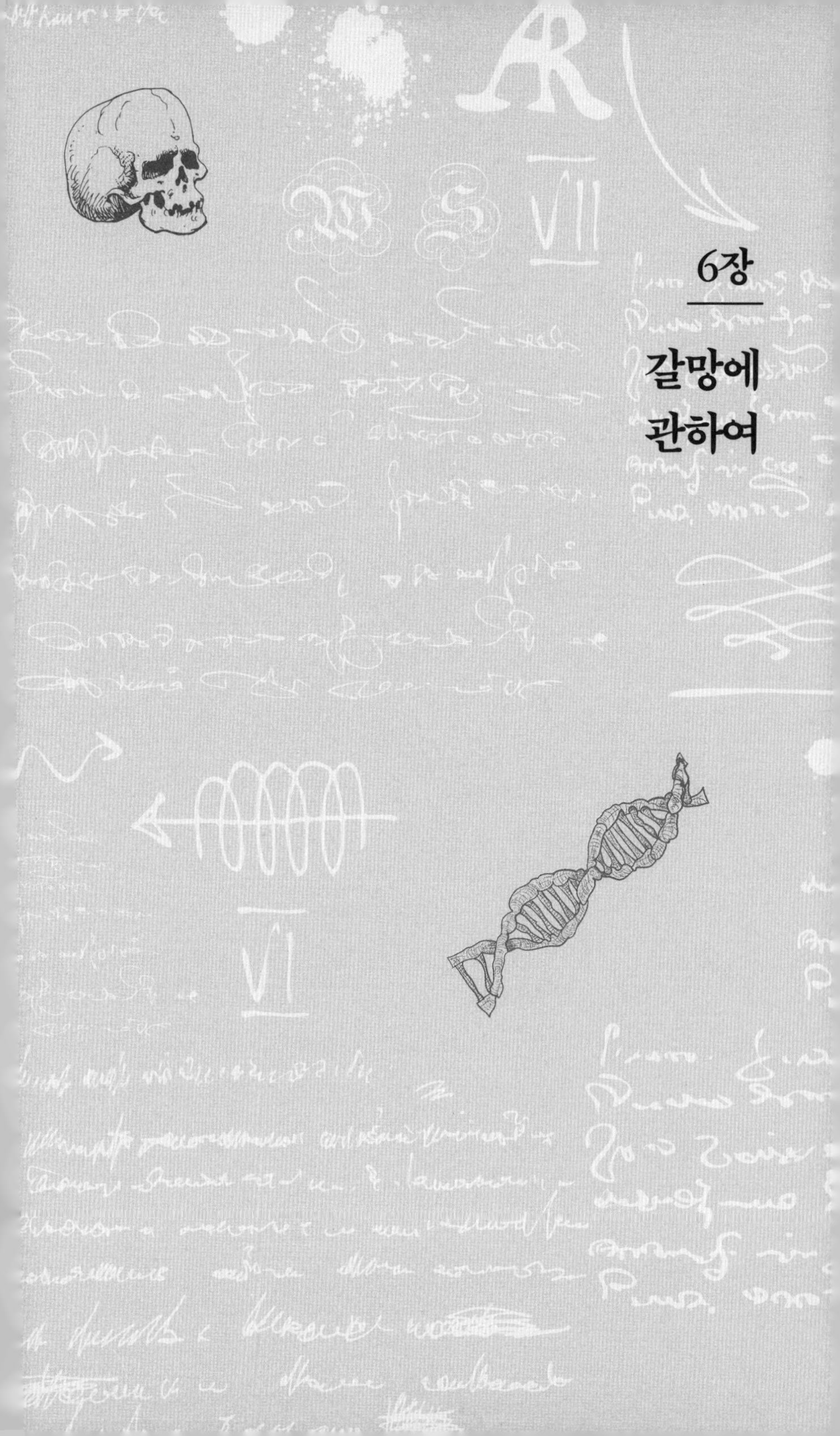

# 6장

# 갈망에 관하여

셰인 바우어Shane Bauer는 2009년에 이란에 구금되었던 3명의 미국인 등산객 중 1명이었다. 중동에서 체포되던 당시 바우어와 그의 여자 친구 세라 슈드Sarah Shourd, 친구 조시 패타워Josh Fattawere는 이라크와 이란 국경지대에 위치한 자그로스산맥에서 관광 명소인 아메드아와폭포로 도보 여행을 하고 있었다. 이란 정부는 이들이 이란에 불법 입국했기 때문에 간첩 혐의로 체포했다고 주장했다. 슈드는 인도주의적 차원에서 14개월 후에 풀려났지만 바우어와 패타워는 간첩 혐의로 유죄 판결을 받고 8년 형을 선고받았다. 그들은 26개월 동안 감금되었다가 50만 달러의 보석금을 내고 2011년 9월에 풀려났다.

타국에서의 이런 경험은 나중에 바우어가 자국의 실상을 알게 되었을 때 큰 영향을 주었다. 바우어는 잡지 〈마더 존스*Mother Jones*〉에[1] '이란에서의 독방 생활이 나를 무너뜨렸다. 그런데 미국의 교도소에서 더 끔찍한 장면을 보게 될 줄은 몰랐다'라고 썼다. 그는 미국에서 합법적으로 재소자를 독방에 가두는 고문법을 파헤치기로 했다. 바우어가 캘리포니아의 교도소를 방문했을 때 한 교도관이 이란에서의 경험이 어땠는지 물었다. 바우어는 다음과 같이 말했다.

"가장 끔찍했던 것은 언제쯤 풀려날지 알 수 없다는 불확실성도, 고문받는 다른 재소자들의 비명도 아닌 독방에서 홀로 보낸 4개월이었습니다. 다른 사람과의 접촉이 절실했어요. 아침에 일어날 때마다 교도관에게 오늘은 취조라도 받게 해달라고 말하고 싶었으니까요."

외로움은 사람이 새로운 환경에 적응할 때 흔히 느끼는 일시적인 감정이다. 수일, 수개월, 심지어 수년 동안 형벌로서 누군가를 고립시키는 것만큼 잔인한 일은 없다. 신체 고문과 굶주림 역시 끔찍하지만 경험자들에 따르면 최악은 사람들로부터 격리되는 일이었다. 넬슨 만델라Nelson Mandela는 로벤섬에서 수감 생활을 할 때 '단절보다 비인간적인 것은 없다'라고 썼다. 그가 아는 사람은 독방에 감금되느니 채찍으로 5, 6대를 맞겠다고 했다.[2]

현재 미국에는 2만 5,000명의 수감자가 다른 사람과의 의미 있는 접촉을 일체 박탈당한 채 아주 작은 감방에 갇혀 있다고 추정한다. 많은 사람이 그곳에서 며칠, 어떤 이들은 몇 년씩 격리된다. 이들이 아주 난폭한 수감자라서 독방에 갇힌 것이 아니다. 단지 읽으면 안 되는 책을 읽었다는 이유로 감금당하기도 했다. 이 형벌은 국제 규범도 없고, 미국만큼 독방 감금을 많이 이용하는 민주국가도 없다. 소위 인권 국가라는 나라에서 이러한 충격적인 변칙이 일어나고 있다. 2012년에 뉴욕시민자유연합New York Civil Liberties Union은 뉴욕주의 독방 감금에 대한 연구 결과를 발표하면서 결론에 '독방은 심각한 우울장애와 통제할 수 없는 분노를 포함해 심각한 감정적, 심리적 피해를 야기한다'라고 말했다.[3]

자진해서 자신을 격리한 사람들도 심리적 고통을 경험하기는 마찬가지다. 40년 전 프랑스 과학자 미셸 시프르Michel Siffre는 햇빛을 포함해 현재 시각을 짐작할 수 있는 모든 외부 환경에서 격리되었을 때 인간의 신체 리듬이 어떻게 반응하는지를 조사하기 위한 연구를 실시했다. 그는 시계와 달력 없이 동굴에서 몇 개월간 살았고, 그 결과 햇빛이 주는 신호가 차단되었을 때 인체는 24시간이 아닌 48시간을 주기로 작동한다는 점을 발견했다. 더 오래 격리되면 사람들은 36시간 동안 깨어 있고 12시간 동안 잠을 자는 주기로 바뀐다.[4] 그는 또한 사회적 고립이 심리적 고통을 야기한다는 사실을 발견했다. 비록 지상의 연구 조수들과 꾸준히 소통했지만 시프르의 정신 건강은 나빠지기 시작했다. 텍사스의 한 동굴에서 행한 연구 막바지에 그는 이성을 잃기 시작했다.[5] 시프르는 너무나 외로웠던 나머지 동굴에 가끔 나타나 돌아다니던 쥐를 '무스Mus'라는 이름으로 부르고 붙잡으려고 했다. 시프르는 일기에 이렇게 썼다.

> 내 인내심이 마침내 승리했다. 무스는 한참을 망설인 끝에 잼에 한 발짝 다가왔다. 이 작고 반짝이는 눈, 매끈한 털가죽이라니! 나는 접시를 내리쳤다. 무스를 잡았다! 나는 결국 이 외로움을 달래줄 벗을 가지게 될

것이다. 흥분으로 가슴이 두근거렸다. 동굴에 들어오고 처음으로 기쁨이 솟구쳤다. 조심스럽게 접시를 들어 올렸다. 고통에 몸부림치는 작은 비명이 들렸다. 무스가 모로 누워 있었다. 머리를 맞은 것이다. 나는 슬픔에 겨워 무스를 바라보았다. 작은 소리조차도 사라진다. 무스는 움직이지 않았다. 적막감이 나를 감싼다.

다른 예로 영화 〈캐스트 어웨이*Cast Away*〉에서 톰 행크스Tom Hanks가 연기한 페덱스FedEx 직원 척 놀런드Chuck Noland는 배구공에 제조사의 이름을 따서 '윌슨Wilson'이라는 이름을 붙이고 사람처럼 대한다. 관객은 이를 통해 벗의 필요성을 충분히 공감한다. 놀런드는 뗏목을 타고 섬을 탈출하려다가 윌슨이 바다에 빠지자 공을 구하기 위해 목숨을 건다. 필사적으로 윌슨을 부르며 공을 따라 바다에 뛰어들지만 결국 포기한다. 공이 바닷물에 실려 멀어질 때 공에게 사과하는 장면은 가장 특별한 무생물체가 '사망'하는 순간이다. 우리는 외로움이 사람을 어떻게 만들 수 있는지 잘 알기 때문에 그의 트라우마는 관객의 심금을 울린다.

## 나처럼 해봐요

절박한 동료애에 관한 이야기들은 이 책의 핵심 주제를 강조한다. 인간의 뇌는 사회적 상호 작용을 위해 진화했고, 우리는 생존하기 위해 길들이기에 의지하게 되었다. 사회적 동물은 고립된 상태로는 잘 지내지 못한다. 인간은 집단 안에서 가장 오래 양육되고 생활하는 종이다.[6] 혼자서 지내는 사람들은 건강이 나빠지고 기대 수명도 짧아진다. 사람은 평균적으로 깨어 있는 시간의 80%를 남들과 보내고,[7] 혼자 보내는 시간보다 더 우선으로 생각한다. 은둔자, 승려, 어떤 프랑스 과학자처럼 의도적으로 자신을 고립한 사람들조차 이 규칙의 예외를 증명하지 못한다.

단지 사람들이 주변에 있다는 것만으로는 충분하지 않다. 우리는 어딘가에 소속되어야 한다. 우리는 사람들을 하나로 만드는 사회적 유대감을 형성하고 이를 유지하기 위해 감정적인 관계를 맺을 필요가 있다. 우리는 다른 사람들이 자신을 좋아하게 만드는 일을 하고 다른 사람을 화나게 하는 일은 하지 않는다. 감정적으로 적절하게 행동하는 능력을 상실한 사람을 만나보기 전에는, 그리고 감정이 사회적 상호 작용에 얼마나 중요한지 깨닫기 전에는 위의 행동이 당연해 보일 것이다. 치매를 비롯한 뇌 장애는 감정 작용을 방해해 사람을 지나치게 극단적으로 만들거나, 지나치게 단조롭게, 또는 경우 없게 만들 수 있다. 뇌에 별다른 이상이 없는 사람들이라 해도 감정을 표현하는 능력은 다양하다. 남과 감정을 나누지 않는 사람은 차갑고 접근하기 힘들지만, 기꺼이 감정을 표현하는 사람은 긍정적일 것이라는 가정하에 따뜻하고 친근하게 여겨진다.

때로는 타인의 감정이 전염되기도 한다. 많은 사람이 결혼식장이나 장례식장에서 다른 사람이 우는 모습을 보고 따라서 운다. 또는 점잖은 자리에서 옆 친구가 웃는 모습을 보고 쓰러질 정도로 웃는다. 배우들은 이 순간을 '시체 되기Corpsing'라고 부르는데, 아마도 웃음이 터져서는 안 되는 최악의 상황이 무대에서 시체를 연기할 때이기 때문일 것이다.

웃음과 눈물은 자신도 모르게 일어나는 근육경련처럼 집단을 통해 불가항력으로 전달되는 2가지 사회적 감정이다. 이러한 감정을 공유할 때 우리는 서로 연결되었다고 느낀다. 아기들도 다른 아기들이 울거나 다른 사람이 괴로워하는 모습을 보면 따라 우는 등 타인의 감정을 흉내 내므로 이는 학습된 것이라기보다 타고난 것이다. 찰스 다윈은 아들 윌리엄William이 유모에게 속은 장면을 이렇게 묘사했다.

> 태어난 지 6개월쯤 되었을까. 하루는 유모가 우는 시늉을 했더니 윌리엄은 입가가 일그러지면서 이내 우울한 표정이 되었다.[8]

감정 전염은 우리에게 어떤 이로움을 주며, 왜 우리는 어떤 표정은 따라 하고 어떤 표정은 따라 하지 않을까? 위협에 적응하기 위해 인간의 표정이 진화했다는 가설이 있다. 공포감은 세상의 잠재적 정보를 더 잘 받아들이도록 얼굴 모양을 바꾸고 눈썹을 올라가게 한다. 반면 혐오감은 코를 찡그리고 눈을 감게 만들어 잠재적으로 유해한 자극을 덜 받아들이게 한다.[9] 누군가 토하는 것을 보거나 소리를 들으면 같이 구역질이 나는데 이는 상대가 먹은 해로운 음식을 함께 먹었을 경우 위 속의 내용물을 얼른 게워내라는 경고일 수 있다.

거울 체계Mirroring System를 형성하는 두뇌 메커니즘이 바로 이 모방 능력을 뒷받침한다. 거울 체계는 뇌의 운동피질Motor Cortex에서 동작을 제어하는 뉴런으로 이루어진 신경망이다. 이 뉴런들은 보통 우리가 행동을 계획하고 실행할 때 활성화된다. 그러나 1990년대 이탈리아 파르마에서 연구원들은 우연히 인간이 자신에 대해 생각하는 방식과 동작 조절 방식을 바꾸는 운동뉴런을 발견했다. 비토리오 갈레세Vittorio Gallese와 동료들은 아주 미세한 전극을 사용해 히말라야원숭이의 전운동피질Premotor Cortex의 뉴런 1개를 측정하고 있었다.[10] 원숭이가 건포도를 잡으려고 손을 뻗는 순간 뉴런이 갑자기 활동을 시작했다. 이 뉴런은 동작의 시작을 지시하는 전운동뉴런Premotor Neuron이었으므로 당연한 결과였다. 그런데 잠시 후, 한 연구원이 건포도에 손을 뻗는 모습을 보고 있을 때도 원숭이 뇌에서 같은 뉴런이 활동하기 시작했다. 원숭이의 뇌가 연구원이 손을 뻗는 행동, 즉 연구원의 뇌가 통제하는 행동을 자신의 행위로 등록한 것이다.

이것이 놀라운 이유는 그때까지만 해도 타인의 활동을 지각하는 영역과 자신의 동작을 생성하는 네트워크는 별개라고 여겼기 때문이다. 이탈리아 연구원들은 원숭이의 뇌에서 해당 구역에 있는 10개의 신경세포 중 1개는 다른 사람의 행동을 '거울처럼 비춘다'는 것을 발견했다. 원숭이 뇌에 있는 거울뉴런Mirror Neuron이 다른 사람의 동작을 머릿속으로 따라 하는 것 같았다. 신경과학자 크리스티안 카이저스Christian Keysers는 이렇게 설명했다.

타인의 행동을 보면서 반응하는 전운동뉴런을 발견한 것은 그저 영상을 '보여주는 장치'라고 생각했던 텔레비전이 사실은 당신의 모든 행동을 기록한 비디오카메라 역할을 동시에 하고 있었음을 알게 된 것처럼 놀라운 사실이다.[11]

다른 사람의 행동을 머릿속에서 모방하고 동시에 행동으로 옮기게 하는 이 이중 역할이 과학계에 불을 붙였다. 타인을 관찰함으로써 뇌에서 자신과 타인이 연결되는 경험은 왜 사람들이 남의 결혼식장에서 울고 타인의 고통을 느끼는지와 더불어 인간의 온갖 사회적 행동을 설명한다. 이는 마치 사람들의 마음과 마음을 직접 잇는 초자연적 연결 방식을 찾아낸 것이나 다름없었다. 거울뉴런의 발견은 생물학에서 DNA의 구조를 밝힌 것만큼이나 뇌를 이해하는 데 중요하다고 선언한 사람도 있었다. 과장된 면이 없지 않으나 거울뉴런의 발견이 학계에 가져온 흥분을 느낄 수 있는 주장이다.[12]

물론 거울뉴런에 대해 회의적인 사람들도 있었다. 사람의 뇌 중 거울뉴런에 관한 기록이 없었기 때문이다. 그러다가 2010년, 신경외과의 이츠하크 프리드Itzhak Fried가 뇌전증(간질) 환자 치료에 관해 흥미로운 연구 결과를 발표했다.[13] 프리드는 수년 전 와일더 펜필드가 한 것과 비슷한 방식으로 환자의 뇌에 전극을 심었다. 환자들은 완전히 의식이 있는 상태로 거울뉴런의 존재를 확인하기 위한 연구에 참여했다. 환자들은 지시에 따라 미소를 짓거나, 얼굴을 찡그리거나, 엄지와 검지로 몸을 꼬집거나, 손을 꽉 쥐었다. 프리드는 사람들이 각각의 동작을 수행할 때 활성화되는 뉴런을 찾은 다음 환자에게 다른 사람이 위의 동작을 하는 영상을 보여주었다. 히말라야원숭이 실험 때처럼 전운동뉴런은 자신이 동작을 할 때는 물론이고 다른 사람이 같은 동작을 하는 것을 볼 때도 활성화되었다. 인간에게서 진정한 거울뉴런을 찾은 것이다. 하지만 진짜 핵심 질문은 '어떻게 거울뉴런이 생겨났는가'이다.[14] 이 뉴런들은 단순히 수년간 사람들을 관찰하고 그들의 행동을 자신의 동작으로 연결한 끝에 이중 역할을 습득했나? 아니면 우리는 처음부터 거울뉴런을 장착한 채 태어나나? 후자는 신생아가 어떤 학습도 없이 어른의 표정을 그대로 따라 한다는 사실을 설명할지도 모른다.

## 왜 인간만이 얼굴을 붉히나

2장에서 설명했듯이 인간이 남을 따라 하는 능력을 타고난다고 믿는 데는 이유가 있다. 영아는 본능적으로 남을 흉내 내지만 그렇다고 만나는 사람을 모두 따라 하도록 시스템이 작동하지는 않는다. 오히려 영아는 상대가 친구인지 적인지를 판단하는 안목을 차츰 키워간다. 처음에는 자신과 같은 관심과 취향을 공유하는 사람들을 구분한다. 음식 선호도 조사에서[15] 생후 11개월 된 아기들에게 과자와 시리얼이 담긴 그릇 중 하나를 선택하게 했다. 아기가 선택을 마친 후 두 인형이 나타나 각각 음식이 담긴 그릇으로 간다. 한 인형이 "음,

맛있다. 난 이게 좋아"라고 하면 다른 인형은 "웩, 맛없어. 난 이거 싫어"라고 말했다. 두 인형은 음식을 두고 서로 반대되는 태도를 보였다. 그러고 나서 아기들에게 두 인형 중 하나와 놀게 했을 때 5명 중 4명이 자신과 같은 음식을 좋아하는 인형을 선택했다. 아기는 돌이 되기 전에 이미 취향과 선입견을 가졌다는 신호를 분명히 보여주었다. 아기의 뇌가 자신을 둘러싼 얼굴과 목소리에 맞추어 조정되는 것처럼 아기들은 누가 자신과 비슷한지, 비슷하지 않은지를 식별하는 법도 배웠다.

이러한 구분이 이루어지려면 인간은 먼저 자아 정체성을 갖추어야 한다. 자신이 누구이고 다른 사람과는 어떻게 다른지를 아는 것이다. 이것은 만 2세 때 가장 두드러지게 나타난다. 인간을 비롯한 사회적 동물들은 거울을 통해 자신을 인식한다.[16] 처음에 영아는 거울에 비친 자신을 보고 '함께 노는 친구'라고 생각하지만 18~20개월이 되면 거울을 보고 자신을 식별하면서 새로운 차원의 자기 인식을 시작한다.[17] 만 2, 3세 사이의 아이들은 얼굴을 붉히는 것으로 부끄러움을 표현하기 시작한다. 혈액이 피부로 몰려들어 얼굴이 빨개지는 것은 원치 않게 타인의 관심을 끄는 이 상황이 불편하다는 사실을 나타내는 지표다.

> 그것은 자신의 외형을 돌아보는 단순한 행동이 아니다. 남들이 자기를 어떻게 생각할지 상상했을 때 얼굴이 붉어진다. 절대 고독의 상황이라면 아무리 예민한 사람이라도 자신의 외모에 상당히 무관심할 것이다.[18]

찰스 다윈이 말했듯이 인간이 왜 얼굴을 붉히도록 진화했는지는 아직 밝혀지지 않았다. 다만 다른 사람에게 시각적으로 보내는 사과의 표현으로 작용해 우리를 사회에서 배척되지 않게 한다는 가설이 있다.[19] 문제는 피부색이 짙은 사람들은 얼굴을 붉혀도 크게 두드러지지 않고, 우리 모두 한때 피부색이 짙었다는 사실이다. 왜 인간은 아프리카에서 벗어난 후에야 이 신호를 진화시킨 것일까? 왜 인간만이 얼굴을 붉히는지는 누구도 알지 못한다. 그러나 남과 함께 있을 때만 얼굴이 붉어지는 것을 보면 이 행동은 수치스러움이나 죄책감을 알리는 수단일지도 모른다. 즉, 다른 사람이 자신을 어떻게 생각하는지 상상한 내용에 의존하는 감정이다.

아동의 자기 인식은 앞 장에서 물건 소유에 관해 이야기할 때 언급했던 인칭대명사의 사용으로도 알 수 있다. 만 3세가 될 무렵 아이들은 '내가', '나를', '내 거'라는 단어를 사용할 뿐 아니라 동시에 '여자', '남자' 같은 성별을 나타내는 단어도 사용한다. 여성이 일반적으로 남성보다 언어 능력이 더 발달했으므로 여자아이들이 남자아이들보다 이 단계에 더 빠르게 들어간다.[20] 남자와 여자를 구분하는 행위는 정체성의 첫 번째 표식 중 하나다. 영아는 일찌감치 성별에 민감하다. 생후 3, 4개월 무렵에 이미 여성의 얼굴을 선호하고[21] 만 2세가 될 무렵이면 대부분 자신의 성별을 선호한다. [22] 성별을 향한 민감성은 이보다 나중에 등장하는 인종 편견을 훨씬 앞선다. 만 3, 4세 아이들에게 사진을 보고 친구가 될 만한 사람을 고르라고 하면 확실히 자신과 같은 성별을 선호하지만 굳이 같은 인종을 고르지는 않는다.[23]

일단 자신이 남자인지 여자인지 인식하게 되면 아이들은 '성별 탐정'이 되어 남녀 간 무엇이 다른지를 찾는다.[24] 이때부터 아이들은 사회에 존재하는 고정관념에 순응하기 시작한다. 아이들은 성별 탐정인 동시에 성별에 어울리지 않는 태도나 행동을 보이는 사람을 추궁하는 경찰이 된다. 그리고 만 3, 4세가 되면 자신과 동일시할 수 없는 다른 아이들에게 부정적인 말을 한다. 이들은 내집단과 외집단을 구별한다. 네가 나와 같은 무리 안에 있다면 우리는 같은 집단 구성원이다.

집단 정체성은 처음에 성별에 기반을 두고 시작하지만 복장처럼 사소한 것에 기반을 둘 수도 있다. 그래서 만 3세 아이들은 같은 색깔의 티셔츠를 입은 친구를 더 좋아한다.[25] 텍사스대학교 오스틴캠퍼스의 아동심리학자 레베카 비글러Rebecca Bigler는 25년 동안 아동의 심한 편견을 상쇄할 방법을 연구했는데, 일단 아이가 편견이 포함된 사회적 고정관념을 가지게 되면 이를 버리게 하는 것은 거의 불가능하다는 결론을 내렸다. 그는 '고정관념이나 편견의 경우 1g의 예방이 1kg어치의 치료 가치가 있다'라고 말했다.[26]

## 지피지기

우리가 자신과 다른 사람들을 생각할 때는 뇌의 특정 영역이 활성화된다. 사회인지신경과학 분야의 새로운 선두 주자인 하버드대학교 신경과학자 제이슨 미첼Jason Mitchell은[27] '우리 뇌에는 사회적 상황에서만 지속적으로 활성화되고 그 외의 문제 해결 상황에서는 활성화되지 않는 신경망으로 이루어진 4~6개 영역이 있다'라고 지적했다. 만약 "크리스토퍼 콜럼버스Christopher Columbus 같은 역사적 인물이 스마트폰을 알았더라면 어땠겠느냐"라는 질문을 받으면 사회적인 것에 민감한 신경 네트워크가 활성화된다. 콜럼버스의 사고방식을 유추하고 그가 어떤 생각을 할지 상상해야 하기 때문이다. 그러나 "스마트폰이 필통보다 작으냐"라는 질문에는 이 영역이 침묵한다. 서로 다른 물체의 크기에 관한 지식을 바탕으로 지각적 판단을 내리면 되기 때문이다.

사회적인 만남에 의해 활성화되는 회로 중 하나가 거울 체계이다. 이 회로는 자신의 체형이나 동작은 물론이고 다른 사람의 신체적 특징도 등록한다. 이것은 전운동영역, 전두엽과 두정엽Parietal Lobe의 일부를 포함하는데 모두 동작과 연관된 구역이다. 자신의 신체와 타인의 신체 모두를 아우르는 신경계의 통합은 고통받는 사람을 지켜봤을 때 왜 자신의 뇌에서 그에 상응하는 영역을 활성화하는지 설명한다.[28]

다른 사람과의 신체적 유사성을 등록하는 시스템 외에도 자신에 대해 숙고할 때 활성화되는 회로가 있다. 이 정신화 시스템은 내측전전두피질(이마 한가운데 있는 지역), 측두두정연접부Temporal-Parietal Junction, TPJ(관자놀이에서 몇 cm 위로 측두엽과 두정엽이 만나는 장소), 그리고 후측대상피질(정수리 가까이 위치한 지역)을 포함하는데, 우리가 자신에 대해 생각하는 과정을 지원하는 것처럼 보인다. 이 생각에는 '지금은 왠지 자신감이 넘치는데?'와 같은 수시로 변하는 감정뿐 아니라 '나는 상당히 염려가 많은 사람이다'와 같이 비교적 장시간 유지되는 성격에 관한 통찰이 모두 해당한다. 이 회로는 우리가 과거를 떠올리거나 미래의 자신을 생각하며 머릿속에서 시간 여행을 떠날 때도 활발히 움직인다.

지속적인 또는 일시적인 성찰은 모두 내측전전두피질의 활성도를 높인다.[29] 자기 성찰에는 소유물로써 확장된 자아가 포함되는데, 앞장에서 자기가 소유한 사물을 뇌에 등록할 때 특징적인 뇌 신호가 나타난다고 한 것처럼 내측전전두피질은 보유 효과가 나타나는 상황에서 활성화된다. 이는 이 영역이 신경적으로 적어도 자아의 1가지 측면을 일부 드러낸다는 가설을 뒷받침한다.[30]

그러나 자기 성찰은 단순한 명상과는 다르다. 사람은 자기 성찰을 통해 다른 사람들이 겪을지 모르는 상황에 자신을 이입해 상상한다. 이런 종류의 능력은 다른 사람의 사고 과정이나 감정을 이해하기 위한 자기 투영, 또는 다른 사람의 상황에 이입한 시뮬레이션을 가능하게 한다. 스코틀랜드의 사회신경학자 닐 매크레이Neil Macrae는 내측전전두피질 시스템을 '나를 알고, 상대를 아는' 일종의 지피지기 메커니즘으로 묘사했다. 다시 말해 우리가 다른 사람을 판단할 때 사실은 상대와 자신을 비교한다는 것이다. 성인 참가자에게 어떤 사람을 판단하게 했을 때 그 사람이 객관적으로 자기와 유사할수록 내측전전두피질이 더 활성화되었다.

자신을 집단 내 다른 사람들과 동일시하면 그들을 흉내 내고 따라 하려는 경향이 생긴다. 이것이 그 집단에 소속되었고 충성하겠다는 신호다. 우리는 집단 내에서 자신의 입지를 다지기 위해 다른 사람들처럼 보이기를 원한다. 그러나 외집단의 누군가가 우리를 따라 한다면 그것을 조롱으로 해석한다. 자신을 좋아하는 사람들을 좋아하는 것만으로는 충분치 않다. 우리는 같은 집단에 속하지 않은 사람을 적극적으로 의심한다.[31]

공감조차 두 얼굴을 가진다. 우리는 다른 인종보다 같은 인종의 사람이 광대뼈에 주사를 맞는 장면을 볼 때 움찔 놀라며 뇌에 거울화된 통증을 더 많이 기록한다.[32] 반대로 자신과 상대를 동일시하지 않을 때 우리는 다른 사람의 고통을 조금 더 편하게 지켜볼 수 있다. 이 논리를 바탕으로 우리는 상대에게서 인간성을 박탈한다면 어떤 가책도 느끼지 않고 상대에게 고통을 가하거나 그들이 괴로워하는 모습을 지켜볼 수 있다는 결론에 이른다. 이런 이유로 인간은 박해의 대상을 '버러지', '기생충', '짐승', '전염병'이라고 칭하고, 적이나 희생 대상을 인류의 일원이 아닌 듯 비하한다.

집단 간 갈등이 심해지면 인간은 상상할 수 있는 가장 끔찍한 방식으로 서로를 대한다. 정치적이든 경제적이든 종교적이든 그 이유나 정당성에 상관없이 인간은 자신이 적으로 간주하는 사람에게 무한한 고통을 주고 잔인함을 발휘하는 것 같다. 그 증거로 현대에도 많은 이웃 국가가 서로에게 등을 돌리고 만행을 저지른다. 캄보디아, 르완다, 보스니아, 시리아에서 일어난 일들은 수십 년 동안 평화롭게 공존하던 지역사회에서 한 집단이 다른 집단을 말살하려는 시도가 대량 학살로 이어진 몇 가지 사례에 불과하다.

평범한 사람들이 어느 날 갑자기 이웃에게 잔혹한 행위를 서슴지 않고 저지를 수 있다는 사실은 우리를 곤혹스럽게 한다. 무엇이 사람을 생각지도 못한 방식으로 행동하게 할까? 인간의 도덕률이 우리가 바라는 것만큼 견고하지 않다는 가설이 있다. 인간은 우리가 예상하는 것만큼 주체적으로 생각하지 않는다. 인간은 박해와 편견에 대항하는 대신 소속된 집단의 영향력에 의해 쉽게 조종되고 다수의 의지와 합의에 동조한다. 또한 집단 내에서 권위를 가진 개인의 명령에 기꺼이 복종한다. 우리는 집단의 압력을 받으면 놀라울 정도로 쉽게 변한다. '집단의 훌륭한 일원이 되고자 하는 욕구'는 '착한 일을 하는 일원이 되려는 욕망'을 훨씬 앞서는 것 같다.

이 생각을 뒷받침해 주는 두 고전적 연구가 있다. 첫 번째는 1960년대 예일대학교에서 스탠리 밀그램Stanley Milgram이 실행한 '복종 연구'다.[33] 그는 '처벌이 기억에 미치는 영향'에 관한 연구라고 하면서 사람들을 모집했다. 참가자들은 다른 방에 있는 학생 1명을 가르치라는 과제를 받았는데, 학생에게 목록에 있는 단어를 외우게 한 후 실수하면 전기충격을 가하게 했다. 전기충격은 15V에서 최대 450V까지 30배나 늘릴 수 있었는데, 제일 낮은 단계에는 '약함', 375V에 해당하는 25단계에는 '위험, 심각한 충격'이라고 적혀 있었고, 마지막 2단계인 435V와 450V에는 불길해 보이는 'XXX' 표시 외에는 다른 설명이 없었다. 하지만 이 실험에는 반전이 있었다. 학생 역을 맡은 사람은 사실 실험자였고 전기충격은 실제로 가해지지 않았다. 연구의 진짜 목적은 권위 있는 인물에게서 지시를 받았을 때 평범한 사람이 다른 무고한 사람에게 어느 정도까지 고통을 가할 수 있을지 보는 것이었다.

애초에 심리학자들은 100명 중 1명 정도만이 이 치명적인 주문에 복종할 것이라고 예상했지만 실제로는 3명 중 2명이 학생이 비명을 지르고 살려달라고 애원하는데도 최고 단계의 전기충격을 가했다. 이들은 상대가 죽을 때까지 고문할 준비가 되어 있었다. 인간 대다수가 실은 사디스트Sadist라는 결론을 내려는 게 아니다. 사람들은 자신이 타인에게 고통을 가하고 있다는 사실에 괴로워하면서도 계속해서 명령에 복종할 수밖에 없었다.

개인이 집단의 압력에 순응하는 방식을 보여준 두 번째 고전 연구는 1971년, 스탠퍼드대학교 심리학자인 필립 짐바르도Philip Zimbardo가 실행한 교도소 실험이다.[34] 짐바르도는 학생들을 모집한 다음 그들을 2개 그룹으로 나누어 스탠퍼드대 심리학과 지하실에 꾸민 임시 감옥으로 안내했다. 학생들에게는 각각 교도관과 수감자의 역할을 맡겼고 이 가상의 시나리오대로 2주간 생활하게 했다. 교도관은 물리적으로 수감자를 학대해서는 안 되지만 지루함, 좌절, 공포는 유발할 수 있었다. 실험을 시작하고 6일 후, 교도관들이 윤리적 선을 넘는 수준으로 죄수를 학대했고 결국 동료 심리학자들의 반발로 짐바르도는 실험을 포기했다. 신체에 직접 해를 가해서는 안 된다고 지시했지만 어떤 교도관들은 규칙을 어기고 반복적으로 수감자들을 괴롭히고 고문했다. 만 3세 아이들이 다른 색깔 티셔츠를 입은 급우들에게 편견을 가지는 것과 마찬가지로 성인 학생들도 편견을 가지고 다른 사람들을 폭력적으로 대했다. 짐바르도는 이 결과를 '개인적 책임이 없는 상황의 재현'이라고 해석했다. 평범한 사람에게서 잔인함을 불러일으킨 조건은 개인의 특성이 아니라 '우리'와 '저들'을 구분한 상황의 치명성이었다.

## 집단 편견

사람들은 집단의 일원이 되면 편견과 선입견을 활성화하기 시작한다. 심지어 동전 던지기로 정한 집단에서조차 이런 태도와 행동을 보인다. 이 사실은 우리 학과의 전 학과장이었던 헨리 타이펠Henri Tajfel이 밝혀낸 '편견의 기본적인 자동 효과'로 알 수 있다. 심리학자가 되기 전, 타이펠은 제2차세계대전 동안 나치Nazi에 붙잡혀 수감되었던 죄수였다. 그는 인간이 가장 끔찍한 방식으로 인간을 대할 수 있다는 것을 경험했다. 타이펠은 '편견은 정치, 경제, 종교에 바탕을 둔 뿌리 깊은 역사적 증오에서 비롯되지 않는다'라고 보았다. 정치, 경제, 종교는 편견을 악화시킬 수는 있지만 편견의 필수 요소는 아니다. 또 집단 구성원에게 명령을 내리는 권위적인 인물이 있어야 하는 것도 아니다. 그저 집단에 소속되면 된다. 타이펠은 브리스톨대학교 남학생들을 대상으로 실험을 했다. 단순히 동전을 던져 2개 그룹으로 나누었을 뿐인데도 각 집단은 서로를 다르게 대하기 시작했다.[35] 원래는 모두 같은 과 동기였는데도 말이다. 동전을 던져 같은 집단이 된 학생들은 서로를 더 우호적으로 대했고 다른 집단은 적대적으로 대했다. 또 같은 집단 사람을 돕기 위해 나섰지만 다른 집단 사람은 돕지 않았다.

제2차세계대전이 끝나자마자 어떤 이들은 나치의 만행을 막기 위해 아무것도 하지 않은 독일인의 무심함과 냉담함을 비난했다. 그러나 외집단의 관점에서 보면 다르게 해석할 수도 있다. 처음 나치의 표적이 된 사람들은 사회의 소수 집단에 속해 있었으므로 대다수는 직접적인 위협을 느끼지 않았다. 그것은 그들의 문제가 아니었다. 그러고 나서 전쟁 전 초기 몇 년 동안은 탄압이 느리게 진행되었으므로 우려할 수준으로 보이지 않았다. 그러다가 '최종 해결책'이 실행되었을 때 사람들은 무슨 일이 일어나는지 알면서도 무시했다.

이러한 집단 심리는 전쟁 후 마르틴 니묄러Martin Niemöller 목사가 잔혹 행위를 막는 것을 주저한 시민들에게 외친 유명한 시에 잘 드러나 있다.

> 맨 처음 그들이 공산주의자를 잡으러 왔다.
> 하지만 나는 아무 말도 하지 않았다. 나는 공산주의자가 아니니까.
> 그다음 그들이 사회주의자를 잡으러 왔다.
> 하지만 나는 아무 말도 하지 않았다. 나는 사회주의자가 아니니까.
> 그다음 그들이 노동조합원을 잡으러 왔다.
> 하지만 나는 아무 말도 하지 않았다. 나는 노동조합원이 아니니까.

그다음 그들이 나를 잡으러 왔다.

하지만 나를 위해 말해줄 사람은 남아 있지 않았다.[36]

이 유명한 문장의 다른 버전에는 가톨릭교도는 물론 '최종 해결책'의 대상이 되었던 유대인이 들어간다. 덧붙여 집시, 동성애자, 지적장애인들은 모두 독일 사회의 대다수로부터 열등한 인간, 배제되어야 할 사람들로 낙인찍혀 있었으므로 곤경에 처했을 때 더 쉽게 무시당했다.

물론 홀로코스트의 비극이 초래된 원인은 극도로 복잡하고 여러 요인이 있었다. 일이 다 벌어진 다음에 다른 사람을 판단하기는 쉽다. 그러나 어떤 사람이 쉽게 도덕적으로 타락하거나 적어도 박해받는 사람들을 돕기를 꺼렸다면 이는 집단의 힘을 보여주는 증거다. 한 나라 전체를 냉담하다거나 반유대주의, 또는 악의 축으로 몰아가기보다 사람들이 집단과 자신을 동일시하고 자신이 속한 집단을 특별하다고 여길 때 어떻게 행동하는지를 설명하는 것이 더 현명하다.

역사적으로 세계에서 일어나는 모든 민족적 갈등은 반복되므로 실제 세상은 아무것도 달라지지 않았다. 무리에 소속되려는 성향이 내재해 있고, 이러한 성향에 딸려 온 편견을 받아들이고, 내집단이 외집단을 향해 가진 불만이 정당하다고 믿게끔 강압할 의제를 가진 카리스마 넘치는 지도자가 이것들과 결합했을 때 우리는 정치적 의제나 인종차별의 역사가 없는 곳에 살던 평범한 사람들이 이웃에게 얼마나 쉽게 등을 돌리는지를 볼 수 있다. '편견의 자동성'은 어떻게 평화로운 시민들이 '우리'가 아닌 것으로 식별된 사람들을 국가의 원수로 보고 마녀사냥을 하는 폭도가 되는지 설명한다. 인간이 쉽게 누군가의 편이 된다는 것은 자국의 이익이 직접적으로 위협받지 않는 한 많은 나라가 왜 이러한 국외 분쟁에 관여하는 것을 꺼리는지도 설명한다. 지극히 평범한 사람들이 '자신과 다른 사람'이라고 여긴 이들에게 언제든 등을 돌릴 수 있다는 것은 인류에게서 볼 수 있는 가장 충격적인 모습이다. 이는 눈앞의 상황을 '자원 경쟁'으로 인식할 때 특히 심한데, 정치 집단은 대중의 증오를 불러일으키기 위해 이런 편향을 악용한다.

이 사례들은 집단을 따라 비도덕적으로 행동해야 할 때조차 우리가 무리와 함께할 준비가 되어 있는 순한 양 떼임을 보여준다. 한편 사람들이 비도덕적으로 행동한 이유는 어디까지나 집단의 이익을 위해서였으므로 이 행동은 재해석되어야 한다는 그럴듯한 주장도 있다. 심지어 밀그램의 전기충격 실험에서도 참가자들은 "선택의 여지가 없으니 따라달라"라는 말보다 "성공적인 연구를 위해 필요한 일"이라는 말을 들었을 때 무리한 지시를 따를 확률이 더 높았다. 짐바르도는 교도소 실험에서 교도관들에게 어떻게 행동해야 하는지를 지시했다. 사람들은 맹목적으로 명령을 따르기보다 '중요하다'라는 믿음을 준 무언가에 극단적으로 복종하고 순응하게 되는지도 모른다. 이것은 개인에게 '책임의 분산', 즉 자신의 행동에 책임감을 느끼지 않아도 되도록 만든다. 영국 사회심리학자인 스티브 라이커Steve Reicher와 알렉스 하슬람Alex Haslam은 2002년에 짐바르도의 교도소 실험을 반복한 결과 '사람들이 큰 잘못을 저지르는 이유는 자기가 무슨 일을 하는지 알지 못하기 때문이 아니라 그것이 옳다고 믿기 때문이다. 이것은 타인을 억압하고 파괴하는 행위를 정당화하는 집단과 자신을 적극적으로 동일시할 때 가능하다'라고 지적했다.[37]

## 영장류의 편견

집단 갈등을 부채질하는 편견을 두고 이것이야말로 우리가 배워야 할 태도라고 가정하는 경우가 종종 있다. 인류 문명이 시작되고 경제, 정치, 종교적 정체성이 다른 집단 간 분쟁이 아주 오랫동안 계속되어 왔다는 사실을 고려할 때, 이런 분쟁에 동반된 편견은 주입된 것이라고 생각할 수 있다. 결국 국가 정체성, 정치적 견해, 종교적 믿음은 우리가 자녀에게 물려주는 문화적 발명품이다. 그리고 앞 장에서 말했듯이 우리는 들은 대로 믿는 경향이 있는 동물이다. 확실히 우리는 주위 사람들로부터 미워하는 법을 배워야 한다. 그러나 다른 사회적 동물을 살펴보면 편견은 인간만의 고유한 성향은 아니다.

예일대학교의 내 동료 로리 산투스Laurie Santos는 히말라야원숭이도 편견을 가지고 있는지 알고 싶어 했다.[38] 거의 모든 영장류가 그렇듯이 히말라야원숭이도 우두머리가 있고, 가족 간 긴밀하며, 상대적으로 계층 구조가 안정적인 사회집단을 이룬다. 산투스가 연구한 히말라야원숭이들은 카리브해에 있는 아름다운 카요산티아고섬에 산다. 이곳은 과거 미국에서 실험용으로 사육한 동물을 위한 보호구역이다. 이 섬에는 이제 1,000여 마리의 히말라야원숭이들이 보금자리를 이루고 자유로이 살면서 6개의 뚜렷한 집단을 형성한다. 이들의 사회 질서는 기록으로 잘 남아 있지만 산투스와 동료들은 내집단 구성원들이 외집단 구성원에게 편견을 가진다는 증거를 찾고자 했다.

우선 연구 팀은 원숭이들이 내집단과 외집단 구성원의 사진을 보았을 때 어떻게 반응하는지 시험했다. 원숭이들은 내집단보다 외집단 개체를 조금 더 오래 보았는데 낯설어서가 아니었다. 그들 중에는 과거에 같은 집단에 속해 오랜 시간을 보냈지만 기존 집단을 배신하고 다른 집단에 합류한 원숭이도 포함되어 있었기 때문이다. 이들이 외집단 원숭이들에게 유난히 주의를 기울인 이유는 잠재적 위협에 대한 경계 때문이었을 것이다.

원숭이들은 외집단 개체의 사진을 오래 쳐다보았을 뿐 아니라 유쾌하지 않은 경험과 연관 지었다. 연구 팀이 내집단과 외집단 원숭이 사진에 대한 각각의 감정 반응을 측정했더니 원숭이들은 '맛있는 과일'이라는 긍정적 이미지를 내집단 원숭이들에게, '거미'라는 부정적 이미지를 외집단 원숭이들에게 더 빨리 연관 지었다(원숭이도 사람처럼 거미를 싫어한다). 원숭이들은 외집단 구성원에게 공격적이었을 뿐 아니라 이들을 싫어했다.

자기가 속한 집단을 인지하는 것은 중요하다. 그런데 왜 '소속'이라는 것이 사람을 기분 좋게 할까? 인간은 혼자가 아닌 집단으로 생활할 때 얻는 이익을 계산하기 위해 합리성과 논리를 발달시켰다. 우리는 왜 다른 사람에게서 감정을 느껴야만 할까? '느낌Feeling'과 '감정Emotion'은 동전의 양면이다. '감정'은 갑자기 분노가 폭발하거나 폭소를 터트리는 것처럼 짧게 지속하고 어떤 사건에 관해 주위 모두가 읽을 수 있는 외적인 반응을 말한다. 그러나 '느낌'은 남들 앞에서 항상 드러내지 않고 내적으로 지속되는 경험이다. 우리는 감정과 별개로 느낌을 얻을 수 있다. 느낌은 내적인 정신생활의 일부다. 느낌이 없다면 우리는 어떤 일을 할 의욕이 생기지 않을 것이다. 우리가 다른 사람에게서 받는 느낌은 우리가 가질 수 있는 가장 강력한 동기 중 하나다. 느낌이 없다면 아침에 침대에서 일어나는 의미가 없다. 심지어 순수한 논리에도 느낌이 필요하다. 퍼즐을 풀 때 답을 아는 것만으로는 충분하지 않다. 답을 알았을 때 좋은 느낌이 들어야 한다. 그렇지 않다면 뭐 하러 귀찮게 퍼즐을 풀겠는가?

사람은 대부분 사회적 상호 작용이 만들어 내는 감정을 통해서 삶의 의미를 찾는다. 즐거움, 자부심, 흥분, 사랑은 모두 주위 사람들에 의해 촉발되고 조절되는 느낌이다. 우리가 분투하고 무언가를 창조하는 이유는 단지 자신만을 위해서가 아니다. 다른 사람들로부터 검증받고, 칭찬받고 싶기 때문이다. 타인이 우리를 속이고, 거짓말하고, 꾸짖고, 무시하고, 비난하면 상처를 받기도 한다. 이렇듯 집단 안에서 생활하면 좋을 때도, 나쁠 때도 있다.

## 사회 통념

우리는 사회적 동물이므로 거짓말하지 않고, 서로를 이용하지 않아야 집단에 이익이 된다. 훌륭한 설득자와 사기 꾼들은 바로 이 점을 악용한다. 이들은 사람들이 대부분 선한 마음을 가졌고, 서로의 이익이 충돌할 때 상대의 말을 기꺼이 믿어준다는 사실을 알고 있다. 이러한 예상은 어떤 행동에 대해 집단 구성원들이 기대하는 '사회 통념'의 기초가 된다. 사회 통념은 너무 강력해서 우리는 자신이 잘못한 것인지 분명하지 않은 상황에서도 상대에게 사과한다. 인류학자 케이트 폭스Kate Fox는 런던의 패딩턴역에서 일부러 사람들과 부딪치거나 새치기를 해서 자신이 사회 예절의 '문법Grammar'이라고 부른 인간만의 반응을 도발했다.[39] 짐작했겠지만 거리에서 낯선 이와 부딪쳤을 때 사람들은 거의 자동으로 "미안합니다"라고 말했다. 그런 상황에서 사과하지 않으면 사회 통념을 위반한 것이므로 무례하다고 여겨진다.

우리는 '동조'에 관한 한 타인의 영향을 쉽게 받는다. 1920년대에 미국 심리학자 솔로몬 아시Solomon Asch가 수행한 고전적인 연구에서 사람들은 직접 본 것이라도 같은 방에 있는 많은 사람이 반대로 이야기할 경우 자신의 경험을 부인할 준비가 되어 있다는 사실을 증명했다.[40] 아시는 참가자 1명과 참가자로 위장한 실험 도우미 7명을 1개 조로 묶고 인간의 지각 능력에 관한 연구라고 설명했다. 실험자가 서로 다른 3줄의 선이 그려진 카드를 보여주며 참가자들에게 그중 길이가 같은 것을 고르게 했다. 실험자는 카드를 들고 방을 돌아다니며 사람들에게 차례대로 크게 답을 말하게 했다. 진짜 참가자는 맨 마지막 순서였다. 과제는 상당히 쉬웠다. 1, 2번 문제에서는 모두가 제대로 답했지만 3번 문제에서 이상한 일이 벌어졌다. 실험 도우미들이 한결같이 틀린 답을 말하기 시작한 것이다. 이때 마지막 순서인 진짜 참가자는 어떻게 답했을까? 참가자 4명 중 3명이 다른 사람에 동조해 자기 생각과 달리 틀린 답을 말했다.

수십 년 동안 이 연구는 인간이 집단의 합의를 따른다는 증거로 사용되었다. 사람들은 단지 사회에서 인정받기 위해 자신의 믿음과는 다른 말을 했다. 대신 다른 사람들의 답에 동의하지 않는 사람이 1명만 있어도 진짜 참가자는 자기 생각을 밀어붙였다. 그러나 이 발견은 익명으로 답을 적어 내는 경우에도 사람들은 여전히 다수를 따라간다는 점을 보여주는 다른 연구 결과에 의해 신빙성을 잃었다.[41]

놀랍게도 개인의 감각적 지각은 집단의 합의에 따라 변할 수 있다. '대중에 순응하는 것'과 '개인적으로 용인하는 것'의 차이를 알아보려면 뇌의 활성도를 측정하면 된다. 최근 뇌 영상 연구에서 42명의 남성에게 여성 180명의 사진을 보여주며 매력도에 따라 점수를 매기게 했다.[42] 단, 각 사진에는 다른 사람이 매긴 점수가 공개되어 있었는데, 사실 이 점수는 아무 의미 없이 무작위로 적어둔 것이었다. 피험자는 자신은 '평범하다'라고 생각했지만 집단이 '매력적'이라고 평가한 경우 자신의 점수를 높였다. 이때 피험자의 중격측좌핵Nucleus Accumbens과 안와전두피질Orbitofrontal Cortex이라는 뇌의 보상 평가 영역이 더 활성화되었다. 두 영역 모두 성적으로 매력적인 얼굴을 보았을 때 활성화되는 구역이다.[43] 또 피험자가 아름답다고 생각한 얼굴을 집단이 덜 매력적이라고 평가한 경우에는 피험자가 매긴 점수와 뇌 활동도 그에 상응하여 하향 이동했다.

인간은 무리에서 잘 어울리기를 간절히 원하므로 무리에 따라 행동이 쉽게 조작될 수 있다. 애리조나주 템페에 있는 '홀리데이 인Holiday Inn'이라는 호텔에서는 투숙객에게 욕실 수건을 재사용하도록 권고하는 다양한 안내문을 남겼는데 가장 효과적인 문구는 다음과 같았다.

우리 호텔에 머무른 투숙객 중 75%는 1회 이상 수건을 재사용했습니다.[44]

최근 한 국가는 이 방법을 사용해 사람들에게 경제적 결정을 스스로 내리게 했다. 과거에는 국가가 사람들에게 강요했던 일이었지만 정부는 직접적 강요나 협박 대신 슬슬 유도하는 방식으로 사람들을 더 쉽게 설득할 수 있었다.[45] 연금기관이 '대부분의 사람은 수입의 일부를 연금에 기꺼이 투자하고 있습니다'라는 안내문을 보냈을 때 관리자는 무리에 동조하려는 인간의 집단 심리를 이용한 것이다.

## 뇌에서의 위선자

'동조'는 어떻게 작용하는가? '불일치'를 피하기 위해 일어난다. 사람들에게 자기 생각과 행동을 정당화할 필요가 있다는 사실은 오래전부터 알려져 왔다. 특히 위선적으로 행동할 때는 더 그렇다. 예를 들어 목표를 이루기 위해 노력을 기울였지만 실패했다면 우리는 실패를 받아들이는 대신 "사실은 그 회사에 들어가고 싶지 않았어"라거나, "어차피 잘 풀리지 않았을 거야"라는 긍정적인 관점에서 해당 사건을 재구성하려는 경향이 있다. 또 목표 자체를 부정적인 것으로 재평가하여 불일치를 피하고자 한다. 《이솝 우화*Aesop's Fables*》 중 〈여우와 신 포도*The Fox and the Grapes*〉에서 여우는 도저히 손이 닿지 않는 포도를 포기하면서 아마 저 포도는 시어빠져 맛이 없을 거라고 말한다. 우리가 자신의 행동을 정당화하는 이유는 인지부조화Cognitive Dissonance, 즉 한 사람이 자신의 행동, 태도, 신념이 모순되었다는 점을 인식했을 때 마주하는 불쾌한 상태를 피하고 싶기 때문이다. 우리는 일반적으로 거짓보다 진실을 선호하는 것과 마찬가지로 자신에게도 거짓이 없다고 믿고 싶어 한다.[46]

이는 우리가 자주 자신에게 실망한다는 것을 의미한다. 우리는 인생에서 너무 자주 자신을 실망시키는데, 그것은 우리가 불일치의 상태(이를테면 자신이 기대했던 것과 결과가 일치하지 않을 때)에 놓여 있음을 보여준다. 이 세상에 완벽한 성자는 없다. 많고 적음의 차이일 뿐 모두가 결점을 가지고 있다. 우리는 부정을 저지르고, 거짓말을 하고, 진실을 다 말하지 않고, 일을 게을리하고, 덜 이바지하고, 남을 돕지 않고, 상처를 주고, 잔인하게 행동하고, 나쁜 짓을 저지른다. 수시로 위선적인 말과 행동도 한다. 경쟁에서 이기고 싶었으나 이를 악물고 승자에게 축하한다고 말한다.

이러한 결점은 신뢰, 친절, 이타심, 좋은 사람 되기 등 자신의 것이라고 믿는 긍정적인 태도와 완전히 대조된다. 오로지 자기혐오만으로 가득 차 있거나 완벽하게 비위선적인 사람은 극소수에 불과하다. 그래서 불일치가 일어나는 것이다. 무엇인가를 잘못했다는 증거를 마주하면 우리는 자신에게서 모순을 깨닫는다. 사람들은 인지부조화를 경험할 때 본능적으로 그것을 완화하려고 노력하는데 일관성을 회복하기 위해서 행동, 태도, 믿음을 수정한다. 자기가 행한 부정적인 일이 정당해지도록 상황을 재구성하는 것이다. 그래서 사람들은 "자업자득이다", "사실 처음부터 마음에 들지 않았어", "나쁜 놈들인 줄 진작 알아봤다니까"라고 말한다.

인지부조화에 관한 한 뇌 영상 연구에서는[47] 참가자 47명의 뇌를 촬영하면서 이 불편한 실험 과정이 사실은 즐거운 경험이라는 모순된 생각을 하게 했다. 실험자들은 참가자들에게 "45분 동안 스캐너 안에 있으면 되고, 추후 이 실험이 어땠는지 질문할 테니 그때 이 경험을 구두로 평가해 달라"라고 사전에 안내했다. 그리고 참가자 절반에게는 "연구가 수월하게 진행되도록 밖에서 대기하는 긴장한 참가자들에게 '즐거운 경험이었다'고 말해달라"라고 요청했고, 대조군인 나머지 절반에게는 "매 질문에 '즐거운 경험이었다'고 대답할 때마다 1달러씩 드리겠다"라고 말했다. 뇌 영상 촬영 결과 인지부조화 상황을 견뎌야 했던 참가자들에서는 인간의 사고와 행동의 갈등을 감지하는 전측대상회피질과 부정적인 감정 경험을 등록하는 전측뇌섬엽Anterior Insula, 이 2개 영역이 더 활성화된 것으로 나타났다. 이곳들은 다른 연구에서 타인과 의견이 맞지 않았을 때 활성화된 영역이기도 하다. 인지부조화를 겪은 참가자들은 전측대상회피질과 전측뇌섬엽이 활성화된 것뿐 아니라 거짓말을 할 필요가 없는 후속 질문에서도 이 경험을 (돈을 받은 집단보다 더) "즐거웠다"라고 평가했다. 실제로 이 평가를 통해 변화를 경험했음을 증명한 것이다. 다시 말해 이들은 이 촬영 과정이 그렇게 나쁜 경험이 아니었다고 스스로 확신한 반면, 돈을 받은 사람들은 자신이 돈 때문에 거짓말한다는 사실을 알았던 것이다.

인지부조화는 '설득자'들이 쉽게 사용하는 도구다. 복사를 하려고 줄을 서 있는데 앞에 누가 끼어든다고 상상해 보자. 하버드대학교 심리학자 엘런 랭어Ellen Langer[48]는 누가 "실례지만 제가 5장만 복사하면 되는데 먼저 해도 될까요?"라고 말했을 때 10명 중 6명이 반대하지 않는다는 조사 결과를 얻었다. 새치기한 사람이 양해를 구하지 않아도 절반 이상은 여전히 이 사람을 자기 앞에 서게 두었다. 왜 그럴까? 사람들 대다수는 되도록 충돌을 피하려고 한다. 그래서 다른 사람에게 굳이 맞서지 않는다. 짜증은 나지만 그렇다고 뭔가를 나서서 할 정도의 문제는 아니라고 생각한다. 이런 종류의 상황에서 우리는 상대 때문에 겪는 불편이 미미하므로 문제를 해결하기 위해 노력할 가치가 없다고 생각함으로써 자신의 반응을 자주 합리화한다. 누군가 "실례지만 제가 정말 급해서 그러는데 5장만 먼저 복사하면 안 될까요?"라고 말하자 10명 중 9명이 반대하지 않았다. 타당한 이유를 제공하면 사람들은 참을성 있게 기다리기로 묵인한 결정을 더 쉽게 정당화했다. 우리는 "안 된다"라고 말하기가 불편하기 때문에 상황에 순응한다.

아무 생각 없이 새치기를 하는 사람도 있고, 다른 사람이 어떻게 생각하든 개의치 않는 사람도 있지만, 대부분은 이런 경우 본인이 당황해서 쩔쩔맨다. '내가 다른 사람들보다 더 ○○가 필요하다'라고 자신에게 확신을 주는 식으로 행동을 정당화함으로써 인지부조화를 적용하지 않는다면 말이다. 이것은 자아개념을 재편성하여 내가 새치기를 했지만 나는 여전히 아주 좋은 사람이라는 모순을 생각하지 않아도 되게 한다. 인지부조화가 있으면 우리는 정말로 자신의 필요가 타인의 것보다 중요하다고 믿기 때문에 마음껏 무례해질 수 있다. 이는 앞서 논의한 자기기만과 같지만, 자기가 생각하는 자신이라는 사람에 대한 개념 전체에 적용된다. 인지부조화는 위험한 증상이다. 자신이 진실을 왜곡한다는 사실을 인지하지 못할 때조차 자신이 옳은 일을 하고 있다는 확신을 가질 수 있기 때문이다. 이는 자신의 이기적인 행동과 그에 수반되는 모든 모순을 안고 살아가게 한다.

## 가면 속 인종차별주의자

대부분의 사람은 자신을 위선자라고 생각하지 않는다. 올더스 헉슬리Aldous Huxley의 말대로 '아마도 자신을 위선자라고 의식하는 위선자는 없을 것'이며[49] 우리는 자신을 긍정적으로 보고 싶어 한다.

자신이 인종차별주의자, 성차별주의자, 또는 그 밖의 편견으로 가득한 인간이라는 사실을 드러내고 싶어 하는 사람은 거의 없다. 그러나 세상 사람들에게 합리적인 성격의 소유자로 보이고 싶은 마음과는 별도로 우리는 대부분 암묵적으로 점잖은 사회에서 용납될 수 없는 추악한 속내를 가지고 있을지도 모른다.

참가자에게 어떤 그림을 제시하고, 이 그림에 부정적인 단어나 긍정적인 단어를 빠른 속도로 매치하게 하는 반응 검사를 통해 암묵적 태도Implicit Attitude의 수준을 측정하면 우리의 속내가 어떤지를 알 수 있다.[50] 서로 다른 인종, 남성과 여성, 젊은이와 노인, 진보와 보수 등 그 어떤 집단도 고정관념을 만들어 낼 수 있다. 참가자들은 대개 부정적인 단어를 다른 인종의 구성원에게, 긍정적인 단어를 같은 인종의 구성원에게 연관 지을 때 더 빠르게 반응했다. 우리는 살면서 마주친 모든 경험과 태도를 반영하는 방대한 양의 연상을 무의식 깊숙한 곳에 저장해 왔다.

뿌리 깊은 인종차별주의자가 아니어도 우리는 여전히 고정관념에 빠지기 쉽다. 이것을 증명하기 위해 미국에서 백인과 흑인 성인을 대상으로 한 실험을 진행했다.[51] 백인과 흑인 성인에게 컴퓨터 화면으로 내집단(같은 인종) 또는 외집단(다른 인종)의 얼굴을 보여주고 얼굴이 바뀔 때마다 고통스러운 전기충격을 주었다. 마침내 참가자들은 특정한 얼굴 변화와 고통을 연관 짓게 되었다. 그런 다음 실험자는 전기충격을 멈추고 참가자들이 통증과 얼굴 간 연관성을 잊는 데 얼마나 걸리는지 보았다. 참가자들은 같은 인종의 얼굴을 보았을 때 얼굴 변화와 통증의 관계를 더 빨리 잊었다. 검사 전 조사에 따르면 인종차별주의자가 아닌 사람들조차 다른 인종을 덜 신뢰했고, 얼굴 변화를 덜 두려워하기까지 시간이 더 오래 걸렸다.

그렇다면 우리는 자신의 바람과 상관없이 인종차별주의자로 태어났다는 말인가? 꼭 그런 것은 아니다. 이 결과는 남성의 얼굴에 한해서만 적용되었고, 다른 인종의 사람과 사귀어 본 적이 있는 참가자들에게서는 이러한 편견이 나타나지 않았다.[52] 남성은 종종 더 공격적으로 묘사되므로 남성의 얼굴은 조금 더 위협적으로 보인다는 특징이 있다. 이러한 인종 효과는 다른 인종에게 노출되거나 경험함으로써 상쇄할 수 있었다.

우리가 마땅히 그래야 한다고 인지하고 있는 선한 의도와 선택에도 불구하고 편견은 대다수 사람의 마음 깊숙한 곳에 숨어 결정에 영향을 준다. 우리가 실생활에서 그렇게 행동한다는 뜻은 아니지만 어떤 상황에서는 그 비밀스러운 태도가 겉으로 드러나 문제가 되기도 한다.

## 겉모습으로 판단하기

집단에 소속되고 집단과 자신을 동일시하면 고정관념은 어쩔 수 없이 생긴다. 고정관념은 '사람들이 동일 집단의 모든 일원에 대해 내리는 일괄적인 가정'이고, 우리의 판단과 타인을 향한 태도에 영향을 미친다. 또 고정관념은 우리가 성급히 불공평한 결론을 내리게 만들기 때문에 문제가 된다. 한 외과의사의 이야기를 들어보자.

어느 날 교통사고로 아버지가 숨지고 그 아들이 크게 다쳤다. 아버지는 사고 현장에서 즉사했고 시신은 가까운 영안실로 옮겨졌다. 아들은 근처 병원으로 이송되어 응급 수술을 받게 되었다. 수술을 위해 호출된 외과의사가 환자를 보자마자 소리쳤다. "세상에, 내 아들이잖아!"

어떻게 이런 일이 일어날 수 있을까? 아버지는 사고로 즉사했는데 어떻게 외과의사가 아버지란 말인가? 죽은 사람은 환자의 양부였을지도 모른다. 이 이야기를 읽은 사람들 중 절반은 이 상황을 어떻게 설명할지 몰라 당황할 것이다.[53] 왜 우리는 대부분 외과의사가 여자라는 사실을 깨닫는 데까지 그렇게 오래 걸렸을까? 이 외과의사는 소년의 어머니였다.

프린스턴대학교의 대니얼 카너먼Daniel Kahneman이 베스트셀러 《생각에 관한 생각*Thinking Fast, Thinking Slow*》에서 언급했듯이 우리에게는 사고하는 2가지 방식이 있다.[54] 첫 번째는 의도나 노력 없이 빠르고 자동으로 일어나는 생각이다. 우리는 누군가에 대해 빠르게 결정을 내려야 할 때 고정관념에 기반해 상대를 분류한다. 두 번째는 느리고, 제어되며, 성찰적인 생각이다. 이것은 규칙의 예외를 고려하게 한다. 그러나 우리는 타인을 눈앞에 두고서는 상대를 천천히, 사려 깊게 평가하기보다 빠른 과정에 의존해 판단하려는 경향이 있다. 위의 이야기에서 우리는 대부분 외과의사가 백인 남성이라고 마음속으로 결정을 내렸기 때문에 외과의사가 여성일 수도 있다는 사실을 떠올리기 어려웠다.

성급한 분류는 인종 편견에 좋은 징조는 아니다. 한 연구에서 성인 참가자들이 화면 속 괴한을 총으로 쏘아 맞추는 과제를 수행했다.[55] 참가자가 괴한을 쏘았을 때 상대가 총을 들고 있었으면 참가자들은 돈을, 카메라를 들고 있었으면 벌을 받았다. 참가자들이 저지른 실수에서 다음과 같은 사실이 드러났다. 이들은 카메라를 들고 있는 흑인 남성은 총을 들고 있다고 쉽게 착각했고, 총을 들고 있는 백인 남성은 카메라를 들고 있다고 착각했다. 참가자 본인이 백인이든 흑인이든 상관없었다. 우리 사회는 맥락에서 벗어나 마구잡이로 적용되는 고정관념으로 오염되었다. 이처럼 고정관념이 개입된 사고방식은 사소한 것이라도 무시할 수 없다. 결정자가 무장한 경찰이라면 치명적인 결과를 초래할 수 있기 때문이다.

인간의 뇌는 세상에서 패턴을 찾는 장치이므로 고정관념을 만든다. 뇌는 바람직한 이유로 고정관념을 형성한다. 우리가 조금 더 빠르고 효율적으로 세상을 해석하도록 모델을 만드는 셈이다. 또한 세상은 복잡하고 혼란스럽기 때문에 이 모델은 세상을 이해하는 데 도움을 준다. 속도와 효율성은 고정관념을 만드는 뇌가 사치스러운 사색적 사고 없이 빠른 시간 내에 중요한 판단을 내려야 하는 상황에 더 잘 적응한다는 증거다. 우리는 뇌가 이렇게 세계의 모델을 만드는 것을 막을 수 없다. 모든 경험은 '범주'를 생산하는 정신 기계를 통해 걸러지기 때문이다. 이 범주는 세계를 의미 있는 조각으로 나누는 경험의 요약이다. 범주적 처리는 동물계 전반에서 발견되는데, 이 과정을 보면 뇌는 패턴을 찾아내 비슷한 것을 함께 묶기 위해 진화했음을 알 수 있다. 이 과정은 단순한 감각에서 복잡한 사고까지 신경계를 타고 올라가 뇌에서 일어난다. 한 종이 차지하는 생태적 지위에 따라 어떤 동물은 단순한 소리나 모양에 따라 범주를 나누기도 하지만, 깊은 사고를 하는 인간은 다른 사람이 속해 있다고 생각하는 사회집단과, 집단화에 수반되는 모든 고정관념에 대한 판단까지 포함해 범주를 나눈다.

'사람의 범주'는 부자, 가난한 사람, 거지, 도둑 등 우리가 만나는 여러 부류를 뜻한다. 각각의 범주는 생김새, 말투, 사고방식, 하는 일 등과 같은 정보의 측면에서 또 여러 갈래로 나뉜다. 한 범주에 속하는 사람이라도 그 범주에 관한 모든 세부사항이 일괄적으로 적용되지는 않겠지만, 적어도 다른 범주에 속한 사람보다는 같은 범주에 속한 사람이 서로를 더 닮을 확률이 높다. 한 개인이 특정 집단에 소속된 것으로 확인될 때 우리는 그 사람이 그 집단의 특성을 공유한다고 가정한다. 범주는 '자동으로 촉발되는 연상의 네트워크'이기 때문이다.

빠른 분류의 또 다른 문제점은 고정관념을 극복하기 어렵다는 점이다. 딱히 옹호하거나 반박할 증거가 없어도 우리는 고정관념을 받아들인다. 우리는 부정적인 고정관념은 외집단에, 긍정적인 고정관념은 내집단에 귀속시켜 내집단과 외집단을 확실히 분리하고자 하기 때문에 다른 사람들의 증언을 기꺼이 받아들인다. 우리는 외집단 사람들에게는 일반화된 특성을 부여하지만 자신의 집단 안에서는 개성을 주장한다. 마지막으로 우리는 본능적으로 고정관념의 예외보다는 고정관념을 뒷받침해 주는 증거를 찾으려고 한다.[56] '확증편향Conformation Bias'이라고 알려진 인지 연습에서 우리는 타인의 행동 중 자신의 고정관념과 일치하는 측면을 선택하고 그것이 전형적이라는 결론을 내린다.

여성 운전자의 예를 들어보자. 주위에 형편없는 여성 운전자들이 많다고 생각하는가? 물론 이것은 서구에서 널리 퍼져 있는 부정적인 고정관념이다. 2012년에 독일의 '트라이버그'라는 작은 시에서는 새로운 주차장을 개장하면서 출구 근처에 널찍하고 조명이 환한 여성 전용 주차 공간을 12칸 설치했다.

여성이 정말로 그렇게 운전을 못하는가? 실험에 따르면 일반적으로 남성이 공간 기술에 더 뛰어난데[57] 이것이 여성이 주차에 서투르다는 주장을 정당화하는 증거로 사용된다. 그러나 현실은 조금 다르다. 영국의 최대 주차장 업체인 전국자동차주차National Car Parks 회사가 자체적으로 조사한 결과[58] 악명 높은 후진 주차를 포함해 평균적으로 여성이 남성보다 주차를 더 잘했다. 이처럼 실질적인 분석 결과는 여성이 더 나은 운전자라고 보여주지만 여전히 영국운전표준청UK Driving Standards Agency은 운전면허 시험에서 여성 운전자가 남성 운전자보다 후진 주차에 실패할 확률이 2배나 높다고 보고한다. 그래서 여성은 운전을 잘하는가 못하는가?

컴퓨터실에서 실시한 검사에서는 여성이 남성보다 공간 능력이 떨어질 수 있지만 운전면허 시험 중 여성들이 이 부분에서 실패하는 원인은 어쩌면 '여성이 주차에 서투르다'라는 고정관념 때문일지도 모른다. 남성이 여성보다 수학을 잘한다는 점을 상기하고 수학 시험에 임한 여성들은 이러한 고정관념을 상기하지 않은 여성보다 성적이 낮았다.[59]

이와 비슷하게 지능지수 검사 전에 자신의 민족성을 상기하는 것만으로도 아프리카계 미국인에게서 같은 효과를 관찰할 수 있었다.[60] 시험지에 자신의 인종을 밝힌 사람들은 이 고정관념을 떠올리지 않은 다른 흑인 학생들에 비해 성적이 떨어졌다. 감독관의 감시하에 주차 시험을 치를 때도 여성들은 이미 위축된 상태라 실패했는지도 모른다. 단순히 격려하는 것만으로도 상대에게 자신감을 주고, 과제를 더 잘 수행하게 할 수 있다. 고정관념과 그것이 일으키는 문제가 잘못된 이유는 고정관념으로 인해 유발되는 불평등과는 별개로 그것이 곧 자기 실현적 예언이 될 수 있기 때문이다.

## 뼛속까지 나쁜 사람

우리는 타인에 대해 생각할 때 상대의 정체성에 이끌려 판단을 내리는 경향이 있다. 마치 그 사람의 깊은 내면에 그를 본연의 존재로 만드는 무언가가 있는 것처럼 말이다. 이 믿음은 사람들의 몇 가지 놀라운 태도를 설명한다.

당신이라면 기꺼이 살인자의 심장을 이식받겠는가? 생사가 걸린 상황에서조차 많은 사람이 꺼릴 것이다. 도덕적으로 좋은 사람과 나쁜 사람의 심장 중 선택할 수 있다면 우리는 죄인보다 사마리아인을 선호한다.[61] 그 장기로 인해 자신의 성격이 바뀔 수 있다고 믿기 때문이다. 1999년 영국의 한 10대 여자아이가 자신이 다른 사람의 심장을 받는다면 '다른' 사람이 될 것이라는 두려움 때문에 이식을 거부했다.[62] 이 사례는 '장기이식을 통해 누군가의 성격이 옮을 수 있다'라는 일반적인 생각을 대변한다.[63] 이식 환자들이 '기증자의 특성이 자신에게로 옮았다'라고 주장하는 심리 변화를 보고하는 일이 드물지 않지만, 실제 그럴 수 있다는 과학적 증거나 메커니즘은 없다. 대신 조금 더 그럴듯한 설명이 있다.

'심리적 본질주의Psychological Essentialism'는 보이지 않는 어떤 내재적인 본질 또는 힘이 범주 내 구성원의 외형과 행동을 결정한다는 믿음이다. 우리는 어려서부터 개는 '개의 본질'을 가지고 있기 때문에 '고양이의 본질'을 가진 고양이와는 다르다고 직관적으로 생각했다. 물론 개와 고양이를 구분 짓는 유전적 메커니즘이 있으나 근대 생물학이 등장하기 훨씬 전부터 인간은 생물을 본질의 측면에서 생각했다. 그리스 철학자 플라톤Plato은 사물을 진정 그것으로 만드는 '내적 속성'에 관해 이야기했다. 사람들은 본질이 무엇인지 정확히 말할 수는 없더라도 한 사람을 그 사람으로 만드는 깊고 내적인, 바꿀 수 없는 무엇이 있다고 믿었다. 이런 의미에서 한 범주에 속하는 것을 다른 범주에 속하는 것과 대조하여 설명하는 것은 '심리적 자리 메꿈'이다.[64]

미시간대학교University of Michigan 아동심리학자 수전 겔먼Susan Gelman은 세상의 다양한 측면에 관한 어린아이들의 추론 과정에 심리적 본질주의가 작용한다는 사실을 보여주었다.[65] 아이들은 만 4세가 되면 고양이 새끼들과 함께 키운다고 해서 강아지가 고양이로 자라지 않는다는 점을 이해한다.[66] 대벌레Stick Insect가 막대기처럼 보이지만 실제로는 곤충이라는 것도 이해한다.[67] 아이와 어른 모두 동물의 외형이 바뀌어도 그 정체성은 유지된다고 기대한다. 그들은 점차 겉으로 드러난 모습을 초월해 사물의 진정한 본질을 판단하도록 배운다.

이 때문에 어른은 자신이 나쁜 사람이라고 판단한 사람의 장기를 받기를 꺼린다. 물론 아이들도 점차 본질주의적으로 사고하도록 발달한다. 심장을 이식받으면 사람이 변할 것 같으냐는 질문에 만 4세 아이는 아니라고 답했지만 만 6, 7세 아이들은 기증자의 정신 수준에 따라 어느 정도 나쁜 사람이 되거나 똑똑해질 것이라고 생각했다.[68]

본질주의는 사람들을 사회집단으로 분류할 때 정점에 도달한다.[69] 요제프 괴벨스Joseph Goebbels의 지도를 받은 나치는 박해 대상을 열등한 인간으로 악마화하여 사람들을 선동한 전문가였지만 사실 그런 세뇌는 필요하지 않았다. 사람들은 '우리'와 '그들'을 구별하는 순간 그 차이가 질적이고, 근본적이며, 비교할 수 없다고 생각한다. 우리와 그들은 본질적으로 다르다. 본질주의적 관점을 채택함으로써 우리는 자신의 편견을 더 정당화할 수 있다. 그들과 접촉하고 싶지 않다. 그들을 멀리하고 싶다. '뼛속까지 나쁜 존재'라는 것이 그들의 본질이라고 판단한다. '인간에게는 상대가 어떤 사람인지 결정하는 속성이 있다'라고 믿는 정도가 곧 개인의 본질주의적 편견의 지표다. 이것은 어린 시절부터 작용하는 편견이고 자라면서 점차 강해진다. 심리학자 길 다이센드럭Gil Diesendruck은 이스라엘의 다양한 환경(세속적 유대인, 시온주의Zionist 유대인, 무슬림 아랍인)에서 자란 아이들을 대상으로 본질주의적 추론을 연구했다. 아이들은 만 5세가 되면 이미 다른 아이들을 특정 범주의 구성원이라는 편견에 근거해 성격을 추론했고, 이 편견은 나이가 들면서 더 강해졌다.[70]

결국 본질주의는 사람들을 구분 짓는 도덕규범 속에 새겨져 있다. 생물학적 추론 과정에서 본질주의는 세상을 범주화하는 유용한 방법이지만 편견의 도끼를 가진 사람들에 의해 쉽게 타락할 수 있다. 인간에게는 이런 구분을 명확히 하기 위한 철조망이 있으며, 우리는 별다른 합리적인 평가 없이 그것을 계속 지니고 있다. 집단의 구성원이 된다는 일에는 자동으로 진행되는 무언가가 있는데 이 빠른 처리 과정의 가장 좋은 예가 우리가 어느 날 갑자기 집단에서 배제되었다는 것을 알게 된 순간이다.

## 사회적 사망

퍼듀대학교Purdue University의 심리학자 킵 윌리엄스Kip Williams는 어느 날 공원에서 산책하다가 등에 원반을 맞았다. 윌리엄스는 원반던지기를 하던 두 남성에게 원반을 날렸고 자연스레 게임에 합류하게 되었다. 그러나 이 새로운 우정은 오래가지 못했다. 몇 분 후 이 낯선 이들은 아무 설명도 없이 자기들끼리 원반을 던지며 가버렸고 윌리엄은 기분이 상했다. 그는 배제된 것이다.

윌리엄스는 이 악의 없는 사건에 대한 자신의 자동적인 반응, 거부당했을 때의 고통, 그리고 이것이 얼마나 순식간에 일어났는지에 충격을 받았다. 굴욕적인 경험이었지만 그는 이 일에서 훌륭한 아이디어를 얻었다. 그는 '사이버볼Cyberball'이라는 컴퓨터 시뮬레이션을 개발했다. 참가자는 사이버볼 스크린을 보며 2명의 상대와 공을 주고받는다. 윌리엄스 자신의 경험처럼 컴퓨터는 한동안 참가자와 게임을 하다가 갑자기 참가자를 빼놓기 시작한다. 이때 참가자들은 거부당했다고 느꼈고 이 감정은 심지어 뇌의 통증 중추에 상처로 등록되었다.[71] 사이버볼 게임을 하는 중 뇌를 촬영했더니 참가자가 게임에서 배제되었을 때 뇌에서 신체적 통증과 연관 있는 전측대상회피질이 활성화되었다. 정말로 감정이 상한 것이다. 그러나 다른 사람에게 상처를 주는 일 역시 자신을 아프게 한다. 최근에 같은 주제로 진행된 한 연구에서 사람들은 다른 사람을 배제하도록 강요당했을 때에도 불편함을 느꼈다.[72] 방금까지 함께 놀던 사람을 무시하라는 지시를 받은 사람들은 기분이 좋지 않았다. 우리는 다른 사람을 무시해야 하는 상황을 좋아하지 않는다.

사이버볼 연구는 인간에게 얼마나 쉽게 사회적 고통을 유발할 수 있는지를 보여준다. 사회적으로 배제되면 왜 그렇게 고통스러운가? '통증'이란 몸에 상처가 났거나, 손상이 일어날 것이라는 경고다. 사회적 고립이 사람에게 너무 해로우므로 따돌려질 위험에 처했을 때 뇌에 미리 경고하는 메커니즘으로 진화했다는 설명이 있을 수 있다.[73] 이것은 통증으로 입력되어 자신을 쫓아내겠다고 위협하는 사회적 상황에 복귀하기 위한 대처 메커니즘을 가동시킨다. 자신이 따돌림당할 위험에 처했다는 것이 명확해지는 순간, 우리는 사회적으로 환심을 사려는 전략을 활성화한다. 평소와 다르게 남을 더 돕고, 다른 사람들의 비위를 맞추려고 한다. 잘못이 그들에게 있는 경우에도 아첨하고, 의견에 동조하고, 굽신거린다.

이것은 사회에서 배제되었을 때의 초기 반응이다. 사회에 재진입하려는 전략이 실패하면 그다음에는 보다 사악하고 어두운 행동들이 나타나기도 한다. 집단에 다시 합류하려는 시도가 집단을 향한 적대적 공격으로 대체되는 것이다. 밀그램의 충격 실험을 변형해 이러한 공격성을 측정해 보았다. 실험 참가자는 상대에게 0~110dB에 해당하는 소음을 줄 수 있는데 수치를 높일수록 상대가 괴로워할 것이며, 110dB은 최고 수준이라고 미리 알려주었다. 실험 참가자가 다른 참가자(실제로는 실험 도우미)에게 거부당하면 그는 소음의 수치를 높여 복수를 했다.[74] 참가자가 다른 참가자를 같은 무리로 생각할 때는 낮은 수치의 소음을 주었다.

때로 결백한 사람이 피해를 보는 경우도 있다. 또 다른 배척 실험에서는 배제된 참가자가 잘못이 없는 다른 참가자의 음식에 핫소스를 뿌렸다.[75] 이는 일이 잘 풀리지 않았을 때 엉뚱한 곳에 화풀이하는 것과 동일한 사례로 볼 수 있다. 많은 사람은 타인의 생각과 행동에 상처받았다고 느낄 때 공격성을 이용해 이 부당한 세계로 돌아가는 것 같다. 소수의 사람은 이러한 보복 충동을 극한까지 몰고 간다.

## 극단적 보복 행위

> 오, 나도 너희와 같은 쾌락주의자가 되어 참으로 기쁘다. 너희와 같은 부류가 되어 기쁘다. 너희가 나를 그냥 살게 내버려 두었다면 이런 일은 생기지도 않았을 것이다……. 내가 이런 일을 벌이게 되기까지 너희들이 나한테 한 짓을 생각해 보란 말이다.
>
> _버지니아공과대학Virginia Tech University 총기 난사 사건에 관한 조승희의 선언문

많은 이에게 '세상에서 가장 끔찍한 일'은 다른 사람들에게서 거부당하는 것이다. 쫓겨나고, 가입하지 못하게 거절당하고, 무시당하고, 절교당한다. 방식은 중요하지 않다. 결국은 모두 따돌림당하는 식이다. 다른 사람들에게서 배제되는 일은 곧 심리적 사망이다.

배제는 또한 비신체적 괴롭힘의 한 형태이며 때때로 파괴적인 결과를 초래할 수 있다. 미국의 질병통제센터Center for Disease Control는 매년 만 10~14세 약 4,600명이 스스로 목숨을 끊는다고 추정했다.[76] 집단 괴롭힘은 10대에게 우울장애, 외로움, 자살 생각을 불러일으킨다.[77] 집단 괴롭힘과 자살의 직접적인 연관성은 아직 규명되지

않았지만, 자살을 생각하는 것은 주요 위험 요소로 간주된다. 아이들에게 해로운 것은 집단 괴롭힘에서 일어나는 '신체적 사건'만이 아니다. 그 과정에서 수반되는 '사회적 배제' 역시 해롭다. 만 9~13세 아동 4,811명을 대상으로 한 네덜란드의 연구에서는 사회적 고립이 남녀 모두에게 폭력보다 더 해로운 영향을 끼친다는 사실을 알아냈다.[78] 선택권이 주어진다면 청소년들은 집단 괴롭힘을 당하느니 구타를 당하는 쪽을 택하는데, 양쪽 모두 경험한 아이들이 사회적 공격을 더 심각하게 느꼈다고 보고했기 때문이다.[79] 이 발견이 더 충격적인 이유는 많은 교사가 사회적 배척을 신체적 폭력만큼 심각하다고 여기지 않기 때문이다. 다시 말해 집단 괴롭힘은 대체로 교사의 눈에 띄지 않게 진행될 수 있으므로 감시나 제재가 어려울 뿐 아니라 조금 더 너그럽게 받아들여진다.[80]

또한 거부는 굴욕감을 동반한다. 누구도 자신의 가치가 공공연하게 파괴되는 것을 쉽게 견딜 수 없다. 자신의 삶이 가치 없게 느껴지기 때문이다. 어떤 이들은 자신이 굴욕을 당했다고 느낄 때 끔찍한 복수를 하고, 공격성을 자신에게 돌려 자해하고, 또 어떤 이들은 사건과 관련 없는 이를 공격한다. 소위 '확 돌아버리는 것Go Postal'이다. 이 표현은 1990년대 미국 우체국 내에서 동료들 사이에 살인 및 폭행 사건이 빈번하게 일어나면서 생겨났다.

광란의 살인은 '사회적 거부'가 일으키는 극단적 결과다. 버지니아공과대학이나 콜럼바인고등학교Columbine High School에서 일어난 것과 같은 학내 총기 난사 사건을 분석한 결과[81] 15건의 사건 중 13건에서 가해자들이 버지니아공과대학 선언문에 묘사된 것처럼 사회적으로 배척되었다는 사실이 밝혀졌다. 어떤 이들은 단순히 사회에 해를 끼치고 싶어서 범죄를 저지른다. 던블레인학교Dunblane School 학살 사건의 가해자 토머스 해밀턴Thomas Hamilton은 스카우트 대장으로서 그의 자격에 의문을 제기한 어른들에게 보복하기 위해 가장 무고한 아이들을 피해자로 삼았다. BBC, 각종 언론, 심지어 여왕에게 보낸 편지에서 그는 스카우트에서 해임된 것에 관한 분노를 표출했다. 그는 변태라는 소문과 비난에 휩싸인 채 살아왔다. 지역사회에서 웃음거리가 된 채 25년을 곪아온 것이었다. 2012년에 있었던 샌디훅초등학교Sandy Hook Elementary School 총기 난사 사건에 관해서는 정확히 알려진 바가 없지만 범인인 애덤 랜자Adam Lanza는 분명 피해자에게 최대한 많은 고통을 주려고 했고, 이번에도 아이들을 대상으로 삼았다. 어떤 정신적 문제가 있으면 다른 이들에게 고통을 가하면서도 그렇게 덤덤할 수 있을까?

이 살인범들은 다른 사람을 신경 쓰지 않은 게 아니라 오히려 지나치게 신경을 썼다고 주장할 수 있다. 살인범들은 자신이 희생자와 그들의 가족 그리고 궁극적으로 자신의 삶에 무슨 짓을 했는지보다 다른 사람들이 자신을 어떻게 생각하는지에 더 신경을 썼다. 이러한 잔학 행위는 사람들의 주목을 받기 위한 고의적인 사보타주Sabotage였다. 살인자들은 심리적으로 대단히 불행한 상태에서 자신이 불공평한 세상에 복수하고 있다고 생각했다.

우리 대부분은 극단적인 따돌림이나 폭력을 경험하지 않은 비교적 평범한 삶을 살고 있지만 배척당한다는 것이 어떤 기분인지 알고 있다. 극단적으로 배척당하지 않는 삶을 살면서도 우리는 여전히 다른 사람들의 인정을 받으려고 애쓰고, 그렇기 때문에 우리 모두 아마도 조금 지나치게 신경을 쓰고 있을 것이다. 우리가 하는 거의 모든 일은 다른 사람들이 무슨 생각을 하고, 자신을 어떻게 판단하는지에 따라 결정된다.

만약 사람들에게 당신의 목표가 무엇이냐고 묻는다면 대부분 '성공'을 언급할 것이다. 많은 사람이 성공을 원하지만 이를 성취하는 사람은 거의 없다. 성공은 다른 사람들의 생각에 따라 정의된다. 심지어 '물질적인 부'와 '소유'도 마찬가지다. 우리는 집단 내에서 높은 지위를 획득하도록 해주는 성공의 과시적 요소를 사기 위해 더 많은 돈을 원한다. '명예'나 '악명' 같은 비물질적 성공과 실패 역시 다른 사람들의 생각에 따라 결정된다. 모든 작가는 자신의 글이 많은 사람에게 읽히길 바라며 글을 쓴다. 모든 예술가는 자신의 작품이 사람들에게 인정받기를 원한다. 모든 가수와 배우가 대중을 원한다. 모든 정치인에게는 지지자가 필요하다. 심지어 혼자 날뛰는 총잡이조차 다른 사람들의 생각에 따라 움직인다.

이제 인류는 방법에 상관없이 그저 '유명해지고 싶어서 유명해지길 원하는' 지경에 이르렀다. 우리 대부분은 집단에 주목받고 싶어 하는 깊은 강박관념이 있다. 어린아이가 부모를 향해 '나 좀 봐, 나 좀 봐!' 하며 울어댈 때는 인간이 되기 위해 근본적으로 필요한 '관심의 필요'를 선언하는 것이다. 다른 이의 관심을 좇는 어린 시절의 충동은 어른이 되어서도 결코 사라지지 않는다. 왜냐하면 타인은 우리의 존재를 증명하기 때문이다.

타인의 관심을 필요로 한다는 점은 길들여진 삶의 씁쓸하면서도 달콤한 반전이다. 대부분의 아이는 다른 사람들에게 의존하는 양육 환경에서 자란다. 의존성은 인간의 긴 어린 시절이 낳은 모든 신체적, 감정적 필요를 해결해 준다. 이 시기에 우리는 우리를 둘러싼 집단의 일원이 되는 법을 배우지만 어른이 되어 일정 수준의 독립, 수용, 포용을 성취하더라도 우리 대부분은 여전히 다른 사람들의 승인을 좇는 끝없는 순환에 얽매인다. 우리가 하는 거의 모든 일은 우리를 보는 타인의 시각과 연관되어 있다. 그 탐색은 사회적 동물만이 얻는 기쁨과 불행을 모두 가져온다.

에필로그

# 우리의 미래를 상상하다

사람들은 여러 이유로 타인과 함께 시간을 보낸다. 우리에게는 가족이 있고 직장에서는 대부분 동료와 함께 일한다. 타인으로부터 완벽하게 벗어날 수 있는 곳은 이 세상에 거의 없다. 그러나 어쩔 수 없어서든 함께할 사람을 적극적으로 찾아서든, 우리는 자신이 속한 집단에서 호감을 얻기를 바란다.

호감도는 집단이 어떤 자질을 높이 사느냐에 따라 달라진다. 심리학자 리처드 니스벳Richard Nisbett은 '서로 다른 문화는 집단 내에서 각기 다른 행동 양식을 추구하고, 실제로 개인과 집단 간 관계에 관해서도 다르게 인식한다'라고 주장했다.[1] 전통적으로 동양에서는 집단 구성원들을 상호 의존적이며 모두의 이익을 위해 함께 일하는 '팀의 일원'으로 본다. 이러한 상호 의존성은 가족은 물론 직장까지 사회 전반에 걸쳐 나타난다. 반면 서양 사람들은 자신을 1명의 개인으로 보고,

최고의 자리에 올라가기 위해 다른 사람을 짓밟았더라도 공을 세운 사람을 훨씬 높이 평가한다. 동양인들은 자기가 속한 집단이 성공을 거두었을 때 기쁨을 얻는 반면 서양인들은 개인의 성취에 더 큰 자부심을 느끼는 경향이 있다. 이러한 개인주의적 문화는 전통적인 사고방식을 가진 많은 동양인에게 극도로 무례하게 여겨질 것이다. 니스벳이 지적한 바대로 중국에는 '개인주의'라는 단어가 없고 그에 상응하는 가장 가까운 말은 '이기적'이다.

개인주의든 집단주의든 궁극적으로 한 문화에서 무엇이 옳은지는 '타인의 마음'으로 검증된다. 내가 나의 성취를 '성공'이라고 믿는 것만으로는 충분하지 않다. 집단의 인정을 받아야 한다. 이처럼 집단의 인정을 받아야 한다는 뿌리 깊은 욕구는 우리의 길들여진 뇌 때문이다. 한 사람의 성공 여부는 그가 살아가며 형성한 사회환경에 소속된 사람들의 인정에 달렸다. 그러나 그 환경은 이제 전혀 예측하지 못한 방식으로 바뀔 것이다.

이 책을 통해 우리는 사회적 길들이기라는 인류 진화의 본질을 개인과 종의 진화라는 양쪽 면에서 모두 살펴보았다. 나는 그 본질을 사회에서 수용되는 행동을 바탕으로 한 '타인과의 협동', '협력', '동거의 기술'로 정의한다. 동물도 공존의 속성 중 일부를 지니지만 인간 수준으로 길드는 동물은 없다. 협동, 협력, 동거의 토대는 인류가 수십만 년 전 사회적으로 서로에게 의존하게 된 바로 그 순간부터 호모 사피엔스에게 존재했을 것이다. 이러한 사회기술에는 상대가 누구이고, 무엇을 원하고, 무엇을 생각하며, 무엇보다 나를 어떻게 생각하는지

지각하게 해주는 뇌가 필요하다. '협동'은 혼자 일할 때보다 훨씬 많은 것을 성취하게 한다. '협력'은 미래에 이익이 돌아올 것이라는 상호 이익을 기반으로 서로를 돕는 자극제가 되었다. '동거'는 떠돌아다니는 삶에서 정착하고 길들여진 삶으로의 변화뿐 아니라 여럿이 함께 있음으로써 안전과 보안을 제공했다.

그렇다면 이 길들여진 삶의 미래는 어떨까? 우리는 인류 역사상 가장 격변하는 시기를 살고 있다. 끊임없이 등장하는 새로운 기술이 우리의 행동 양식을 바꾼다. 뗏목은 초기 인류가 바다를 건너 새로운 영역으로 이주하게 한 중요한 발명품이었다. 쟁기는 인류가 유목민에서 정착민으로 변하는 과도기에 탄생한 농업 발전에 결정적인 역할을 했다. 화약과 강철은 한 집단이 다른 집단을 정복하고 지배하는 방식을 바꾸었다.[2] 인쇄술은 지식을 확산시키고 교육 체계를 세웠다.

이제 인터넷의 발명은 인류 문명의 진화에서 또 다른 중요한 이정표로 기록될 것이다. 인터넷은 정보를 교환하고 업무를 처리하는 전례 없는 시스템이지만, 가장 예상치 못한 결과는 인터넷이 만들어 낸 '사회적 혁명'이다. 얼마 전까지만 해도 우리는 눈앞에 다른 사람이 존재하는 곳에서 대부분의 시간을 보냈다. 그러나 그것은 인터넷이 거의 모든 가정에 침투하기 전이었다. 이 책을 쓰고 있는 현재에는 세계 인구 4명 중 1명에 해당하는 약 17억 3,000만 명이 SNS에 가입해 있다.[3] 인류의 대다수가 온라인에 접속해 사회적으로 교류하는 세상이 불가피해 보인다. 인류 역사상 최초로 우리는 실시간으로, 가상의 공간에서 지구상의 다른 누군가와 상호 작용할 수 있는 잠재력 능력을 갖추게 되었다. 우리는 아프리카 사바나의 작은 무리에서 시작해 참으로 먼 길을 걸어왔다. 과거에는 무리 안에서 몇몇 사람들과 이야기를 나누었을지 모르지만 인간이 상호 작용하기 위해 진화시킨 사회기술 덕분에 이제는 집 안에 편히 앉아 시간을 가리지 않고 가장 멀리 떨어진 곳에 있는 수백, 수천 명의 사람과도 소통할 수 있게 되었다.

여전히 많은 사람에게 인터넷은 두려운 기술이다. 인쇄기에서 라디오까지 여느 신기술과 마찬가지로 변화는 불안을 동반한다. 결과를 예측할 수 없기 때문이다. '기술공포증Technopanic'은 인터넷이 인간의 행동 양식에 가져올 변화에 대한 공포를 드러내는 용어다.[4] 영국 신경학자인 수전 그린필드Susan Greenfield는 '인터넷 때문에 아이들은 진화가 연마해 온 의사소통 기술을 사용하지 않게 되었고, 이는 발달 중인 뇌에 돌이킬 수 없는 손상을 주고 있다'고 경고했다.[5] 스탠퍼드 교도소 실험으로 유명한 필립 짐바르도는 '온라인 포르노의 확산으로 성적 충동을 억제할 수 없고 여성과 적절하게 상호 작용하는 법을 배우지 못하는 남성의 종말 시대가 올 것'이라고 말했다.[6] 2013년 영국의 연립정부는 문제가 된다는 명확한 증거가 없음에도 불구하고 인터넷에서 성적인 내용 검색을 규제하는 방안을 조사했다.[7] 우리는 가상 커뮤니티나 온라인 게임에 중독된 나머지 어린 자녀를 방치해 죽음에 이르게 한 극단적인 사례를 알고 있다.[8]

이 모든 자극적인 머리기사는 빈약한 증거나 입증되지 않은 보도에 근거한 히스테리성 기술 공포로 보인다. 급변하는 정보 기술 시대에는 이러한 주장을 충분히 시험하고 분석할 시간이 없었다. 하지만 세계 빈곤이나 기후 변화를 생각해 보라. 그에 비해 인터넷 중독은 가장 하찮은 걱정거리다. 그러나 우리 모두, 특히 인터넷 등장 이전의 시절을 기억하는 사람들은 폭발적인 속도 변화와 그것이 가져올 불확실한 미래가 너무나 걱정된다. 변화를 두려워하는 사람들이 왜 인터넷을 악하다고 여기는지 쉽게 이해할 수 있다.

10대 딸을 둘이나 둔 부모로서 나는 인터넷이 우리 아이들의 미래를 위협하리라고는 많이 걱정하지 않는다. 나는 인터넷 때문에 우리 아이들이 '동정심 없는 관계'라는 파국을 맞이할 것이라고 믿지 않는다. 오히려 아이들이 SNS를 하기 위해 인터넷에 접속하는 모습을 보면 두 딸은 훨씬 커다란 자유와 다양한 아이디어에 노출되는 것을 즐기고 있는 듯하다. 사람들이 시민의 '잘못된' 생각에 접근하는 것을 막기 위해 강압적인 정권이 인터넷을 억압하고 통제하려는 움직임은 놀랍지 않다.

그러나 그 모든 혜택에도 불구하고 인터넷이 우리가 상호 작용하는 방식에 가져올 변화와 그것에 따르는 문제를 고려하지 않는다면 이 역시 무모한 일이다. 인간은 사회적 상호 작용이 대단히 달라질 이 용감한 신세계에 과거의 진화적 유산을 가져갈 것이다. 인간은 이 디지털 환경에 충분히 적응하지 못했고, 우리의 행동 방식은 우리가 아직도 풀려고 애쓰는 생물학적, 심리적 요소와 기술 사이의 복잡한 상호 작용의 결과로 바뀌게 될 것이다.

우선 우리는 개인적으로 아는 몇몇 친구들에게 인정받기보다 점차 집단의 영향을 더 많이 받게 될 것이다. 예를 들어 SNS는 인터넷 상에서 다수에 의한 인정과 검증을 가능하게 한다. 이것은 특히 트위터에 해당한다. 트위터는 실질적으로 전 세계에 글을 공개해 거의 완벽하게 익명인 상대를 관찰하고 또 관찰당하는 기회를 제공한다. 이런 상호 작용은 가상임에도 불구하고 인터넷에서 겪는 수용과 거부가 실제 삶에서와 같은 감정을 일으킨다는 연구 결과가 있다.[9]

그렇다면 우리는 SNS에서 무엇을 할까? 자신의 이야기를 한다. 일상적인 대화의 30~40%가 자신의 이야기다. 뇌 영상 연구에 따르면 자신의 이야기를 할 때 사람들은 기분이 좋아진다.[10] 자신의 경험을 설명할 때는 뇌의 보상 중추와 쾌락 중추가 활성화되는데 인터넷에서는 자기 집착이 극단에 치닫는다. SNS에 올린 글의 80% 이상이 작성자 자신에 관한 것이다. 이미 우리는 거기에 빠져버린 듯하다. 스웨덴에서 페이스북 가입자 1,000명을 대상으로 조사했더니 이들은 하루에 평균 6번 로그인하고, 75분을 소비했다. 또 여성이 남성보다 페이스북에서 더 많은 시간을 보냈으며[11] 4명 중 1명이 SNS에 접속할 수 없을 때 불안해했다. 인간은 자기에 관해 말하는 것을 좋아하므로 SNS는 매력적인 기회일 수밖에 없다. 이 안에서 우리는 자신이 할 수 있는 일에 관한 사회적 장벽과 구속을 잊는 것 같다.

SNS는 처음 등장했을 때 사람들을 서로 연결해 주고 연락을 유지하게 도와주었다. 새로운 환경으로 옮겨 다니며 바쁘게 살아갔으므로 서로 연락하며 지내기가 점차 힘들어지던 시절이었다. SNS는 고립된 사람들이 새로운 친구를 사귀고, 떠난 사람들과 연락할 기회를 제공한다. 그러나 진정한 친구는 드물고, SNS상에서 알게 된 사람과는 진정한 친구가 되기 힘들다. 게다가 얼굴을 마주 보고 하는 상호작용이 없고, 우정의 힘이 약한 수많은 청중에게 자신을 노출한다는 문제가 있다.

역설적이게도 친구가 너무 많으면 '자존감 손상'이라는 위험이 따른다. SNS는 자존감이 낮은 사람들에게 실제 만남이 가져올 '사회적 불안'이라는 압박감 없이 자신을 표출할 기회를 줄 것 같지만 그렇지 않다. 오히려 그 문제를 증폭시킬 수도 있다. 자존감이 낮은 이들은 자신의 부정적인 삶과 성격에 관해 더 노골적으로 이야기한다는 문제가 있는데, 그것은 인터넷상에 있는 사람들에게 결코 끌리는 주제가 아니다. 아이러니하게도 그들은 SNS에서 자신을 드러내는 것을 더 안전하다고 느낄지 모르지만 다른 사람들은 그들의 삶이 얼마나 끔찍한지 듣고 싶어 하지 않으므로 오히려 그들을 밀어낸다.[12]

인간은 자기 집착이 강해서 자신과 관련 있는 정보에만 관심을 기울이는 경향이 있다. SNS상 친구가 많은 것은 눈에 보이는 인기의 척도다. 연예인처럼 사회적 지위가 높은 사람이 트위터에서 당신을 팔로우Follow하면 당신은 그의 관심을 받을 정도의 사람이라는 반사된 영광을 누릴 수 있다.[13] SNS 문화 자체는 경험과 의견을 나누는 것이 원래 목적이었을지 모르지만, 언제부턴가 나르시시즘Narcissism의 메커니즘이 되었다.

'셀카Selfie 문화'는 SNS에 자신의 사진을 올려 다른 사람들에게 보여주는 것이다. 넬슨 만델라의 추모식에서조차 각국의 정상들은 셀

카를 찍었다. 2013년에 가장 일반적인 카메라폰 제조사 중 하나인 삼성이 설문 조사한 바에 따르면 만 18~24세가 찍은 사진 중 30%가 자기 사진이다.[14] 페이스북에서는 사용자들이 하루에 '좋아요'를 27억 번 누르고 3억 장의 사진을 공유한다.[15] 다른 사람들이 눌러주는 '좋아요', 긍정적인 댓글, 추천 등은 우리의 자존감을 높여준다. 다른 사람들이 무엇을 생각하는지에 대한 이러한 관심은 양극화로 발전할 수도 있다. 우리가 자신에게 동의하는 사람의 의견만 듣는다면 자신의 견해를 더 확신하게 되고, 비판은 참지 못하며, 더 급진적인 성향이 나타날 수 있다.[16]

어떤 사람들은 SNS를 이용해 다른 사람들을 괴롭힌다. 이미 사이버 폭력 때문에 목숨을 끊는 10대가 늘어나고 있다.[17] 또한 사람들은 얼굴을 맞대고 있을 때보다 인터넷상에서 다른 사람들에게 더 쉽게 분노하고 참지 못한다. 운전자가 차 안에 있을 때 일어나는 보복 운전처럼, 사람들은 직접 대면하는 상황이 아닐 때 다르게 행동한다. 인터넷은 편안하게 앉아 마음껏 분노를 터뜨리고 다른 사람에게 복수하는 곳이다. 비난받는 것을 좋아하는 사람은 없지만 특히나 인터넷상에서의 비판은 모두에게 공개되므로 더 고통스럽다.

많은 사람이 우리가 인터넷에 지나치게 많이 접속하고 있다고 생각하지만 혁명은 이제 막 시작되었을 뿐이다. 우리가 하는 모든 일, 우리가 갔던 모든 장소가 타인과 공유된다. 우리가 사용하는 모든 소프트웨어, 우리가 구매하는 모든 물건, 우리가 내리는 모든 결정이 더는 개인의 비밀이 아니라 공유 가치가 있는 귀중한 데이터다. 인터넷의 아버지이자 디지털 선지자인 빈트 서프Vint Cerf는 곧 우리가 입고 다니는 옷이 인터넷에 접속해 정보를 전달해 주는 세상이 올 것이라고 예견했다.[18] 우리는 이미 대부분 스마트폰을 소유하고 있고, 자신이 어디에 있는지, 뭘 하는지, 뭘 좋아하는지 등의 정보를 계속해서 공유하길 원한다. 사람들은 이제 더는 돈을 내고 서비스나 애플리케이션Application을 구매하지 않는다. 그저 SNS를 통해 자신이 무엇을 사용하고 있다고 알리기만 하면 된다. 기업은 정보가 곧 성공의 열쇠임을 잘 알기 때문에 서비스를 제공하는 대신에 사람들의 정보를 모은다. 자신의 것이라 여기는 개인의 선택이 집단에 정보를 주기 위해 사용되고, 그것은 온라인상에서 '확증편향'이라는 방대한 사회 실험을 거쳐 다시 우리의 선택에 영향을 미치는 데 사용된다.

우리에게는 이제 정말 선택권이 없다. 익명으로 사는 것은 불가능하다. 우리는 다른 사람에 의존하여 상품과 서비스를 구매한다. 과거에는 익명 거래도 가능했지만 이제 현금은 사라지고, 타인의 눈에 띄지 않게 살아가는 능력도 그렇게 될 것이다. 모든 거래가 디지털화되어 당신의 정체성은 당신의 활동 목록을 만드는 데 사용될 것이다.

온라인에 더 많이 접속하게 됨에 따라 알고리듬Algorithm은 우리가 무엇을 원하는지 예측하고 우리가 검색한 요구 사항에 가장 적합한 정보를 보내줄 것이다. 마케팅 회사는 자사의 상품을 각자에게 맞춰 서비스하려고 한다. 문제는 이러한 맞춤화 과정이 '필터 버블Filter Bubble'을 만든다는 것이다. 필터 버블 안에 갇히면 알고리듬이 우리와 연관이 없다고 생각하는 정보를 알아서 차단해 버린다.[19] 사람들의 활동을 감시해 점차 개인 맞춤 기능을 장착한 웹사이트를 만들려는 사회 흐름에 따라 현재 구글Google이나 페이스북 같은 회사는 마케팅 회사에 팔 수 있는 개인 정보를 수집한다. 바로 '빅데이터 골드러시Big Data Gold Rush' 현상이다. 이처럼 방대한 데이터베이스를 통해 우리가 소속된 집단의 의견이 우리의 선택을 결정할 뿐 아니라 우리의 선택을 최적화하기 위해 우리에게 제공되는 선택사항까지 제한할 것이다.

이는 모두 삶을 편리하게 만들기 위해 시작되었지만 삶을 조금 더 관습적으로 만들기도 할 것이다. 한때 서양의 독립성과 동양의 상호의존성은 지리적으로 분리된 문화적 사회 규범으로 존재했지만, 이제 세계적으로 인터넷이 보급되고 개인의 선택이 집단행동에 의해 형성되고 축소되면서 개인이 고유한 정체성과 사생활을 유지하는 능력이 위협받게 되었다.

이 모든 것은 지금 일어나고 있다. 조만간 우리에게는 선택의 여지가 없어질지도 모른다. 가상 세계가 현실을 침범하고 있다. 일종의 '착용 컴퓨터'인 구글 글라스Google Glass가 그 예다. 이 안경을 쓰면 실시간으로 본인의 시야와 소리를 업로드해 다른 사람들이 보게 할 수 있다(비록 구글은 이를 규제할 것이라고 주장했지만 말이다). 이런 장치는 곧 보이지 않을 정도로 작아져서 사람들은 자신이 감시당한다는 것도 눈치채지 못하며, 자기가 정말 혼자 있는지, 상대와 둘이서 사적인 대화를 나누는지 확신하지 못할 것이다. 이는 조지 오웰의 《1984》에서 예언된 일로 10년 전 유행했던 리얼리티 TV 쇼 〈빅 브라더Big Brother〉에 영감을 주었다. 참가자들은 명성과 유명세를 기대하고 기꺼이 쇼에 나왔지만, 실제로는 개성이 뚜렷하고 문제가 있어 제작자들이 선택한 사람들이었다. 이는 3장에서 말한 빅토리아시대에 유행했던 쇼의 현대판이나 다름없다. 그럼에도 참가자들은 시청자에게 자신을 내보이기를 원하고, 시청자인 우리는 그들을 보았다. 오늘날 인터넷은 좋든 싫든 우리 모두를 감시하에 두겠다고 위협한다.

6만~7만 년 전에 현생 인류가 최초로 아프리카를 떠났을 때, 그들은 북부의 방대한 빙하가 퇴각하기 시작하면서 새로운 영토를 찾는 데 필요한, 또는 함께 사는 데 필요한 전문적인 사회 지식을 가지고 있었다. 그들은 다음 세대에 지식을 전달할 두뇌를 가지고 서로 소통하고 협력했다. 그리고 서로와 연결된 상태를 유지할 수 있도록 감정, 행동, 사고가 발달했다. 2만 년 전 마지막 빙하기가 끝날 무렵 인간은 유목 생활을 끝내고 정착하여 농작물을 재배하고 짐승을 사육하기 시작했다.

인간이 진화하는 내내 길들이기는 개인을 위한 다수의 힘을 제공했지만, 그렇게 인간을 번영하게 해준 길들이기가 이제 개인을 말살하겠다고 위협한다. 우리는 타인에게 너무 의존한 나머지 자급자족할 수 있는 사람은 거의 없고, 더구나 이러한 상호 의존은 아직 절정에 이르렀다는 징후조차 보이지 않는다. 상호 의존은 더 쉬운 삶을 제공하고 점점 더 정보 기술에 의지한다. 그러나 우리는 이러한 혁신이 우리가 사는 방식을 감시하고 형성하는 데 사용된다는 것을 모르고 있다.

우리의 길들여진 뇌는 인간이 집단으로서 함께 살아가며 번성하는 동물이 되게 해주었고, 기술의 발전으로 집단의 크기는 지리적으로나 시간상으로 제한이 없게 되었다. 어떤 이는 이렇게 끊임없이 확장하는 집단이 언젠가 우리를 굴복시킬 것이라고 생각한다. 아마도 우리는 군중의 인력에 저항하기 위해 늘 긴장하며 살게 될 것이다. 미래에는 개별 집단이 곧잘 통합될 듯하며, 그 안에서 각 집단의 정체성을 유지하기 위해 지속적인 문화 충돌이 일어나리라고 예상한다. 그렇더라도 우리를 갈라놓는 집단 정체성과 편견이 사라지는 것은 자원이 한정된 지구에서 협동하고 협력하여 동거하는 데 필요한 해결책일 수도 있다. 우리가 세계를 하나의 집단으로 생각하고 행동하기 시작한다면 인구 증가, 식량 부족, 산림 파괴, 전염병 그리고 기후 변화까지 우리에게 닥친 많은 문제에 더 잘 대처할 수 있을지도 모른다.

## 감사의 말

이 책은 내가 3번째로 출판하는 대중 과학 도서지만 여전히 쓰기 쉽지 않았다. 로버트 커비Robert Kirby 같은 최고의 에이전트를 만난 것을 행운이라고 생각한다. 로버트는 정말 최고였다. 그는 끊임없는 지지와 열정을 보여주었고, 나는 그를 불러내어 사람을 안심시키는 그 지혜로운 음성을 듣고 싶은 유혹을 수시로 느꼈다. 내가 쓰고 싶은 책을 자유롭게 쓸 수 있게 해준 편집자 로라 스티크니Laura Stickney에게도 감사한다. 이 책이 펠리컨Pelican 출판사를 대중의 마음속에 되돌려 놓는 계기가 되길 바란다.

이 책은 여러 학자의 영향을 많이 받았다. 그중 폴 블룸, 브라이언 헤어, 필리프 로샤트Philippe Rochat 그리고 누구보다 마이클 토마셀로를 언급하고 싶다. 협업에 관한 그의 연구는 이 책 전반에 걸쳐 등장한다. 크리스틴 르가레이에게도 특히 빚을 졌다. 크리스틴은 이 책을 전부 읽었을 뿐 아니라 내게 소중한 조언을 해주었다. 원고를 읽고 내게 생각할 거리를 준 학생과 동료, 세라 베이커Sara Baker, 시리 에이나브Shiri Einav, 이언 길크리스트Iain Gilchrist, 나탈리아 예르소에Nathalia Gjersoe, 카일리 햄린, 패트 칸지저Pat Kanngieser, 케이트 롱스태프Kate Longstaffe, 마커스 무나포Marcus Munafo, 로리 산투스, 샌드라 벨지언Sandra Weltzien에게도 감사 인사를 드린다. 또 몇 년 동안 내 비이성적인 행동들을 참으며 고생한 가족의 지지와 성원 없이는 이 책을 쓰지 못했을 것이다.

이 책은 나를 길들인, 아니 적어도 길들이려고 애써준 우리 어머니 로열 후드Loyale Hood에게 바친다. 고마워요, 엄마.

# 참고 문헌

## 프롤로그 | 왜 인간의 뇌는 줄어들었는가


1. Kathleen McAuliffe (2010), 'If Modern Humans Are So Smart, Why Are Our Brains Shrinking?', *Discover* magazine, September 2010. http://discovermagazine.com/2010/sep/25-modern-humans-smart-whybrain-shrinking#.UdGTQxxYdN0
2. D. H. Bailey and D. C. Geary (2009), 'Hominid brain evolution: Testing climactic, ecological, and social competition models', *Human Nature*, 20, 67–79.
3. D. C. T. Kruska (2005), 'On the evolutionary significance of encephalization in some eutherian mammals: effects of adaptive radiation, domestication, and feralization', *Brain, Behavior and Evolution*, 65, 73–108.
4. Claudio J. Bidau (2009), 'Domestication through the centuries: Darwin's ideas and Dmitry Belyaev's long-term experiment in silver foxes', *Gayana* 73 (Suplemento), 55–72.
5. Hilleke Pol et al. (2006), 'Changing your sex changes your brain: influences of testosterone and estrogen on adult human brain structure', *European Journal of Endocrinology*, 155, S107–S114.
6. K. Soproni, Á. Miklósi, J. Topál and V. Csányi (2001), 'Comprehension of human communicative signs in pet dogs (*Canis familiaris*)', *Journal of Comparative Psychology*, 115, 122–6.
7. L. N. Trut (1999), 'Early canid domestication: the farm fox experiment', *American Scientist* 87 (March–April), 160–9.

8. Brian Hare, Victoria Wobber and Richard Wrangham (2012), 'The self-domestication hypothesis: evolution of bonobo psychology is due to selection against aggression', *Animal Behavior*, 83, 573–85.
9. B. Hare (2007), 'From Nonhuman to Human Mind. What Changed and Why', *Current Directions in Psychological Science*, 16, 60–4.
10. Adam Brumm, Gitte M. Jensen, Gert D. van den Bergh, Michael J. Morwood, Iwan Kurniawan, Fachroel Aziz and Michael Storey (2010), 'Hominins on Flores, Indonesia, by one million years ago', *Nature*, 464, 748–52.
11. Alan Simmons (2012), 'Mediterranean island voyages', *Science*, 338, 895–7.
12. Adam Powell, Stephen Shennan and Mark G. Thomas (2009), 'Late Pleistocene demography and the appearance of modern human behavior', *Science*, 324, 1298–1301.
13. H. Zheng, S. Yan, Z. Qin and L. Jin (2012), 'MtDNA analysis of global populations support that major population expansions began before Neolithic Time', *Scientific Reports*, 745; DOI:10.1038/srep00745.

## 1장 | '사회'라는 환경을 탐색하다

1. 달 울퍼트(Dal Wolpert)는 이 문제로 TED 강연을 시작했다. http://www.ted.com/talks/daniel_wolpert_the_real_reason_for_brains.html
2. 많은 저자가 멍게를 예로 제시했지만 가장 유명한 것은 다음과 같다. Rodolfo R. Llinás (2001), *I of the Vortex: From Neurons to Self*, MIT Press.
3. F. de Waal (2013), *The Bonobo and the Atheist: In Search of Humanism Among the Primates*, W. W. Norton & Company.
4. Jane Goodall (1986), *The Chimpanzees of the Gombe: Patterns of Behavior*, Cambridge: The Belknap Press of Harvard University Press.
5. M. Nakamichi, E. Kato, Y. Kojima and N. Itoigawa (1998), 'Carrying and washing of grass roots by free-ranging Japanese macaques at Katsuyama', Folia Primatologica *International Journal of Primatology*, 69, 35–40.
6. Lydia V. Luncz, Roger Mundry and Christophe Boesch (2012), 'Evidence for cultural differences between neighboring chimpanzee communities', *Current Biology*, 22, 922–6.
7. Richard Dawkins (1976), *The Selfish Gene*, Oxford University Press.
8. Richard Dawkins (1996), *The Blind Watchmaker: Why the Evidence of Evolution Reveals a Universe without Design*, New York: Norton & Company.
9. M. E. J. Newman and R. G. Palmer (1999), 'Models of Extinction: A Review', Santa Fe Institute working paper, http://www.santafe.edu/media/workingpapers/99-08-061.pdf.

10. '환경 복잡성 가설'은 지능이 발달하게 된 원동력 중 하나가 '다양한 환경에 적응하기 위해서'라고 주장한다.
Grove, M. (2011), 'Change and variability in Plio-Pleistocene climates: Modelling the hominin response', *Journal of Archaeological Science*, 38, 3038–47.
11. X. H. Zhu, H. Qiao, F. Du, Q. Xiong, X. Liu, X. Zhang, K. Ugurbil and W. Chen (2012), 'Quantitative imaging of energy expenditure in human brain', *Neuroimage*, 60, 2107–17.
12. D. Attwell and S. B. Laughlin (2001), 'An energy budget for signaling in the grey matter of the brain', *Journal of Cerebral Blood Flow and Metabolism*, 21, 1133–45.
13. L. Marino (1998), 'A comparison of encephalization between odontocete cetaceans and anthropoid primates', *Brain, Behavior, and Evolution*, 51, 230–8.
14. I. Loudon (1986), 'Deaths in childbed from the eighteenth century to 1935', *Medical History*, 30, 1–41.
15. J. DeSilva and J. Lesnik (2006), 'Chimpanzee neonatal brain size: Implications for brain growth in Homo erectus', *Journal of Human Evolution*, 51, 207–12.
16. A. Portmann (1969), 'Biologische Fragmente zu einer Lehre vom Menschen' [A Zoologist Looks at Humankind] (Schwabe, Basel, Germany); trans. J. Schaefer (1990), New York: Columbia University Press.
17. C. D. Bluestone (2005), 'Humans are born too soon: impact on pediatric otolaryngology', *International Journal of Pediatric Otorhinolaryngology*, 69, 1–8.
18. J. H. Kaas (2005), 'From mice to men: the evolution of the large, complex human brain', *Journal of Bioscience*, 30, 155–65.
19. Holly M. Dunsworth, Anna G. Warrener, Terrence Deacon, Peter T. Ellison and Herman Pontzer (2012), 'Metabolic hypothesis for human altriciality', *Proceedings of the National Academy of Sciences USA*, 109, 15212–16.
20. R. D. Martin (1996), 'Scaling of the mammalian brain: The maternal energy hypothesis', *News in Physiological Science*, 11, 149–56.
21. K. R. Rosenberg and W. R. Trevathan (2003), 'The Evolution of Human Birth', *Scientific American*, May: 80–85.
22. Milton, Katharine (2000), 'Diet and Primate Evolution' in Alan Goodman, Darna Dufour and Gretel Pelto (eds), *Nutritional Anthropology: Biocultural Perspectives on Food and Nutrition*, Mountain View, CA: Mayfield Publishing Company, 46–54.
23. G. T. Frost (1980), 'Tool behavior and the origins of laterality', *Journal of Human Evolution*, 9, 447–59.
24. John Allen (2009), *The Lives of the Brain: Human Evolution and the Organ of Mind*, Belknap Harvard.
25. 리키(Leakey) 집안 사람들은 케냐의 투르카나호 근처의 쿠비포라에서 화석을 발견했다고 보고했는데, 이것은 200만 년 전에 별개의 호미니드(Hominid) 3종이 공존했음을 보여준다.
M.G. Leakey, F. Spoor, M.C. Dean, C.S. Feibel, S.C. Antón, C. Kiarie and L.N. Leakey

(2012), 'New fossils from Koobi Fora in northern Kenya confirm taxonomic diversity in early *Homo*', *Nature*, 488, 201– 204.
그러나 최근 조지아의 드마니시 마을에서 200만 년 전의 것으로 추정되는 호모 에렉투스의 두개골들이 발견되었는데, 이 다양한 두개골 모양으로 미루어 케냐에서 발견된 화석은 아프리카에서 별개의 호미니드 종이 진화했다는 증거로 볼 수 없다는 결론에 이르렀다.
David Lordkipanidze, Marcia S. Ponce de León, Ann Margvelashvili, Yoel Rak, G. Philip Rightmire, Abesalom Vekua and Christoph P. E. Zollikofer (2013), 'A Complete Skull from Dmanisi, Georgia, and the Evolutionary Biology of Early Homo', *Science*, Vol. 342 no. 6156, 326–31.
26. I. McDougall, F. H. Brown and J. G. Fleagle (2005), 'Stratigraphic placement and age of modern humans from Kibish, Ethiopia', *Nature*, 433, 733–6.
27. R. L. Cann, M. Stoneking and A. C. Wilson (1987), 'Mitochondrial DNA and human evolution', *Nature*, 325, 31–6.
28. Annalee Newitz (2013), A long anthropological debate may be on the cusp of resolution, http://io9.com/a-long-anthropological-debate-may-be-on-thecusp-of-res-512864731 (Interview with Ian Tattersall)
29. University of Montreal (2011, July 18), 'Non-Africans are part Neanderthal, genetic research shows', *Science Daily*. Retrieved July 4, 2013, from http://www.sciencedaily.com/releases/2011/07/110718085329.htm
30. R. I. M. Dunbar and S. Shultz (2007), 'Evolution in the social brain', *Science*, 317, 1344–7.
31. J. B. Silk (2007), 'Social components of fitness in primate groups', *Science*, 317, 1347–51.
32. M. Gutison et al. (2012), 'Derived vocalizations of geladas (Theropithecus gelada) and the evolution of vocal complexity in primates', *Philosophical Transactions of the Royal Society of Biological Sciences*, 367, 1847–59.
33. Nicola Clayton (2012), 'Corvid cognition: Feathered apes', *Nature*, 484, 453–4.
34. Chris Stringer (2011), *The Origin of our Species*, London: Allen Lane.
35. H. Zheng, S. Yan, Z. Qin and L. Jin (2012), 'MtDNA analysis of global populations support that major population expansions began before Neolithic Time', Sci. Rep. 2, 745; DOI:10.1038/srep00745.
36. S. Mithen, (1996), *The Prehistory of the Mind: A Search for the Origins of Art, Religion and Science*, London: Thames and Hudson.
37. Nicholas Humphrey (1983), *Consciousness Regained*, Oxford University Press.
38. Frans de Waal (2007), *Chimpanzee Politics: Power and Sex Among Apes* (25th Anniversary ed.), Baltimore, MD: JHU Press.
39. D. G. Premack and G. Woodruff (1978), 'Does the chimpanzee have a theory of mind?', *Behavioral and Brain Sciences*, 1, 515–26.
40. Steven Pinker (1994), *The Language Instinct*, New York: Morrow.

41. R. I. M. Dunbar (1996), *Grooming, Gossip and the Evolution of Language*, London: Faber & Faber.
42. S. Pinker and P. Bloom (1990), 'Natural language and natural selection', *Behavioral and Brain Sciences*, 13, 707–84.
43. A. A. Ghazanfar and D. Rendall (2008), 'Evolution of human vocal production', *Current Biology*, 18, 457–60.
44. K. S. Lashley (1951), 'The problem of serial order in behavior' in L. A. Jefress (ed.), *Cerebral mechanisms in behavior*, New York: Wiley, 112–46.
45. Noam Chomsky (1986), *Knowledge of Language: Its Nature, Origin and Use*, New York: Praeger.
46. Steve Pinker (1994), *The Language Instinct: How the Mind Creates Language*, New York: William Morrow & Co.
47. Leda Cosmides and John Tooby (1994), 'Origins of domain specificity: The evolution of functional organization' in L. Hirshfeld and S. A. Gelman (eds), *Mapping the Mind: Domain specificity in cognition and culture*, New York: Cambridge University Press.
48. Maciej Chudek, Patricia Brosseau-Laird, Susan Birch and Joseph Henrich (2013), 'Culture-Gene Coevolutionary Theory and Children's Selective Social Learning' in M. R. Banaji and S. A. Gelman (eds), *Navigating the Social World. What Infants, Children, and Other Species Can Teach Us*, New York: Oxford University Press.
49. Mike Tomasello (2009), *Why We Cooperate*, Boston: Boston Review.
50. Felix Warneken, Brian Hare, Alicia P. Melis, Daniel Hanus and Michael Tomasello (2007), 'Spontaneous altruism by chimpanzees and young children', PLoS Biol 5(7): e184. doi:10.1371/journal. pbio.0050184.
51. Judith M. Burkart, Ernst Fehr, Charles Efferson and Carel P. van Schaik (2007), 'Other-regarding preferences in a non-human primate: Common marmosets provision food altruistically', *Proceedings of the National Association of Sciences*, 104, 19762–6.

## 2장 | 뇌는 어떻게 결정을 내리나

1. John Locke, (1690), *An Essay Concerning Human Understanding*, New York: E. P. Dutton, 1947.
2. William James (1890), *Principles of Psychology*, New York: Henry Holt.
3. Immanual Kant (1781), *Critique of Pure Reason*, trans. J. M. D. Meiklejohn, The Electronic Classics Series, ed. Jim Manis, PSU-Hazleton, Hazleton, PA.
4. J. M. Fuster (2003), *Cortex and Mind*, New York: Oxford University Press.
5. F. A. C. Azevedo et al. (2009), 'Equal numbers of neuronal and nonneuronal cells make the human brain an isometrically scaled-up primate brain', *Journal of Comparative Neurology*, 513, 532–541.

이것은 인간의 신경 구조에 관한 가장 최근 분석이다. 분석 결과 비신경세포가 850억 개, 신경세포가 860억 개 있다고 추정했다.
6. R. C. Knickmeyer, S. Gouttard, C. Kang, D. Evans, K. Wilber, J. K. Smith et al. (2008), 'A structural MRI study of human brain development from birth to 2years', *Journal of Neuroscience*, 28, 12176–82.
7. Gregory Z. Tau and Bradley S. Peterson (2010), 'Normal development of brain circuits', *Neuropsychopharmacology Reviews*, 35, 147–68.
8. David A. Drachman (2005), 'Do we have brain to spare?', *Neurology*, 64, 2004–5.
9. 이것은 도널드 헵(Donald Hebb)의 신경 학습과 시냅스 가소성의 법칙에 나온 구절이다. D. O. Hebb (1949), *The Organization of Behavior*, New York: Wiley & Sons.
10. Elizabeth S. Spelke, (2000), 'Core knowledge', *American Psychologist*, 55, 1233–43.
11. Valerie A. Kuhlmeier, Paul Bloom and Karen Wynn (2004), 'Do 5-month-old infants see humans as material objects?', *Cognition*, 94, 95–103.
12. Aina Puce and David Perrett (2003), 'Electrophysiology and brain imaging of biological motion', *Phil. Trans. R. Soc. Lond. B* (2003) 358, 435–45.
13. Virginia Slaughter, Michelle Heron-Delaney and Tamara Christie (2012), 'Developing expertise in human body perception' in V. Slaughter and C.A Brownell (eds), *Early Development of Body Representations. Cambridge Studies in Cognitive and Perceptual Development* 13, Cambridge, UK: Cambridge University Press, 207–26.
14. F. Simion, L. Regolin and H. Bulf (2008), 'A predisposition for biological motion in the newborn baby', *Proceedings of the National Academy of Sciences* (USA), 105, 809–13.
15. A. J. DeCasper and M. J. Spence (1986), 'Prenatal maternal speech influences newborns' perception of speech sounds', *Infant Behavior & Development*, 9, 133–50.
16. Aidan Macfarlane (1975), 'Olfaction in the development of social preferences in the human neonate' in A. Macfarlane (ed.), *Parent-Infant Interactions*, Amsterdam: Elsevier, pp. 103–17.
17. Dare A. Baldwin (2013), 'Redescribing Action' in M. R. Banaji and S. A. Gelman (eds), *Navigating the Social World. What Infants, Children, and Other Species Can Teach Us*, New York: Oxford University Press.
18. D. A. Baldwin, J. A. Baird, M. Saylor and M. A. Clark (2001), 'Infants parse dynamic human action', *Child Development*, 72, 708–17.
19. Margaret Legerstee (1992), 'A review of the animate-inanimate distinction in infancy. Implications for models of social and cognitive knowing', *Early Development and Parenting*, 1, 59–67.
20. F. Heider and M. Simmel (1944), 'An experimental study of apparent behavior', *American Journal of Psychology, 57*, 243–59.
21. Dan C. Dennett (1971), 'Intentional systems', *Journal of Philosophy*, 68, 87–106.
22. Val Kuhlmeier, Karen Wynn and Paul Bloom (2003), 'Attribution of dispositional

states by 12-month-olds', *Psychological Science*, 14, 402–8.
23. J. Kiley Hamlin, Karen Wynn and Paul Bloom (2010), 'Three-month-olds show a negativity bias in their social evaluations', *Developmental Science*, 13, 923–9.
24. A. L. Yarbus (1967), *Eye Movements and Vision* (trans. B. Haigh), New York: Plenum Press.
25. Stewart Guthrie (1993), *Faces in the Clouds: A New Theory of Religion*, Oxford University Press.
26. Nancy Kanwisher, Josh McDermott and Marvin M. Chun (1997), 'The Fusiform Face Area: A module in human extrastriate cortex specialized for face perception', *Journal of Neuroscience*, 17, 4302–11.
27. Michael Argyle and Janet Dean (1965), 'Eye-contact, distance and affiliation', *Sociometry*, 28, 289–304.
28. A. Frischen, A. P. Bayliss, S. P. Tipper (2007), 'Gaze cueing of attention: visual attention, social cognition, and individual differences', *Psychological Bulletin*, 133, 694–724.
29. Bruce Hood, Doug Willen and Jon Driver (1998), 'An eye direction detector triggers shifts of visual attention in human infants', *Psychological Science*, 9, 53–6.
30. M. Von Grunau and C. Anston (1995), 'The detection of gaze direction: a stare-in-the-crowd effect', *Perception*, 24, 1297–1313.
31. Reginald B. J. Adams, Heather L. Gordon, Abigail A. Baird, Nalini Ambady and Robert E. Kleck (2003), 'Effects of gaze on amygdala sensitivity to anger and fear faces', *Science*, 300, 1536.
32. Teresa Farroni, Gergely Csibra, Francesca Simion and Mark H. Johnson (2002), 'Eye contact detection in humans from birth', *Proceedings of the National Academy of Sciences USA*, 99, 9602–5.
33. S. M. J. Hains and D. W. Muir (1996), 'Effects of stimulus contingency in infant–adult interactions', *Infant Behavior & Development*, 19, 49–61.
34. M. Argyle and M. Cook, *Gaze and Mutual Gaze* (1976), Cambridge University Press.
35. H. Akechi, A. Senju, H. Uibo, Y. Kikuchi, T. Hasegawa et al. (2013), 'Attention to Eye Contact in the West and East: Autonomic Responses and Evaluative Ratings', PLoS ONE 8(3): e59312. doi:10.1371/journal.pone.0059312.
36. J. Kellerman, J. Lewis and J. D. Laird (1989), 'Looking and loving: The effects of mutual gaze on feelings of romantic love', *Journal of Research in Personality*, 23, 145–61.
37. E. Nurmsoo, S. Einav and B. M. Hood (2012), 'Best friends: children use mutual gaze to identify friendships in others', *Developmental Science,* 15, 417–25.
38. M. Bateson, D. Nettle and G. Roberts (2006), 'Cues of being watched enhance cooperation in a real-world setting', *Biology Letters,* 2, 412–14.
    D. Francey and R. Bergmüller (2012), Images of eyes enhance investments in a real-life public good. PLoS ONE 7, e37397.
    Kate L. Powell, Gilbert Roberts and Daniel Nettle (2012), 'Eye images increase charitable

donations: Evidence from an opportunistic field experiment in a supermarket', *Ethology*, 118, 1–6.

M. Ernest-Jones, D. Nettle and M. Bateson (2011), 'Effects of eye images on everyday cooperative behavior: a field experiment', *Evol. Hum. Behav*. 32, 172–8.

39. Mike Tomasello (2009), 'Why We Cooperate', *Boston Review*.
40. M. Tomasello and M. J. Farrar (1986), 'Joint attention and early language', *Child Development,* 57, 1454–63.
41. G. Butterworth (2003), 'Pointing is the royal road to language for babies' in S. Kita (ed.), *Pointing: Where language, culture, and cognition meet,* Mahwah, NJ: Erlbaum, pp. 9–33.
42. 어떤 이들은 영장류도 인간처럼 소통의 몸짓과 공동 주의를 공유한다고 믿는다. David A. Leavens (2012), 'Joint attention: twelve myths' in *Joint attention: New developments in Psychology, Philosophy of Mind, and Social Neuroscience*, Cambridge, Mass.: MIT Press, pp. 43–72.
43. Anne Fernald and T. Simon (1984), 'Expanded intonation contours in mothers' speech to newborns', *Developmental Psychology*, 20, 104–13.
44. Andrew N. Meltzoff and Rechele Brooks (2001), ' "Like me" as a building block for understanding other minds: bodily acts, attention, and intention' in Betram F. Malle and Dare Baldwin (eds), *Intentions and Intentionality: Foundations of Social Cognition*, Cambridge, Mass.: MIT Press, 171–91.
45. Rod Parker-Rees (2007), 'Liking to be liked: imitation, familiarity and pedagogy in the first years of life', *Early Years*, 27, 3–17.
46. Andrew N. Meltzoff (1995), 'Apprehending the intentions of others. Reenactment of intended acts by 18-month-old children', *Developmental Psychology*, 31, 838–50.
47. G. Gergely, H. Bekkering and I. Kiraly (2002), 'Rational imitation in preverbal infants', *Nature*, 415, 755.
48. V. Horner and A. Whiten (2005), 'Causal knowledge and imitation/emulation switching in chimpanzees (Pan troglodytes) and children (Homo sapiens)', *Animal Cognition*, 8, 164–81.
49. Derek E. Lyons, Andrew G. Young, and Frank C. Keil (2007), 'The hidden structure of over imitation', *Proceedings of the National Academy*, 104, 19751–6.
50. P. A. Herrmann, C. H. Legare, P. L. Harris and H. Whitehouse (2013), 'Stick to the script: The effect of witnessing multiple actors on children's imitation', *Cognition,* 129, 536–43.
51. C. H. Legare and P. A. Herrmann (2013), 'Cognitive consequences and constraints on reasoning about ritual', *Religion, Brain and Behavior, 3*, 63–5.
52. A. Phillips, H. M. Wellman and E. S. Spelke (2002), 'Infants' ability to connect gaze and emotional expression to intentional action', *Cognition*, 85, 53–78.
53. S. Itakura, H. Ishida, T. Kanda, Y. Shimada, H. Ishiguro et al. (2008), 'How to build an

intentional android: Infant imitation of a robot's goal-directed actions', *Infancy*, 13, 519–32.
54. R. W. Byrne and A. Whiten (eds) (1988), 'Machiavellian Intelligence. Social Expertise and the Evolution of Intellect' in *Monkeys, Apes, and Humans*, Oxford: Oxford University Press.
55. A. Gopnik and J. W. Astington (1988), 'Children's understanding of representational change and its relation to the understanding of false belief and the appearance reality distinction', *Child Development*, 59, 26–37.
56. Jean Piaget and Barbel Inhelder (1956), *The Child's Conception of Space*, London: Routledge & Keegan Paul.
57. Hans Wimmer and Josef Perner (1983), 'Beliefs about beliefs: Representations and constraining function of wrong beliefs in young children's understanding of deception', *Cognition*, 13, 103–28.
58. Kristine H. Onishi and Renee Baillargeon (2005), 'Do 15-month-old infants understand false beliefs', *Science*, 308, 255–8.
59. Carla Krachun, Malinda Carpenter, Josep Call and Michael Tomasello (2009), 'A competitive nonverbal false belief task for children and apes', *Developmental Science*, 12, 521–35.
60. Susan A. Birch and Paul Bloom (2007), 'The curse of knowledge in reasoning about false beliefs', *Psychological Science*, 18, 382–6.
61. Ian Apperly (in press), 'Can theory of mind grow up? Mindreading in adults, and its implications for the development and neuroscience of mindreading' in S. Baron-Cohen, H. Tager-Flusberg and M. Lombardo (eds), *Understanding Other Minds* (third edition).
62. Lawrence A. Hirschfeld (2013), 'The Myth of Mentalizing and the Primacy of Folk Sociology' in M. R. Banaji and S. A. Gelman (eds), *Navigating the Social World*, New York: Oxford University Press.
63. David Liu and Kimberly E. Vanderbilt (2013), 'Children Learn From and About Variability Between People' in M. R. Banaji and S. A. Gelman (eds), *Navigating the Social World. What Infants, Children, and Other Species Can Teach Us*, New York: Oxford University Press.
64. C. H. Legare (2012), 'Exploring explanation: Explaining inconsistent information guides hypothesis-testing behavior in young children', *Child Development*, 83, 173–85.

## 3장 | 유전인가 환경인가

1. 조지프 메릭의 상태에 관한 정확한 원인은 아직 밝혀지지 않았지만 후보로 프로테우스증후군(Proteus Syndrome)과 신경섬유종증1형(Neurofibromatosis Type I)이 제시되었다.

2. M. Howell and P. Ford (1992) [1980], *The True History of the Elephant Man* (third edition), London: Penguin.
3. I. Stevenson (1992), 'A new look at maternal impressions: an analysis of 50 published cases and reports of two recent examples', *Journal of Scientific Exploration*, 6, 353–373.
4. Clarence Maloney (1976), *The Evil Eye*, New York: Columbia University Press.
5. E. A. Kensinger and D. L. Schacter (2005), 'Emotional content and reality monitoring ability: fMRI evidence for the influence of encoding processes', *Neuropsychologica*, 43, 1429–43.
6. M. Joels, Z. Pu, O. Wiegert, M. S. Oitzl and H. J. Krugers (2006), 'Learning under stress: how does it work?', *Trends in Cognitive Science*, 10, 152–8.
7. R. Rachel Yehuda, Stephanie Mulherin Engel, Sarah R. Brand, Jonathan Seckl, Sue M. Marcus, and Gertrud S. Berkowitz (2005), 'Transgenerational effects of posttraumatic stress disorder in babies of mothers exposed to the World Trade Center attacks during pregnancy', *Journal of Clinical Endocrinology & Metabolism*, 90, 4115–18.
8. Quote from *Discover* Magazine article published online 14 October 2010: http://discovermagazine.com/2010/oct/11-how-did-9–11-affect-pregnant-mothers-children
9. J. Kagan, (1994), *Galen's Prophecy: Temperament in Human Nature*, New York: Basic Books.
10. K. J. Saudino (2005), 'Behavioral genetics and child temperament', *Journal of Developmental Behavioral Pediatrics*, 26, 214–33.
11. N. A. Fox, H. A. Henderson, K. H. Rubin, S. D. Calkins and L. A. Schmidt (2001), 'Continuity and discontinuity of behavioural inhibition and exuberance: Psychophysiological and behavioural influences across the first four years of life', *Child Development*, 72, 1–21.
12. J. Bowlby (1969), *Attachment, Attachment and Loss*, Vol. 1, London: Hogarth Press.
13. K. Lorenz (1943), 'Die Angebornen Formen mogicher Erfahrung', *Zeitschrift fur Tierpsychologie*, 5, 233–409.
14. M. H. Johnson & J. Morton (1991), *Biology and Cognitive Development: The Case of Face Recognition*, Oxford: Blackwell.
15. P. S. Zeskind and B. M. Lester, (2001), 'Analysis of infant crying' in L. T. Singer and P. S. Zeskind (eds), *Biobehavioral Assessment of the Infant*, New York: Guilford, pp. 149–66.
16. E. E. Maccoby (1980), *Social Development: Psychological growth and the parent-child relationship*, New York: Harcourt Brace Janovich.
17. H. F. Harlow (1958), 'The nature of love', *American Psychologist*, 13, 573–685.
18. M. Rutter, T. G. O'Connor and The English and Romanian Adoptees (ERA) Study Team (2004), 'Are there biological programming effects for psychological development? Findings from a study of Romanian adoptees', *Developmental Psychology*, 40, 81–94.
19. J. A. Whitson and A. D. Galinsky (2008), 'Lacking control increases illusory pattern

perception', *Science*, 322, 115–17.
20. T. V. Salomons, T. Johnstone, M. Backonja and R. J. Davidson (2004), 'Perceived controllability modulates the neural response to pain', *Journal of Neuroscience*, 24, 7199–203.
21. L. Murray, A. Fiori-Cowley, R. Hooper and P. Cooper (1996), 'The impact of postnatal depression and associated adversity on early mother-infant interactions and later infant outcome', *Child Development*, 67, 2512–26.
22. C. M. Pariante and A. H. Miller (2001), 'Glucocorticoid receptors in major depression: Relevance to pathophysiology and treatment', *Biological Psychiatry*, 49, 391–404.
23. C. S. de Kloet, E. Vermetten, E. Geuze, A. Kavelaars, C. J. Heijnen and H. G. M. Westenberg (2006), 'Assessment of HPA-axis function in posttraumatic stress disorder: pharmacological and non-pharmacological challenge tests, a review', *Journal of Psychiatric Research*, 40, 550–67.
24. A. K. Pesonen, K. Raikkonen, K. Feldt, K. Heinonen, C. Osmond, D. I. Phillips, D. J. Barker, J. G. Eriksson and E. Kajantie (2010), 'Childhood separation experience predicts HPA axis hormonal responses in late adulthood: a natural experiment of World War II', *Psychoneuroendocrinology*, 35, 758–67.
25. S. Clarke, D. J. Wittwer, D. H. Abbott and M. L. Schneider (1994), 'Long-term effects of prenatal stress on HPA axis activity in juvenile rhesus monkeys', *Developmental Neurobiology*, 27, 257–69.
26. Alice Graham, Phil Fisher and Jennifer Pfeifer (2013), 'What sleeping babies hear: A functional MRI study of interparental conflict and infants' emotion processing', *Psychological Science*, 24, 782–9.
27. L. Trut, I. Oskina and A. Kharlamova (2009), 'Animal evolution during domestication: the domesticated fox as a model', *BioEssays*, 31, 349–60.
28. Molly Crockett (2009), 'Values, Empathy, and Fairness across Social Barriers', *Annals of the New York Academy of Sciences*, 1167, 76–86.
29. L. N. Trut, I. Z. Plyusnina and I. N. Oskina (2004), 'An experiment on fox domestication and debatable issues of evolution of the dog', *Russian Journal of Genetics*, 40, 644–55.
30. 칼 랑게(Carl Lange)가 윌리엄 제임스의 원 제안을 발전시킨 이후로 '제임스-랑게 이론(James–Lange Theory)'으로 알려졌다.
    C. G. Lange and W. James (1922), *The Emotions*, Baltimore, MD: Williams & Wilkins.
31. 제임스-랑게 이론의 대안은 '캐넌-바드 이론(Cannon–Bard Theory)'이다. W. B. Cannon (1929), 'The James–Lange theory of emotion: A critical examination and alternative theory', *American Journal of Psychology*, 39, 106–24.
    P. Bard (1934), 'On emotional experience after decortication with some remarks on theoretical views', *Psychological Review*, 41, 309–29.
32. Joseph LeDoux (1998), *The Emotional Brain*, London: Weidenfeld & Nicolson.
33. S. Schacter and J. E. Singer (1962), 'Cognitive, social and psychological determinants

of emotional state', *Psychological Review*, 69, 379–99.

34. Ian Pento-Voak, Jamie Thomas, Suzanne Gage, Mary McMurran, Sarah McDonald and Marcus Munafo (2013), 'Increasing recognition of happiness in ambiguous facial expressions reduces anger and aggressive behavior', *Psychological Science*, 24, 688–97.
35. R. M. Sullivan, M. Landers, B. Yeaman and D. A. Wilson (2000), 'Good memories of bad events in infancy: Ontogeny of conditioned fear and the amygdala', *Nature*, 407, 38–9.
36. S. Moriceau and R. M. Sullivan (2006), 'Maternal presence serves as a switch between learning fear and attraction in infancy', *Nature Neuroscience*, 9, 1004–6.
37. Sarah L. Master, Naomi I. Eisenberger, Shelley E. Taylor, Bruce D. Naiboff, David Shirinyan and Matthew D. Leiberman (2009), 'A picture's worth: Partner photographs reduce experimentally induced pain', *Psychological Science*, 20, 1316–18.
38. Dean Jensen (2006), *The Lives and Loves of Daisy and Violet Hilton: A True Story of Conjoined Twins*, Berkeley, CA: Ten Speed Press.
39. Judith Rich Harris (2006), *No Two Alike: Human Nature and Human Individuality*, W. W. Norton.
40. Guttal et al. (2012), 'Cannibalism can drive the evolution of behavioural phase polyphenism in locusts', *Ecology Letters*, 15, 1158–66.
41. David Sheldon Cohen, A. J. Tyrrell and Andrew P. Smith (1991), 'Psychological stress and susceptibility to the common cold', *New England Journal of Medicine*, 325, 606–12.
42. S. W. Cole, L. C. Hawkley, J. M. Arevalo, C. Y. Sung, R. M. Rose and J. T. Cacioppo (2007), 'Social regulation of gene expression in human leukocytes', *Genome Biology*, 8, R189.
43. Steve W. Cole (2009), 'Social regulation of human gene expression', *Current Directions in Psychological Science*, 18, 132–7.
44. R. Simmons and R. Altwegg (2010), 'Necks-for-sex or competing browsers? A critique of ideas on the evolution of the giraffe', *Journal of Zoology*, 282, 6–12.
45. F. A. Champagne, D. D. Francis, A. Mar and M. J. Meaney (2003), 'Naturallyoccurring variations in maternal care in the rat as a mediating influence for the effects of environment on the development of individual differences in stress reactivity', *Physiology & Behavior*, 79, 359–71.
46. D. D. Francis, J. Diorio, D. Liu and M. J. Meaney (1999), 'Nongenomic transmission across generations in maternal behavior and stress responses in the rat', *Science*, 286, 1155–8.
47. M. J. Meaney (2001), 'The development of individual differences in behavioral and endocrine responses to stress', *Annual Review of Neuroscience*, 24, 1161–92.
48. P. O. McGowan, M. Suderman, A. Sasaki, T. C. Huang, M. Hallett, M. J. Meaney et al. (2011), 'Broad epigenetic signature of maternal care in the brain of adult rats', PLoS ONE, 6, e14739.

49. P. O. McGowan, A. Sasaki, A. C. D'Alessio, S. Dymov, B. Labonte, M. Szyf, G. Turecki and M. J. Meaney (2009), 'Epigenetic regulation of the glucocorticoid receptor in human brain associates with childhood abuse', *Nature Neuroscience* 12, 342–8.
50. Marilyn J. Essex, W. Tom Boyce, Clyde Hertzman, Lucia L. Lam, Jeffrey M. Armstrong, Sarah M. Neumann and Michael S. Kobor (2013), 'Epigenetic Vestiges of early developmental adversity: Childhood stress exposure and DNA methylation in adolescence', *Child Development*, 84, 58–75.
51. H. G. Brunner, M. Nelen, X. O. Breakefield, H. H. Ropers and B. A. van Oost (1993), 'Abnormal behavior associated with a point mutation in the structural gene for monoamine oxidase A', *Science*, 262, 578–80.
52. Ann Gibbons (2004), 'Tracking the evolutionary history of a "warrior" gene', *Science*, 304, 5672.
53. R. A. Lea, D. Hall, M. Green and C. K. Chambers, 'Tracking the evolutionary history of the warrior gene in the South Pacific', presented at the Molecular Biology and Evolution Conference in Auckland, June 2005, and the International Congress of Human Genetics, Brisbane, August 2006.
54. Rose McDermott, Dustin Tingley, Jonathan Cowden, Giovanni Frazzetto and Dominic D. P. Johnson (2009), 'Monoamine oxidase A gene (MAOA) predicts behavioral aggression following provocation', Proceedings of the National Academy. www.pnas.org_cgi_doi_10.1073_pnas.0808376106
55. Ed Yong (2010), 'Dangerous DNA: The truth about the "warrior gene" ', *New Scientist*, 7 April 2010.
56. A. Caspi, J. McClay, T. E. Moffitt, J. Mill, J. Martin, I. W. Craig, A. Taylor, and R. Poulton (2002), 'Role of genotype in the cycle of violence in maltreated children', *Science*, 297, 851–4.

## 4장 | 내 생각과 행동의 주인은 누구인가

1. E. Macphail (1982), *Brain and Intelligence in Vertebrates*, Oxford, England: Clarendon Press.
2. R. A. Barton and C. Venditti (2013), 'Human frontal lobes are not relatively large', Proc Natl Acad Sci USA 110, 9001–6.
3. Jeffrey Rogers et al. (2010), 'On the genetic architecture of cortical folding and brain volume in primates', *NeuroImage*, 53, 1103–8.
4. Kate Teffer and Katerina Semendeferi (2012), 'Human prefrontal cortex: Evolution, development, and pathology' in M. A. Hofman and D. Falk (eds), *Progress in Brain Research*, vol. 195, Elsevier.
5. J. Hill, T. Inder, J. Neil, D. Dierker, J. Harwell and D. Van Essen (2010), 'Similar

patterns of cortical expansion during human development and evolution', *Proceedings of the National Academy of Sciences of the United States of America*, 107, 13135–40.

6. Xiling Liu, Mehmet Somel, Lin Tang et al. (2012), 'Extension of cortical synaptic development distinguishes humans from chimpanzees and macaques', Genome Research published online 2 February 2012: doi:10.1101/gr.127324.111
7. Robert W. Thatcher (1992), 'Cyclic cortical reorganization during early childhood', *Brain and Cognition*, 20, 24–50.
8. G. Kochanska, K. C. Coy, and K. T. Murray (2001), 'The development of self-regulation in the first four years of life', *Child Development*, 72, 1091–111.
9. Dan Gilbert (2007), *Stumbling Upon Happiness*, Perennial.
10. W. A. Roberts (2002), 'Are animals stuck in time?', *Psychological Bulletin*, 128, 473–89.
11. N. J. Mulcahy and J. Call (2010), 'Apes save tools for future use', *Science*, 312, 1038–9.
12. T. Suddendorf and J. Busby (2003), 'Mental time travel in animals?', *Trends in Cognitive Sciences*, 7, 391–5.
13. T. Suddendorf and J. Busby (2005), 'Making decisions with the future in mind: Developmental and comparative identification of mental time travel', *Learning and Motivation*, 36, 110–25.
14. Christopher M. Filley (2010), 'The frontal lobes' in Michael J. Aminoff, Francois Boller and Dick F. Swaab (eds), *History of Neurology*, Elsevier B.V., pp. 557–70.
15. D. O. Hebb (1977), 'Wilder Penfield: his legacy to neurology. The frontal lobe', *Canadian Medical Association Journal*, 116, 1373–4.
16. Philip David Zelazo and Stephanie M. Carlson (2012), 'Hot and cool executive function in childhood and adolescence: Development and plasticity', *Child Development Perspectives,* 6, 354–60.
17. Yuko Munakata, Seth A. Herd, Christopher H. Chatham, Brendan E. Depue, Marie T. Banich and Randall C. O'Reilly (2011), 'A unified framework for inhibitory control', *Trends in Cognitive Sciences*, 15, 453–9.
18. A. D. Smith, I. D. Gilchrist and B. M. Hood (2005), 'Children's search behaviour in large-scale space: Developmental components of exploration', *Perception*, 34, 1221–9.
19. Brenda Milner (1963), 'Effect of Different Brain Lesions on Card Sorting', *Archives of Neurology,* 9, 90–100.
20. Adele Diamond (1991), 'Neuropsychological insights into the meaning of object concept development' in S.Carey and R. Gelman (eds), *The Epigenesis of Mind: Essays on Biology and Cognition,* Hillsdale, NJ: Lawrence Erlbaum, pp. 67–110.
21. John Ridley Stroop (1935), 'Studies of interference in serial verbal reactions', *Journal of Experimental Psychology,* 18, 643–62.
22. N. Raz, (2000), 'Aging of the brain and its impact on cognitive performance: Integration of structural and functional findings' in F. I. Criak and T. A. Salthouse (eds), *Handbook of Aging and Cognition*, Mahwah, NJ: Erlbaum, pp. 1–90.

23. P. W. Burgess and R. L. Wood (1990), 'Neuropsychology of behaviour disorders following brain injury' in R. L. Wood (ed.), *Neurobehavioural sequelae of traumatic brain injury*, New York: Taylor and Francis, pp. 110–33.
24. M. Macmillan (2000), *An Odd Kind of Fame: Stories of Phineas Gage*, Cambridge, MA: MIT Press.
25. 랭의 이야기는 다음 사이트에서 보도되었다. http://www.dailymail.co.uk/health/article-393938/The-freak-accident-left-son-obsessed-sex.html
마라톤 당시 영상. http://www.youtube.com/watch?v=ELsGvt4Lsjo
26. S. J. Blakemore (2012), 'Imaging brain development: The adolescent brain', *Neuroimage*, 61, 397–406.
27. J. A. Fugelsang and K. N. Dunbar (2005), 'Brain-based mechanisms underlying complex causal thinking', *Neuropsychologia*, 43, 1204–13.
28. Terrie Moffitt et al. (2011), 'A gradient of childhood self-control predicts health, wealth, and public safety', *Proceedings of the National Academy of Science*, 108, 2693–8.
29. K. Meiers (2002), *Problem Schulfahigkeit. Grundschule* 5, 10–12.
30. Walter Mischel, Ebbe B. Ebbesen and Antonette Raskoff Zeiss (1972), 'Cognitive and attentional mechanisms in delay of gratification', *Journal of Personality and Social Psychology*, 21, 204–18.
31. Walter Mischel, Yuichi Shoda and Monica L. Rodriguez (1989), 'Delay of gratification in children', *Science*, 244, 933–8.
32. Erik Erikson (1963), *Childhood and Society*, New York: Norton, p. 262.
33. Susan Crockenberg and Cindy Litman (1990), 'Autonomy as competence in 2-year-olds: Maternal correlates of child defiance, compliance, and self-assertion', *Developmental Psychology*, 26, 961–971.
34. Lisa Cameron, N. Erkal, L. Gangdharan and X. Meng (2013), 'Little Emperors: Behavioral impacts of China's one-child policy', *Science*, 339, 953–7.
35. Celeste Kidd, Holly Palmeri and Richard N. Aslin (2013), 'Rational snacking: Young children's decision-making on the marshmallow task is moderated by beliefs about environmental reliability', *Cognition*, 126, 109–14.
36. L. Michaelson, A. dela Vega, C. H. Chatham and Y. Munakata (2013), 'Delaying gratification depends on social trust', *Frontiers in Psychology*, 4:355. doi: 10.3389/fpsyg.2013.00355
37. I. J. Toner, L. P. Moore and B. A. Emmons (1980), 'The effect of being labeled on subsequent self-control in children', *Child Development*, 51, 618–21.
38. Richard H. Thaler and Cass R. Sunstein (2009, updated edition), *Nudge: Improving Decisions About Health, Wealth, and Happiness*, New York: Penguin.
39. L. A. Liikkanen (2008), 'Music in every mind: Commonality of involuntary musical imagery' in: K. Miyazaki, Y. Hiraga, M. Adachi, Y. Nakajima and M. Tsuzaki (eds), *Proceedings of the 10th international conference on music perception and cognition*

*(ICMPC10)*, 408–412. Sapporo, Japan.

40. D. M. Wegner, D. J Schneider, S. R. Carter and T. L. White (1987), 'Paradoxical effects of thought suppression', *Journal of Personality and Social Psychology*, 53, 5–13.
41. C. Neil Macrae, Galen V. Bodenhausen, Alan B. Milne, Jolanda Jetten (1994), 'Out of mind but back in sight: Stereotypes on the rebound', *Journal of Personality and Social Psychology*, 67, 808–17.
42. Roger L. Albin and Jonathan W. Mink (2006), 'Recent advances in Tourette Syndrome research', *Trends in Neurosciences*, 39, 175–82.
43. I have Tourette's but Tourette's doesn't have me (2005). http://www.imdb.com/title/tt0756661/quotes
44. I. Osborn (1998), *Tormenting Thoughts and Secret Rituals: The Hidden Epidemic of Obsessive-Compulsive Disorder* (New York, NY: Dell).
45. A. M. Graybiel and S. L. Rauch (2000), 'Toward a neurobiology of obsessive compulsive disorder', *Neuron*, 28, 343–7.
46. Roy F. Baumeister and John Tierney (2011), *Willpower: Why self-control is the secret to success*, Penguin.
47. R. F. Baumeister, E. Bratslavsky, M. Muraven and D. M. Tice (1998), 'Self- control depletion: Is the active self a limited resource?', *Journal of Personality and Social Psychology*, 74, 1252–65.
48. Wilhelm Hofmann, Roy F. Baumeister, Georg Forster and Kathleen D. Vohs (2012), 'Everyday temptations: An experience sampling study of desire, conflict, and self-control', *Journal of Personality and Social Psychology*, 102, 1318–35.

## 5장 | 우리는 원래 악하게 태어났나

1. William Golding (1954), *Lord of the Flies*, London: Faber & Faber.
2. 1983년 골딩의 노벨문학상 수상 소감에서 발췌했다.
3. Laura Manuel (2006), 'Relationship of personal authoritarianism with parenting styles', *Psychological Reports*, 98, 193–8.
4. Steve Pinker (2012), *The Better Angels of Our Nature: A History of Violence and Humanity*, London: Penguin.
5. http://rendezvous.blogs.nytimes.com/2012/09/02/has-the-burqa-banworked-in-france/ *International Herald Tribune* article, September 2012, retrieved March 2013.
6. Marc D. Hauser (2006), *Moral Minds: How Nature Designed Our Universal Sense of Right and Wrong*, New York: Harper Collins.
7. Valerie Kuhlmeier, Karen Wynn and Paul Bloom (2003), 'Attribution of dispositional states by 12-month-olds', *Psychological Science*, 14, 402–8.
8. J. Kiley Hamlin, Karen Wynn and Paul Bloom (2007), 'Social evaluation by preverbal

infants', *Nature*, 450, 557–9.
9. J. Kiley Hamlin, Karen Wynn, Paul Bloom and Neha Mahajan (2011), 'How infants and toddlers react to antisocial others', *Proceedings of the National Academy*, 108, 19931–6.
10. K.A. Dunfield and V.A. Khulmeier (2010), 'Intention-mediated selective helping in infancy', *Psychological Science*, 21, 523–7.
11. V. A. Khulmeier (2013), 'Disposition attribution in infancy' in M. R. Banaji and S. A. Gelman (eds), *Navigating the Social World. What Infants, Children, and Other Species Can Teach Us*, New York: Oxford University Press.
12. Paul Bloom (2013), *Just Babies: The Origins of Good and Evil*. New York: Crown.
13. C. U. Shantz (1987), 'Conflicts between children', *Child Development*, 58, 283–305.
14. D. F. Hay and H. S. Ross (1982), 'The social nature of early conflict', *Child Development*, 53, 105–13.
15. 2013: http://www.thesun.co.uk/sol/homepage/news/4977445/Man-dragged-50ft-along-road-after-trying-to-stop-car-theft.html
2012: http://www.newsnet5.com/dpp/news/local_news/oh_cuyahoga/car-thieves-crash-stolen-car-killing-owner-who-was-hanging-onto-the-hood
http://www.tulsaworld.com/article.aspx/Woman_who_died_trying_to_prevent_car_theft_remembered/20120310_11_a1_cutlin972357
16. William James (1890), *Principles of Psychology*, New York: Henry Holt, p. 291.
17. R. Belk (1988), 'Possessions and the extended self', *Journal of Consumer Research*, 15, 139–68.
18. J. E. Stake (2004), 'The property "instinct" ', *Philosophical Transactions of the Royal Society B: Biological Sciences*, 359, 1763–74.
19. M. Rodgon and S. Rashman (1976), 'Expression of owner-owned relationships among holophrastic 14- to 32-month-old children', *Child Development*, 47, 1219–22.
20. B. Hood and P. Bloom (2008), 'Children prefer certain individuals over perfect duplicates', *Cognition*, 106, 455–62.
21. H. Ross, C. Conant and M. Vickar (2011), Property rights and the resolution of social conflict, *New Directions for Child and Adolescent Development*, 132, 53–64.
22. F. Rossano, H. Rakoczy and M Tomasello (2011), 'Young children's understanding of violations of property rights', *Cognition*, 121, 219–27.
23. O. Friedman, J. W. van de Vondervoort, M. A. Defeyter and K. R. Neary (2013), 'First possession, history, and young children's ownership judgments', *Child Development*, 84, 1519–25.
24. http://www.cbc.ca/news/yourcommunity/2013/02/bansky-graffiti-rippedoff-london-wall-put-on-auction-in-us.html
25. P. Kanngiesser, N. L. Gjersoe and B. M. Hood (2010), 'Transfer of property ownership following creative labour in preschool children and adults', *Psychological Science*, 21,

1236–41.
26. K. R. Olson and A. Shaw (2011), ' "No fair, copycat!": what children's response to plagiarism tells us about their understanding of ideas', *Developmental Science,* 14, 431–9.
27. D. J. Turk, K. van Bussel, G. D. Waiter and C. N. Macrae (2011), 'Mine and me: Exploring the neural basis of object ownership', *Journal of Cognitive Neuroscience*, 23, 3657–68.
28. S. J. Cunningham, D. J Turk and C. N. Macrae (2008), 'Yours or mine? Ownership and memory', *Consciousness and Cognition*, 17, 312–18.
29. R. Thaler (1980), 'Toward a positive theory of consumer choice', *Journal of Economic Behavior and Organization*, 1, 39–60.
30. J. Heyman, Y. Orhun and D. Ariely (2004), 'Auction fever: the effect of opponents and quasi-endowment on product valuations', *Journal of Interactive Marketing*, 18 , 7–21.
31. J. R. Wolf, H. R. Arkes and W. A. Muhanna (2008), 'The power of touch: An examination of the effect of duration of physical contact on the valuation of objects', *Judgement and Decision Making*, 3, 476–82.
32. D. Kahneman, J. L. Knetsch and R. H. Thaler (1991), 'Anomalies: The endowment effect, loss aversion and status quo bias', *Journal of Economic Perspectives*, 5, 193–206.
33. B. Knutson, G. E. Wimmer, S. Rick, N. G. Hollon, D. Prelec and G. Loewenstein (2008), 'Neural antecedents of the endowment effect', *Neuron*, 58, 814–22.
34. W. T. Harbaugh, K. Krause and L. Vesterlund (2001), 'Are adults better behaved than children? Age, experience, and the endowment effect', *Economics Letters*, 70, 175–81.
35. M. Wallendorf and E. J. Arnould (1988), ' "My favourite things": A cross-cultural inquiry into object attachment, possessiveness, and social linkage', *Journal of Consumer Research*, 14, 531–47.
36. Coren L. Apicella, Eduardo M. Azevedo, James H. Fowler and Nicholas A. Christakis (2013), 'Evolutionary Origins of the Endowment Effect: Evidence from Hunter-Gatherers', *American Economic Review*, 23 August 2013. Available at SSRN: http://ssrn.com/abstract=2255650 or http://dx.doi. org/10.2139/ssrn.2255650.
37. L. L. Birch and J. Billman (1986), 'Preschool children's food sharing with friends and acquaintances', *Child Development*, 57, 387–95.
38. M. Gummerum, Y. Hanoch, M. Keller, K. Parsons and A. Hummel (2010), 'Preschoolers' allocations in the dictator game: The role of moral emotions', *Journal of Economic Psychology*, 31, 25–34.
39. Ernst Fehr, Helen Bernhard and Bettina Rockenbach (2008), 'Egalitarianism in young children', *Nature*, 454, 1079–1084.
40. Katharina Hamann, Felix Warneken, Julia R. Greenberg and Michael Tomasello (2012), 'Collaboration encourages equal sharing in children but not in chimpanzees', *Nature*, 476, 328–31.
41. P. Blake and D. Rand (2010), 'Currency value moderates equity preference among

young children', *Evolution and Human Behavior*, 31, 210–18.
42. David Reinstein and Gerhard Riener (2012), 'Reputation and influence in charitable giving: an experiment', *Theory and Decision*, 72, 221–43.
43. F. Alpizar, F. Carlsson and O. Johansson-Stenman (2008), 'Anonymity, reciprocity, and conformity: Evidence from voluntary contributions to a national park', *Journal of Public Economics*, 92, 1047–1060.
44. K. L. Leimgruber, A. Shaw, L. R. Santos and K. R. Olson (2012), 'Young Children Are More Generous When Others Are Aware of Their Actions', *PLoS ONE* 7(10): e48292. doi:10.1371/journal.pone.0048292
45. Felix Warneken and Michael Tomasello (2006), 'Altruistic helping in human infants and young chimpanzees', *Science*, 311, 1301–2.
46. M R. Lepper, D. Greene and R. E. Nisbett (1973), 'Undermining children's intrinsic interest with an extrinsic reward: A test of the "overjustification" hypothesis', *Journal of Personality and Social Psychology*, 28, 129–37.
47. F. Warneken (2013), 'What do children and chimpanzees reveal about human altruism?' in M. R. Banaji and S. A. Gelman (eds), *Navigating the Social World. What Infants, Children, and Other Species Can Teach Us*, New York: Oxford University Press.
48. Joan Silk, Commentary on Mike Tomasello (2009), *Why We Cooperate*, Boston: Boston Review.
49. F. Warneken, B. Hare, A. P. Melis, D. Haus and M. Tomasello, (2007), 'Spontaneous altruism by chimpanzees and young children', *PLoS Biology*, 5, 1414–20.
50. Judith M. Burkart, Ernst Fehr, Charles Efferson and Carel P. van Schaik (2007), 'Other-regarding preferences in a non-human primate: Common marmosets provision food altruistically', *Proceedings of the National Academy*, 104, 19762–6.
51. A. Ueno and T. Matsuzawa (2004), 'Food transfer between chimpanzee mothers and their infants', *Primates*, 45, 231–9.
52. William T. Harbaugh, Ulrich Mayr and Daniel R. Burghart (2007), 'Neural responses to taxation and voluntary giving reveal motives for charitable donations', *Science*, 316, 1622–5.
53. Ernst Fehr and Simon Gächter (2002), 'Altruistic punishment in humans', *Nature*, 415, 137–40.
54. W. Guth, R. Schmittberger and B. Schwarze (1982), 'An experimental analysis of ultimatum bargaining', *Journal of Economic Behavior & Organization*, 3, 367–88.
55. A. G. Sanfey, J. K. Rilling, J. A. Aronson, L. E. Nystrom and J. D. Cohen (2003), 'The neural basis of economic decision-making in the Ultimatum Game', *Science*, 300, 1755–8.
56. D. Knoch, A. Pascual-Leone, K. Meyer, V. Treyer and E. Fehr (2006), 'Diminishing reciprocal fairness by disrupting the right prefrontal cortex', *Science*, 314, 829–32.
57. K. Jensen, J. Call and M. Tomasello (2007), 'Chimpanzees are maximizers in an

ultimatum game', *Science*, 318, 107–9.

58. Sarah F. Brosnan and Frans de Waal (2003), 'Monkeys reject unequal pay', *Nature*, 425, 297–9.
59. J. Bräuer, J. Call and M. Tomasello (2006), 'Are apes really inequity averse?', *Proceedings of the Royal Society B*, 273, 3123–8.
60. Dan Ariely (2008), *Predictably Irrational*, New York: HarperCollins.
61. John Nash (1951), 'Non-cooperative Games', *Annals of Mathematics*, 54, 286–95.
62. Richard Dawkins (1976), *The Selfish Gene*, Oxford University Press.
63. C. Adami and A. Hintze, 'Evolutionary instability of zero determinant strategies demonstrates that winning is not everything', *Nature Communications*, 4, 2193. doi: 10.1038/ncomms3193 (2013).
64. Paul Slovic (2007), ' "If I look at the mass I will never act": Psychic numbing and genocide', *Judgement and Decision Making*, 2, 79–95.
65. Karen E. Jenni and George Loewenstein (1997), 'Explaining the "Identifiable victim effect" ', *Journal of Risk and Uncertainty*, 14, 235–57.
66. D. Västfjäll, E. Peters and P. Slovic (in preparation), 'Representation, affect, and willingness-to-donate to children in need', unpublished manuscript.
67. Leon R. Kass (1997), 'The Wisdom of Repugnance', *The New Republic*, 216, 17–26.
68. Jesse Bering (2013), *Perv: The Sexual Deviant in All of Us*, Scientific American/Farrar, Straus and Giroux.
69. Jonathan Haidt (2001), 'The emotional dog and its rational tail: A social intuitionist approach to moral judgement', *Psychological Review*, 108: 814–34.
70. J. Thomson (1985), 'The Trolley Problem', *Yale Law Journal*, 94, 1395–1415.
71. J. D. Greene, R. B. Sommerville, L. E. Nystrom, J. M. Darley and J. D. Cohen (2001), 'An fMRI investigation of emotional engagement in moral judgement', *Science*, 293, 2105–8.
72. William B. Swann, Jr., Ángel Gómez, John F. Dovidio, Sonia Hart and Jolanda Jetten (2010), 'Dying and killing for one's group: Identity fusion moderates responses to intergroup versions of the trolley problem', *Psychological Science*, 21, 1176–83.
73. Joshua Greene (2007), 'The secret joke of Kant's soul', in W. Sinnott-Armstrong (ed.), *Moral Psychology, Vol. 3: The Neuroscience of Morality: Emotion, Disease, and Development*, Cambridge, MA: MIT Press.
74. Jean Piaget (1932/1965). *The Moral Judgement of the Child*, New York: Free Press.
75. Lawrence Kohlberg (1963), 'Development of children's orientation towards a moral order (Part I). Sequencing in the development of moral thought', *Vita Humana*, 6, 11–36.
76. B. M. DePaulo and D. A. Kashy (1998), 'Everyday lies in close and casual relationships', *Journal of Personality and Social Psychology*, 74, 63–79.
77. B. M. DePaulo, D. A. Kashy, S. E. Kirkendol, M. M. Wyer and J. A. Epstein (1996),

'Lying in everyday life', *Journal of Personality and Social Psychology*, 70, 979–95.
78. William von Hippel and Robert Trivers (2011), 'The evolution and psychology of self-deception', *Behavioral and Brain Sciences*, 34, 1–56.
79. Robert Trivers (1976), Foreword, in R. Dawkins, *The Selfish Gene*, Oxford University Press, pp. 19–20.
80. M. D. Alicke and C. Sedikides (2009), 'Self-enhancement and self-protection: What they are and what they do', *European Review of Social Psychology*, 20, 1–48.
81. Tali Sharot (2012), *The Optimism Bias: A Tour of the Irrationally Positive Brain*, London: Vintage.
82. C. Ward Struthers, Judy Eaton, Alexander G. Santelli, Melissa Uchiyama and Nicole Shirvani (2008), 'The effects of attributions of intent and apology on forgiveness: When saying sorry may not help the story', *Journal of Experimental Social Psychology*, 44, 983–92.
83. S. Harris, S. A. Sheth and M. S. Cohen (2007), 'Functional Neuroimaging of belief, disbelief and uncertainty', *Annals of Neurology*, 63, 141–7.
84. M. Main and C. George (1985), 'Responses of young abused and disadvantaged toddlers to distress in age mates', *Developmental Psychology*, 21, 407–12.
85. S. Johnson, C. S. Dweck and F. Chen (2007), 'Evidence for infants' internal working models of attachment', *Psychological Science*, 18, 501–2.

## 6장 | 갈망에 관하여

1. Shane Bauer, 'Solitary in Iran nearly broke me. Then I went inside America's prisons', http://www.motherjones.com/politics/2012/10/solitary-confinement-shane-bauer, *Mother Jones*, December 2012, retrieved October 2013.
2. Nelson Mandela (1994), *Long Walk to Freedom*, London: Little Brown, p. 52.
3. Reuters, 'U.S. Bureau of Prisons to review solitary confinement', http://www.nytimes.com/reuters/2013/02/04/us/04reuters-usa-prisons-solitary.html?ref=solitaryconfinement, *New York Times*, February 2013, retrieved February 2013.
4. Joshua Foer and Michel Siffre (2008), 'Caveman: An Interview with Michel Siffre', http://www.cabinetmagazine.org/issues/30/foer.php, *Cabinet Magazine*, 1ssue 30.
5. Michel Siffre, 'Six Months Alone in a Cave,' *National Geographic* (March 1975), 426–435.
6. J. S. House, K. R. Landis and D. Umberson (1988), 'Social relationships and health', *Science*, 241, 540–45.
7. John T. Cacioppo, James H. Fowler and Nicholas A. Christakis (2009), 'Alone in the crowd: The structure and spread of loneliness in a large social network', *Journal of*

*Personality and Social Psychology*, 97, 977–91.
8. Charles Darwin (1872), *The Expression of the Emotions in Man and Animals*, London: John Murray.
9. J. M. Susskind et al. (2008), 'Expressing fear enhances sensory acquisition', *Nature Neuroscience*, 11, 843–50.
10. V. Gallese, L. Fadiga, L. Fogassi and G. Rizzolatti (1996), 'Action recognition in the premotor cortex', *Brain*, 119, 593–609.
11. C. Keysers (2011), *The Empathic Brain*, Los Gatos, CA: Smashwords ebook.
12. 저명한 신경과학자 빌라야누르 라마찬드란(Vilayanur Ramachandran)의 주장이다. C. Keysers (2011), *The Empathic Brain*, Los Gatos, CA: Smashwords ebook.
13. R. Mukamel, A. D. Ekstrom, J. Kaplan, M. Iacoboni and I. Fried (2010), 'Single-neuron responses in humans during execution and observation of actions', *Current Biology*, 20, 750–56.
14. Cecilia Heyes (2010), 'Where do mirror neurons come from?', *Neuroscience and Biobehavioral Reviews*, 34, 575–83.
15. Neha Mahajan & Karen Wynn (2012), 'Origins of "Us" versus "Them": Prelinguistic infants prefer similar others', *Cognition*, 124, 227–33.
16. Gordon Gallup (1970), 'Chimpanzees: Self-recognition', *Science*, 167, 86–7. 1가지 흥미로운 예외는 가축화된 개이며, 그 이유는 알려지지 않았다. 인간에 의해 사회적으로 변하도록 길들여지는 과정에는 이런 사회적 인지에 관한 요소는 포함되지 않은 것 같다.
17. B. Amsterdam (1972), 'Mirror self-image reactions before age two', *Developmental Psychobiology*, 5, 297–305.
18. Charles Darwin (1872), *The Expression of the Emotions in Man and Animals*. London: John Murray, p. 325.
19. Mark R. Leary, Thomas W. Britt, William D Cutlip and Janice L. Templeton (1992), 'Social blushing', *Psychological Bulletin*, 112, 446–60.
20. K. M. Zosuls, D. Ruble, C. S. Tamis-LeMonda, P. E. Shrout, M. H. Bornstein and F. K. Greulich (2009), 'The acquisition of gender labels in infancy: Implications for sex-typed play', *Developmental Psychology*, 45, 688–701.
21. P. C. Quinn, J. Yahr , A. Kuhn, A. M. Slater and O. Pascalis (2002), 'Representation of the gender of human faces by infants: A preference for female', *Perception* 31, 1109–21.
22. E. E. Maccoby and C. N. Jacklin (1987), 'Gender segregation in childhood' in E. H. Reese (ed.), *Advances in child development and behavior*, vol. 20, New York: Academic Press, pp. 239–87.
23. H. Abel and R. Sahinkaya (1962), 'Emergence of sex and race friendship preferences', *Child Development*, 33, 939–43.
24. C. F. Miller, C. L. Martin, R. A. Fabes and L. D. Hanish (2013), 'Bringing the Cognitive and Social Together' in M. R. Banaji and S. A. Gelman (eds), *Navigating the Social World. What Infants, Children, and Other Species Can Teach Us*, New York: Oxford

University Press.
25. R. S. Bigler, C. S. Brown and M. Markell, M. (2001), 'When groups are not created equal: Effects of group status on the formation of intergroup attitudes in children', *Child Development*, 72, 1151–62.
26. R. S. Bigler (2013) 'Understanding and Reducing Social Stereotyping and Prejudice Among Children' in M. R. Banaji and S. A. Gelman (eds), *Navigating the Social World. What Infants, Children, and Other Species Can Teach Us,* New York: Oxford University Press, p. 328.
27. Adam Waytz & Jason P. Mitchell (2011), 'Two mechanisms for simulating other minds: Dissociations between mirroring and self-projection', *Current Directions in Psychological Science*, 20, 197–200.
28. Xiaojing Xu, Xiangyu Zuo, Xiaoying Wang and Shihui Han (2009), 'Do you feel my pain? Racial group membership modulates empathic neural responses', *Journal of Neuroscience*, 29, 8525–9.
29. Adrianna C. Jenkins and Jason P. Mitchell (2011), 'Medial prefrontal cortex subserves diverse forms of self-reflection', *Social Neuroscience*, 6, 211–18.
30. Kyungmi Kim and Marcia K. Johnson (2012), 'Extended self: medial prefrontal activity during transient association of self and objects', *Scan*, 7, 199–207.
31. M. Stel, J. Blascovich, C. McCall, J. Mastop, R. B. Van Baaren and R. Vonk (2010), 'Mimicking disliked others: Effects of a priori liking on the mimicry-liking link', *European Journal of Social Psychology*, 40, 867–80.
32. Xiaojing Xu, Xiangyu Zuo, Xiaoying Wang and Shihui Han (2009), 'Do you feel my pain? Racial group membership modulates empathic neural responses', *Journal of Neuroscience*, 29, 8525–9.
33. Stanley Milgram (1963), 'Behavioral study of obedience', *Journal of Abnormal and Social Psychology*, 67, 371–8.
34. P. Zimbardo (2007), *The Lucifer Effect: How Good People Turn Evil*, London: Random House.
35. H. Tajfel, M. G. Billig, R. P. Bundy and C. Flament (1971), 'Social categorization and intergroup behaviour', *European Journal of Social Psychology*, 1, 149–78.
36. Martin Niemoller, 'Als die Nazis die Kommunisten holten...', http://www. martin-niemoeller-stiftung.de/4/daszitat/a31
37. S. Alexander Haslam and Stephen D. Reicher (2012), 'Contesting the "Nature" of Conformity: What Milgram and Zimbardo's studies really show', PLOS Biology, volume 10, issue 11, e1001426.
38. N. Mahajan, M. A. Martinez, N. L. Gutierrez, G. Diesendruck, M. R. Banaji and L. R. Santos (2011), 'The evolution of intergroup bias: perceptions and attitudes in rhesus macaques', *Journal of Personality & Social Psychology*, 100, 387–405.
39. Kate Fox (2004), *Watching the English: The Hidden Rules of English Behaviour*, Hodder

& Stoughton, London.

40. Solomon E. Asch (1956), 'Studies of independence and conformity: A minority of one against a unanimous majority', *Psychological Monographs: General and Applied*, 70, 1–70.
41. R. Bond and P. Smith (1996), 'Culture and conformity: A meta-analysis of studies using Asch's (1952b, 1956) line judgement task', *Psychological Bulletin*, 119, 111–37.
42. Jamil Zaki, Jessica Schirmer and Jason P. Mitchell (2011), 'Social influence modulates the neural computation of value', *Psychological Science*, 22, 894–900.
43. J. Cloutier, T. F. Heatherton, P. J. Whalen and W. M. Kelley (2008), 'Are attractive people rewarding? Sex differences in the neural substrates of facial attractiveness', *Journal of Cognitive Neuroscience*, 20, 941–51.
44. R.B. Cialdini (2005), 'Don't throw away the towel: Use social influence research', *American Psychological Society*, 18, 33–4.
45. Richard H. Thaler and Cass R. Sunstein (2009, updated edition), *Nudge: Improving Decisions About Health, Wealth, and Happiness*, New York: Penguin.
46. Leon Festinger (1957), *A Theory of Cognitive Dissonance*. Stanford, CA: Stanford University Press.
47. Vincent van Veen, Marie K. Krug, Jonathan W. Schooler and Cameron S. Carter (2009), 'Neural activity predicts attitude change in cognitive dissonance', *Nature Neuroscience*, 12, 1469–75.
48. Ellen J. Langer (1978), 'Rethinking the Role of Thought in Social Interaction' in John H. Harvey, William J. Ickes and Robert F. Kidd (eds), *New Directions in Attribution Research*, vol. 2, Lawrence Erlbaum Associates, pp. 35–58.
49. Quoted in Carol Tavris and Elliot Aronson (2007), *Mistakes Were Made (but not by me): Why We Justify Foolish Beliefs, Bad Decisions and Hurtful Acts*, Harcourt Inc.
50. A. G. Greenwald and M. R. Banaji (1995), 'Implicit social cognition: Attitudes, self-esteem, and stereotypes', *Psychological Review*, 102, 4–27.
51. Andreas Olsson, Jeffrey P. Ebert, Mahzarin R. Banaji and Elizabeth A. Phelps (2005), 'The role of social groups in the persistence of learned fear', *Science*, 309, 785–7.
52. Carlos David Navarrete, Andreas Olsson, Arnold K. Ho, Wendy Berry Mendes, Lotte Thomsen and James Sidanius (2009), 'Fear extinction to an out-group face: The role of target gender', *Psychological Science*, 20, 155–8.
53. L.F. Pendry (2008), 'Social cognition' in M. R. Hewstone, W. Stroebe and K. Jonas (eds), *Introduction to Social Psychology* (fourth edition), Oxford: Blackwell, pp. 67–87.
54. Daniel Kahneman (2011), *Thinking Fast, Thinking Slow*, Farrar, Straus and Giroux.
55. J. Correll, B. Park, C. M. Judd and B. Wittenbrink (2002), 'The police officer's dilemma: Using ethnicity to disambiguate potentially threatening individuals', *Journal of Personality and Social Psychology*, 83, 1314–29.
56. M. Snyder. and W. B. Swann, Jr. (1978), 'Hypothesis testing processes in social

interaction', *Journal of Personality and Social Psychology,* 36, 1202–12.
57. D. F. Halpern (2004), 'A cognitive-process taxonomy for sex differences in cognitive abilities', *Current Directions in Psychological Science*, 13, 135–9.
58. 'It's official: women are actually better parkers than men': http://www.ncp.co.uk/documents/pressrelease/ncp-parking-survey.pdf
59. S. J. Spencer, C. M. Steele and D. M. Quinn (1999), 'Stereotype threat and women's math performance', *Journal of Experimental Social Psychology, 35*, 4–28.
60. C. M. Steele and J. Aronson (1995), 'Stereotype threat and the intellectual test performance of African Americans', *Journal of Personality and Social Psychology*, 69, 797–811.
61. B. M. Hood, N. L. Gjersoe, K. Donnelly, A. Byers and S. Itajkura (2011), 'Moral contagion attitudes towards potential organ transplants in British and Japanese adults', *Journal of Culture and Cognition*, 11, 269–86.
62. C. Dyer (1999), 'English teenager given heart transplant against her will', *British Medical Journal*, 319(7204): 209.
63. M. A. Sanner (2005), 'Living with a stranger's organ: Views of the public and transplant recipients', *Annals of Transplantation*, 10, 9–12.
64. D. L. Medin and A. Ortony (1989), 'Psychological Essentialism' in S. Vosniadou and A. Ortony (eds), *Similarity and Analogical Reasoning*, Cambridge University Press.
65. Susan A. Gelman (2003), *The Essential Child: Origins of Essentialism in Everyday Thought,* Oxford University Press.
66. Susan A. Gelman and Henry M. Wellman (1991), 'Insides and essences: early understandings of the non-obvious', *Cognition*, 38, 213–44.
67. Susan A. Gelman and Ellen M. Markman (1986), 'Categories and induction in young children', *Cognition*, 23, 183–209.
68. Meredith Meyer, Susan A. Gelman and Sarah-Jane Leslie (submitted), 'My heart made me do it: Children's essentialist beliefs about heart transplants'.
69. N. Haslam, B. Bastian, P. Bain and Y. Kashima (2006), 'Psychological essentialism, implicit theories, and intergroup relations', *Group Processes and Intergroup Relations*, 9, 63–76.
70. Gil Diesendruck (2013), 'Essentialism: The development of a simple, but potentially dangerous, idea' in M. R. Banaji and S. A. Gelman (eds), *Navigating the Social World. What Infants, Children, and Other Species Can Teach Us*, New York: Oxford University Press.
71. N. I. Eisenberger, M. D. Lieberman and K. D. Williams (2003), 'Does rejection hurt? An FMRI study of social exclusion', *Science*, 302, 290–92.
72. Nicole Legate, Cody R. DeHaan, Netta Weinstein and Richard M. Ryan (2013), 'Hurting you hurts me too: The psychological costs of complying with ostracism', *Psychological Science*, 24, 583–8.

73. K. D. Williams and S. A. Nida, (2011), 'Ostracism: consequences and coping', *Current Directions in Psychology*, 20, 71–5.
74. Lowell Gaertner, Jonathan Iuzzini and Erin M. O'Mara (2008), 'When rejection by one fosters aggression against many: Multiple-victim aggression as a consequence of social rejection and perceived groupness', *Journal of Experimental Social Psychology*, 44, 958–70.
75. W. A. Warburton, K. D. Williams and D. R. Cairns (2006), 'When ostracism leads to aggression: The moderating effects of control deprivation', *Journal of Experimental Social Psychology*, 42, 213–20.
76. Centers for Disease Control and Prevention, 'Youth suicide'. http://www.cdc.gov/violenceprevention/pub/youth_suicide.html Accessed 22 October 2013.
77. A. Brunstein Klomek, F. Marrocco, M. Kleinman, I.S. Schonfeld and M.S. Gould (2007), 'Bullying, depression, and suicidality in adolescents', *Journal of the American Academy of Child Adolescent Psychiatry*, 46, 40–49. http://www.cdc.gov/violenceprevention/pub/youth_suicide.html
78. Marcel F. van der Wal, Cees A. M. de Wit, Remy A. Hirasing (2003), Psychosocial health among young victims and offenders of direct and indirect bullying,. *Pediatrics*, 111, 1312–17.
79. Julie A. Paquette and Marion K. Underwood (1999), 'Gender differences in young adolescents' experiences of peer victimization: social and physical aggression', *Merrill-Palmer Quarterly*: Vol. 45: Issue 2, Article 5.
80. M. Boulton (1997), 'Teachers' views on bullying: Definitions, attitudes and ability to cope', *British Journal of Educational Psychology*, 67, 223–33.
81. K. D. Williams (2009), 'Ostracism: A temporal need-threat model', in M. Zanna (ed.), *Advances in Experimental Social Psychology*, New York, Academic Press, 279–314.

## 에필로그 | 우리의 미래를 상상하다

1. Richard E. Nisbett (2003), *The Geography of Thought*, Nicholas Brealey Publishing.
2. Jared Diamond (1999), *Guns, Germs, and Steel: The Fates of Human Societies*, W. W. Norton & Co.
3. eMarketer Report (2013), Worldwide social network users: 2013 forecast and comparative estimates, http://www.emarketer.com/Article/Social-Networking-Reaches-Nearly-One-Four-Around-World/1009976 Accessed October 2013.
4. Adam Thierer (2013), 'Technopanics, threat inflation, and the danger of an information technology precautionary principle', *Minnesota Journal of Law, Science & Technology*, 14, 309–86.
5. Susan Greenfield (2009), *ID: The Quest for Identity in the 21st Century: The Quest for*

*Meaning in the 21st Century*, Sceptre.
6. Phil Zimbardo (2012), *The Demise of Guys: Why Boys Are Struggling and What We Can Do About* It, TED publishing.
7. Independent Parliamentary Inquiry into Online Child Protection, April 2012.
8. http://www.theguardian.com/world/2010/mar/05/koreangirl-starved-online-game
9. Diana I. Tamir and Jason P. Mitchell (2012), 'Disclosing information about the self is intrinsically rewarding', *Proceedings of the National Academy of Sciences*, 109, 8038–804.
10. M. Naaman, J. Boase and C. H. Lai (2010), 'Is it really about me?: Message content in social awareness streams', Proceedings of the 2010 ACM Conference on Computer Supported Cooperative Work (Association for Computing Machinery), Savannah, GA, pp. 189–92.
11. Leif Denti et al. (2012), 'Sweden's Largest Facebook Study: GRI rapport 2012–3', https://gupea.ub.gu.se/bitstream/2077/28893/1/gupea_2077_28893_1.pdf
12. Amanda L. Forest & Joanne V. Wood (2012), 'When social networking is not working: individuals with low self-esteem recognize but do not reap the benefits of self-disclosure on Facebook', *Psychological Science*, 23, 295–302.
13. Robert B. Cialdini, Richard J. Borden, Avril Thorne, Marcus Randall Walker, Stephen Freeman and Lloyd Reynolds Sloan (1976), 'Basking in reflected glory: Three (football) field studies', *Journal of Personality and Social Psychology*, 34, 366–75.
14. Samsung poll and press release: http://www.samsung.com/uk/news/localnews/2013/samsung-nx300-wi-fi-every-day-over-1-million-photos-areshot-and-shared-in-60-seconds
15. http://techcrunch.com/2012/08/22/how-big-is-facebooks-data-2-5-billionpieces-of-content-and-500-terabytes-ingested-every-day/
16. M. D. Conover, J. Ratkiewicz, M. Francisco, B. Goncalves, A. Flammini, and F. Menczer, 'Political polarization on Twitter', Proceedings of International Conference on Weblogs and Social Media 2011 (Unpublished, 2011), http://truthy.indiana.edu/site_media/pdfs/conover_icwsm2011 _polarization.pdf
17. Sameer Hinduja and Justin W. Patchin (2010), 'Bullying, cyberbullying, and suicide', *Archives of Suicide Research*, 14, 206–21.
18. Vint Cerf speaking at the Consumer Electronic Show in January 2013: http://mashable.com/2013/01/09/would-youwear-internet-connected-clothing/
19. Eli Pariser (2011), *The Filter Bubble: What the Internet is Hiding From You*, London: Penguin.

# 찾아보기

## ㄱ

ㄴ



ㄷ

ㄹ



ㅁ

ㅂ



ㅅ

## ㅇ

ㅈ

### ㅊ



### ㅋ

## 기타

**1판 1쇄 인쇄** 2021년 3월 2일
**1판 1쇄 발행** 2021년 3월 12일

**지은이** 브루스 후드
**옮긴이** 조은영

**발행인** 양원석 **편집장** 박나미 **책임편집** 김은경
**디자인** 강소정, 김미선 **영업마케팅** 조아라, 신예은

**펴낸 곳** ㈜알에이치코리아
**주소** 서울시 금천구 가산디지털2로 53, 20층(가산동, 한라시그마밸리)
**편집문의** 02-6443-8867 **도서문의** 02-6443-8838
**홈페이지** http://rhk.co.kr
**등록** 2004년 1월 15일 제2-3726호

ISBN 978-89-255-8912-1 (03400)